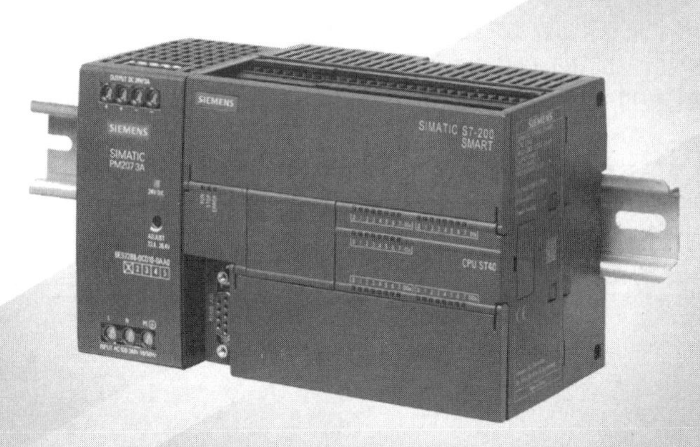

S7-200SMART
PLC YINGYONG JISHU

S7-200SMART PLC应用技术

主　编　郑　渊
副主编　江　波
参　编　王丽霞　郝兰英　徐　哲

内 容 提 要

本书是作者在总结多年来的职业技术教学、职业技能培养和工程实践经验的基础上编写的。本书主要内容包括PLC认识、S7-200 SMART PLC基本指令应用、S7-200 SMART PLC功能指令应用、顺序控制系统的PLC控制、模拟量和脉冲量的编程应用和PLC网络通信的编程应用等内容。本书在写作上力求知识点简明扼要、层次分明、重点突出，技能点简单实用、贴近生产实际。

本书可以作为职业院校电气自动化、机电一体化类等专业的PLC教材，也可以供PLC职业技能培训和从事PLC工作的有关人员学习使用。

图书在版编目（CIP）数据

S7-200 SMART PLC应用技术/郑渊主编．—北京：中国电力出版社，2021.8（2025.2重印）

ISBN 978-7-5198-5760-8

Ⅰ.①S… Ⅱ.①郑… Ⅲ.①PLC技术 Ⅳ.①TM571.61

中国版本图书馆CIP数据核字（2021）第126809号

出版发行：中国电力出版社
地　　址：北京市东城区北京站西街19号（邮政编码100005）
网　　址：http：//www.cepp.sgcc.com.cn
责任编辑：王杏芸（010-63412394）
责任校对：黄　蓓　王海南
装帧设计：赵姗姗
责任印制：杨晓东

印　　刷：三河市航远印刷有限公司
版　　次：2021年8月第一版
印　　次：2025年2月北京第四次印刷
开　　本：787毫米×1092毫米　16开本
印　　张：13.75
字　　数：305千字
定　　价：42.00元

前　言

本书根据当前教育部高职高专教育的改革精神，以培养高素质技术技能型专门人才为目标，以职业能力的培养为主线，以真实的工作任务为载体构建了“项目-任务”的结构，本着“基本理论够用为度、职业技能贯穿始终”的原则编写而成。全书做到了基本知识重点突出、侧重技能训练，培养学生的综合职业能力和直接上岗的能力。

本书是编者在总结多年来的职业技术教学、职业技能培养和工程实践经验的基础上编写的，在编写的过程中突出了以下几个特点。

（1）采用“项目-任务”的结构，以典型工作任务为载体组织知识点和技能点，理论和实践结合紧密，便于教学做一体化教学模式的实施；

（2）在每个任务开始的“任务资讯”部分只讲解完成本任务必备的知识点，在后面的“知识拓展”部分讲解拓展知识点，在降低学习难度的同时兼顾了知识的延伸和深化理解；

（3）将 PLC 程序设计师职业技能标准融入教材内容中，使其与项目融为一体，为学生日后职业拓展能力的提升奠定了基础；

（4）教材内容综合性强，兼顾了模拟量、脉冲量、变频器、组态软件及网络通信的综合应用，受众面广，更加贴合生产实际。

本书主要包括 PLC 认识、S7-200 SMART PLC 基本指令应用、S7-200 SMART PLC 功能指令应用、顺序控制系统的 PLC 控制、模拟量和脉冲量的编程应用和 PLC 网络通信的编程应用 6 个项目，其中项目 1、2 由郑渊老师负责编写，项目 3 由王丽霞老师编写，项目 4 由郝兰英老师编写，项目 5 由江波老师编写，项目 6 由徐哲老师编写。本书还邀请了有丰富教学经验的高校教师和企业专家对教材进行了审核。

由于作者水平有限，书中难免存在错误和疏漏之处，敬请广大读者指正。

目 录

前言

项目 1 PLC 认识 …… 1
任务 1 西门子 S7-200 SMART PLC 认识 …… 1
任务 2 指示灯的 PLC 控制 …… 16

项目 2 S7-200 SMART PLC 基本指令应用 …… 32
任务 1 电动机长动的 PLC 控制 …… 32
任务 2 电动机点动长动切换的 PLC 控制 …… 40
任务 3 电动机星-三角减压启动的 PLC 控制 …… 48
任务 4 运料小车的 PLC 控制 …… 57
任务 5 电动机运行的触摸屏控制 …… 69

项目 3 S7-200 SMART PLC 功能指令应用 …… 81
任务 1 抢答器的 PLC 控制 …… 81
任务 2 交通灯的 PLC 控制 …… 90
任务 3 8 位彩灯追灯的 PLC 控制 …… 99
任务 4 倒计时的 PLC 控制 …… 106
任务 5 电动机手动/自动切换的 PLC 控制 …… 114
任务 6 定时中断的 PLC 控制 …… 120

项目 4 顺序控制系统的 PLC 控制 …… 126
任务 1 机床液压滑台的 PLC 控制 …… 126
任务 2 剪板机的 PLC 控制 …… 134
任务 3 液体混合搅拌系统的 PLC 控制 …… 142

项目 5　模拟量和脉冲量的编程应用 …… 155

任务 1　炉温系统的 PLC 控制 …… 155

任务 2　电动机测速的 PLC 控制 …… 165

任务 3　步进电动机的 PLC 控制 …… 176

项目 6　PLC 网络通信的编程应用 …… 189

任务 1　基于以太网的电动机本地/远程启停的 PLC 控制 …… 189

任务 2　基于 USS 协议的电动机变频调速控制 …… 197

项 目 1

PLC 认 识

任务1 西门子 S7-200 SMART PLC 认识

1.1.1 任务概述

可编程控制器（PLC）是一种基于计算机技术的工业控制器，在当今工业控制中应用极为广泛，PLC 应用技术是电气行业从业人员必须掌握的一门技术。本任务的主要目的是掌握 PLC 的结构组成和工作原理，对西门子 S7-200 SMART PLC 的硬件模块和存储器软元件有一个基本的认识。图 1-1 所示为西门子 S7-200 SMART PLC。

图 1-1 西门子 S7-200 SMART PLC

1.1.2 任务资讯

1. PLC 的由来

在可编程控制器出现前，在工业电气控制领域中，继电器控制占主导地位，应用广泛。但是继电器控制系统存在体积大、可靠性低、查找和排除故障困难等缺点，特别是其接线复杂、不易更改，对生产工艺变化的适应性差。

1968 年美国通用汽车公司为了适应汽车型号的不断更新，生产工艺不断变化的需要，实现小批量、多品种生产，希望能有一种新型工业控制器，能做到尽可能减少重新设计和更换电器控制系统及接线，以降低成本，缩短周期。于是就设想将计算机功能强大、灵活、通用性好等优点与电器控制系统简单易懂、价格便宜等优点结合起来，制成一种通用控制装置，而且这种装置采用面向控制过程、面向问题的“自然语言”进行编程，使不熟悉计算机的人也能很快掌握使用。

1969 年美国数字设备公司（DEC）根据美国通用汽车公司的这种要求，研制成功了世界上第一台可编程控制器，并在通用汽车公司的自动装配线上试用，取得很好的效果。从此这项技术迅速发展起来。

早期的可编程控制器仅有逻辑运算、定时、计数等顺序控制功能，只是用来取代传统的继电器控制，通常称为可编程逻辑控制器（Programmable Logic Controller，PLC）。随着微电子技术和计算机技术的发展，20 世纪 70 年代中期微处理器技术应用到 PLC 中，使 PLC 不仅具有逻辑控制功能，还增加了算术运算、数据传送和数据处理等功能。

20 世纪 80 年代以后，随着大规模、超大规模集成电路等微电子技术的迅速发展，16 位和 32 位微处理器应用于 PLC 中，使 PLC 得到迅速发展。PLC 不仅控制功能增强，同时可靠性提高，功耗、体积减小，成本降低，编程和故障检测更加灵活方便，而且具有通信和联网、数据处理和图像显示等功能，使 PLC 真正成为具有逻辑控制、过程控制、运动控制、数据处理、联网通信等功能的名副其实的多功能控制器。

自从第一台 PLC 出现以后，日本、德国、法国等也相继开始研制 PLC，并得到了迅速的发展。PLC 生产厂家主要有美国的 A-B（Allen-Bradly）公司、GE（General Electric）公司，日本的三菱（Mitsubishi Electric）公司、欧姆龙（OMRON）公司，德国的 AEG 公司、西门子（Siemens）公司，法国的 TE（Telemecanique）公司等。

2. PLC 的结构组成

PLC 是计算机技术与继电器常规控制概念相结合的产物，是一种工业控制用的专用计算机。作为一种以微处理器为核心的用作数字控制的特殊计算机，它的硬件基本组成与一般微机装置类似，主要由中央处理器（CPU）、存储器、输入/输出接口、电源和其他各种接口组成，如图 1-2 所示。

（1）中央处理器（CPU）。CPU 是 PLC 的控制核心，由它实现逻辑运算，协调控制系统内部各部分的工作。它的运行是以循环扫描的方式采集现场各输入装置的状态信号，执行用户控制程序，并将运算结果传送到相应的输出装置，驱动外部负载工作。CPU 芯片性能关系到 PLC 处理控制信号的能力与速度，CPU 位数越高，运算速度越快，系统处理的信息量就越大，系统的性能越好。

（2）存储器。存储器是存放程序及数据的地方，可以按存储器用途和介质进行分类。

1）按用途分类。

系统程序存储器：系统程序是由生产 PLC 的厂家事先编写并固化好的，它关系到 PLC 的性能，不能由用户直接存取和修改，其内容主要为监控程序、模块化应用功能子程序，能进行命令解释和功能子程序的调用，管理程序和各种系统参数等。

用户程序存储器：用户程序是根据具体的生产设备控制要求编写的程序，PLC 说明书中提到的 PLC 存储器容量一般指的就是用户程序存储器的容量。

内部数据存储器：主要用来存储 PLC 编程软元件的映像值及程序运算时的一些相

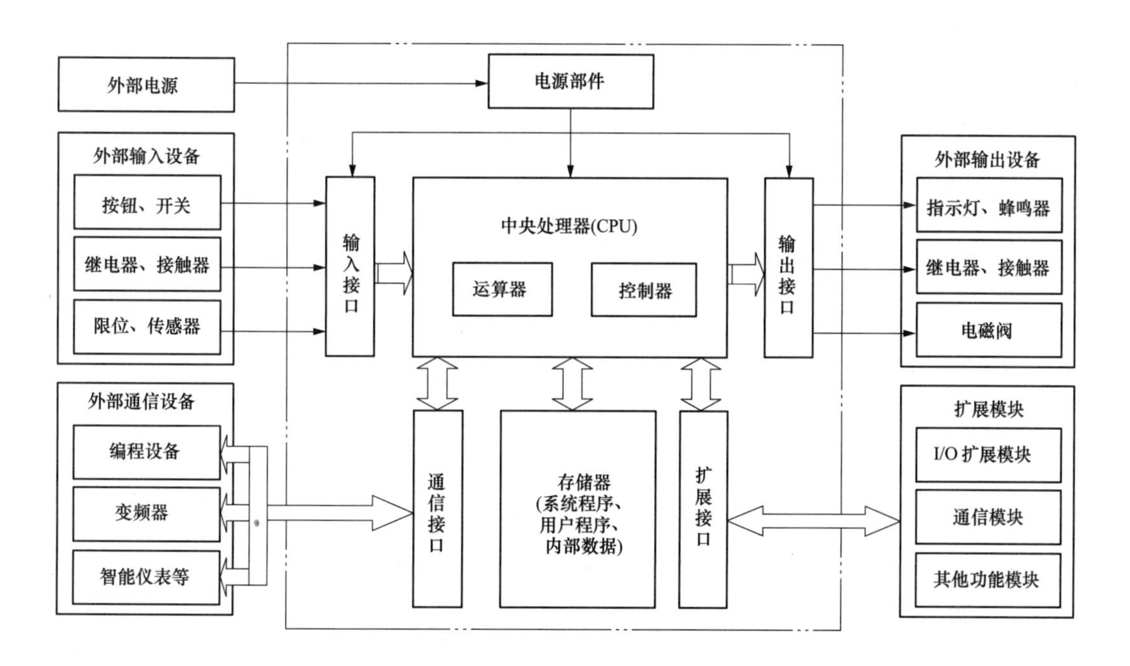

图 1-2　PLC 的基本组成

关数据。

2）按存储介质分类。

只读存储器（ROM）：在失电状态下可以长时间保存数据，一般用来保存系统程序或用户程序。部分种类的只读存储器也是可以多次写入数据的，如 EPROM、EEPROM、闪存等。

随机存储器（RAM）：在失电状态下不能保存数据，但是数据读写速度较快，一般用来保存内部数据或用户程序。

（3）输入/输出接口。输入/输出接口是 PLC 与外部控制现场相联系的桥梁，通过输入接口电路，PLC 能够得到生产过程的各种参数；通过输出接口电路，PLC 能够把运算处理的结果送至工业过程现场的执行机构实现控制。

实际生产中的信号电平多种多样，外部执行机构所需电流也是多种多样，而 PLC 的 CPU 所处理的只能是标准电平，同时由于输入/输出接口与工业过程现场的各种信号直接相连，这就要求它有很好的信号适应能力和抗干扰性能。因此，在输入/输出接口电路中，一般均配有电平变换、光耦合器和阻容滤波等电路，以实现外部现场的各种信号与系统内部统一信号的匹配和信号的正确传递，PLC 正是通过这种接口实现了信号电平的转换。

为适应工业过程现场不同输入/输出信号的匹配要求，PLC 配置了各种类型的输入/输出接口，主要包括开关量输入/输出接口和模拟量输入/输出接口。

1）开关量输入接口。常用的开关量输入接口按其使用的电源有交流和直流两种，使用交流电源时一般是外置的，使用直流电源时又可以分为内置直流电源和外置直流电源两种。

例如，FX系列PLC输入回路采用的是内置24V直流电源，如图1-3所示。西门子S7-200 SMART PLC既可以采用外置的24V直流电源，如图1-4所示，也可以采用内置的24V直流电源。西门子S7-300 PLC的SM321交流输入扩展模块使用外置的交流电源，如图1-5所示。

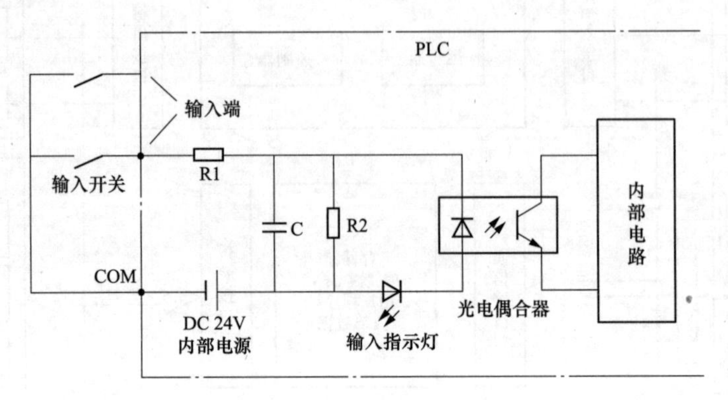

图1-3　电源内置的直流开关量输入接口（如三菱FX系列PLC）

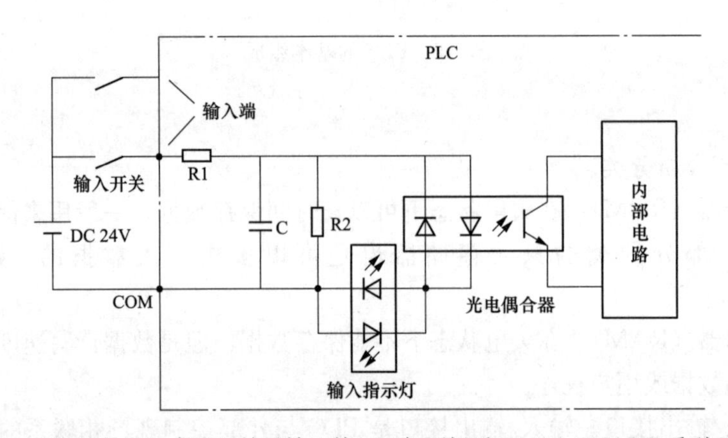

图1-4　电源外置的直流开关量输入接口（如西门子S7-200 SMART系列PLC）

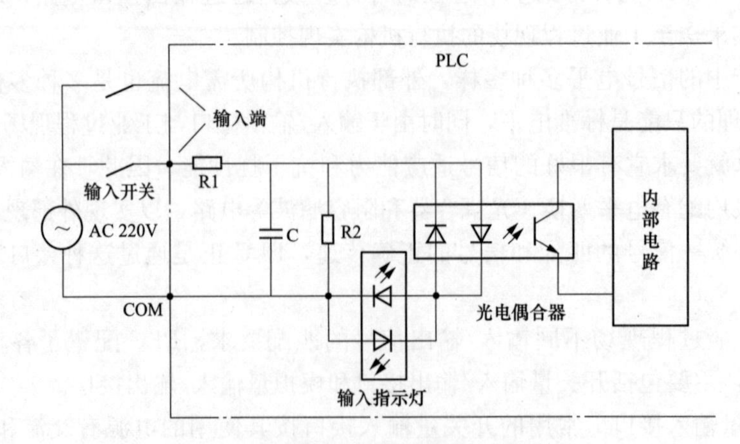

图1-5　电源外置的交流开关量输入接口

2）开关量输出接口。开关量输出接口主要有继电器输出、晶体管输出和双向可控硅输出三种输出类型。

a. 继电器输出接口。如图 1-6 所示，当 PLC 内部电路中的输出“软”继电器接通时，接通输出电路中的固态继电器线圈，通过该继电器的触点接通外部负载电路，同时，相应的 LED 状态指示灯点亮。继电器输出的优点是既可以控制直流负载，也可以控制交流负载，价格便宜，输出驱动能力强；缺点是机械触点寿命短，转换频率低，响应时间长，触点断开时有电弧产生，容易产生干扰。

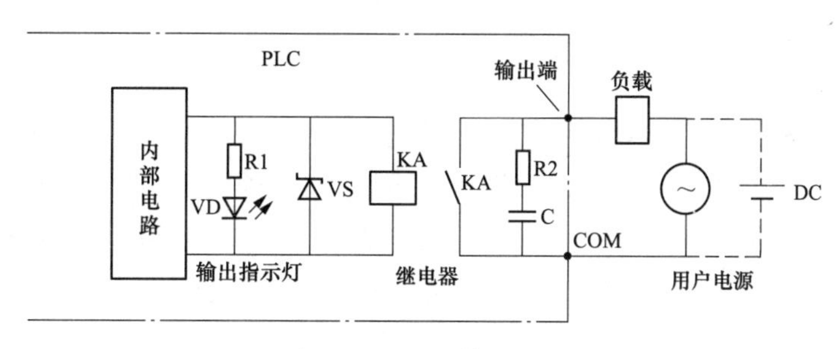

图 1-6　继电器输出接口

b. 晶体管输出接口。如图 1-7 所示，晶体管输出是一种无触点输出，它通过光电耦合器使晶体管饱和或截止以控制外部负载电路的通断，也有 LED 输出状态指示灯。晶体管输出寿命长，可靠性高，频率响应快，可以高速通断，但是只能驱动直流负载，负载驱动能力一般为 0.5A/点，价格较高。

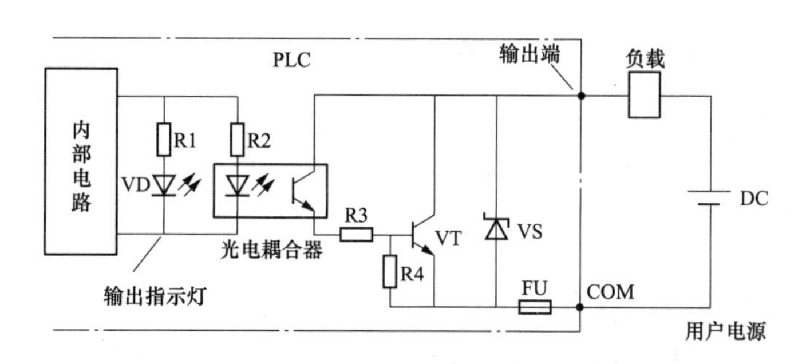

图 1-7　晶体管输出

c. 双向可控硅（晶闸管）输出。如图 1-8 所示，双向可控硅输出也是一种无触点输出，它通过光电耦合器使双向晶闸管导通或关断以控制外部负载电路的通断，相应的输出点配有 LED 状态指示灯。双向可控硅输出寿命长，响应速度快，但是只能驱动交流负载，负载驱动能力较差。此类模块较为少见。

PLC 的 I/O 接口所能接受的输入信号个数和输出信号个数称为 PLC 输入/输出（I/O）点数。I/O 点数是选择 PLC 的重要依据之一。当系统的 I/O 点数不够时，可通过 PLC 的 I/O 扩展接口对系统进行扩展。

3）模拟量输入/输出接口。模拟量是区别于数字量的一个连续变化的电压或电流信号，如温度、压力、流量等。模拟量可作为 PLC 的输入信号，但是必须通过 PLC 的模

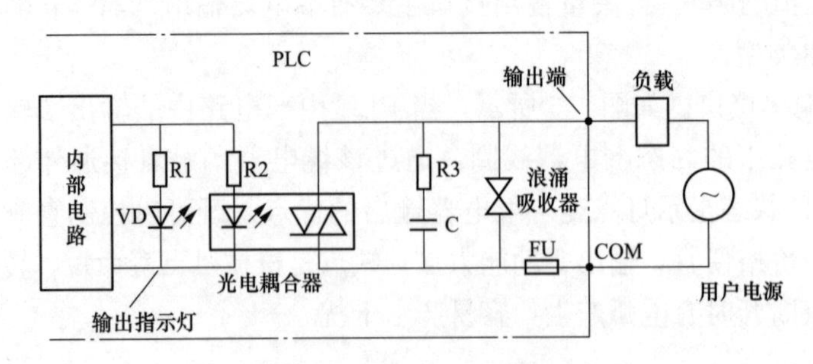

图 1-8　双向可控硅输出

拟量输入接口电路的 A/D 转换，将模拟量转换为数字量后 PLC 内部电路才能处理；同样的道理，如果要驱动 PLC 外部的模拟量输出设备，必须通过 PLC 的模拟量输出接口电路的 D/A 转换，将数字量转换为模拟量后才能驱动 PLC 外部的模拟量输出设备。

（4）电源部件。PLC 除了输入输出回路需要电源外还必须要给 PLC 提供一个工作电源，通常使用交流 220V 或直流 24V 工作电源，它的电源部件可以将外部工作电源转化为 DC 5V、DC 12V、DC 24V 等各种 PLC 内部器件需要的电源。

PLC 的 CPU 模块或其他模块的工作电源有的是直接将电源连接到该模块的电源端子上，如三菱 FX 系列和西门子 S7-200 SMART 系列；也有的是连到专门的电源模块上，然后通过电源总线供电，如西门子 S7-300。

（5）扩展接口和通信接口。

1）扩展接口。PLC 通过扩展接口可以实现功能的拓展，例如，可以连接 I/O 扩展模块来扩展 PLC 能够连接的外部输入/输出设备的数量，连接通信模块来实现各种通信功能，连接高速计数模块来实现高速计数功能等。

2）通信接口。PLC 通过通信接口可以与一些外部设备通信，例如，计算机、变频器、智能仪表等。常见的通信接口主要有串行通信接口和以太网通信接口两类。

3. PLC 的工作原理

（1）编程“软”元件。PLC 作为计算机技术与继电器常规控制概念相结合的产物，其内部存在由 PLC 存储器等效出来的各种功能的编程“软”元件，也就是虚拟元件。例如，存储器的一个二进制位，因为其不是 0 就是 1，就可以等效成一个“软”继电器，当这个位是“0”时，相当于这个“软”继电器处于失电状态；当这个位是“1”时，相当于这个“软”继电器处于得电状态。

如图 1-9 所示，“软”继电器和真实继电器的相同之处是，线圈得电时动合触点闭合、动断触点断开，线圈失电时动合触点断开、动断触点闭合。不同之处是，“软”继电器是由 PLC 内部电路等效出来的，并没有真正的电感线圈和机械触点，并且在编程时“软”继电器的动合触点和动断触点使用次数没有限制，而真实继电器触点是有限的。

PLC 的编程“软”元件根据功能可以分为输入元件、输出元件、辅助元件等，它们在 PLC 存储器中存放的地方分别称为输入映像寄存器、输出映像寄存器等。

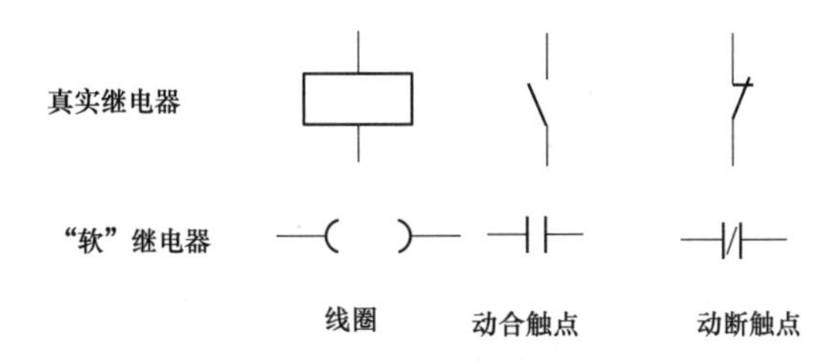

图 1-9　真实继电器和“软”继电器对比

(2) 顺序循环扫描工作机制。PLC 的工作方式与传统的继电器控制系统不同，如图 1-10 所示。继电器控制系统采用硬逻辑并行运行的方式，即如果一个继电器的线圈通电或断电，该继电器的所有触点不论在继电器线路的哪个位置上，都会立即同时动作。

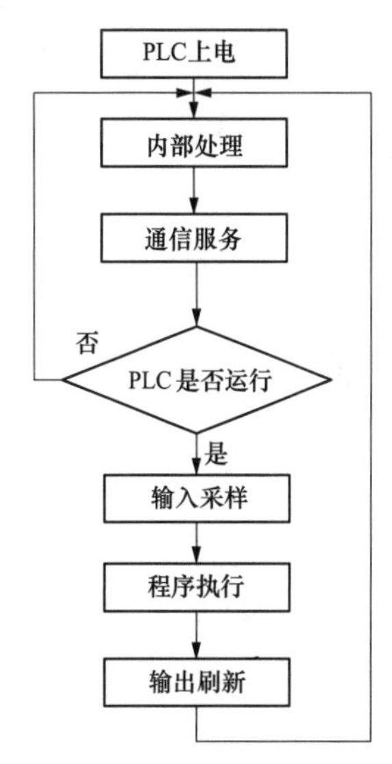

图 1-10　PLC 工作原理

PLC 采用的是顺序循环扫描的工作机制，PLC 上电后首先进行内部处理和通信服务，然后判断 PLC 的模式，若 PLC 处于停止模式则周而复始的进行内部处理和通信服务；若 PLC 处于运行模式，则再顺序进行输入采样、程序执行和输出刷新三个阶段，然后周而复始循环。

1) 内部处理阶段。在此阶段，PLC 检查 CPU 模块的硬件是否正常，复位监视定时器，以及完成一些其他内部工作。

2) 通信服务阶段。在此阶段，PLC 与一些智能模块通信、响应编程器键入的命令，更新编程器的显示内容等，当 PLC 处于停止状态时，只进行内容处理和通信服务等内容。

3) 输入处理阶段。输入处理也叫输入采样。在此阶段顺序读取所有输入端子的通断状态，并将所读取的信息存到输入映像寄存器中，此时，输入映像寄存器被刷新。

4) 程序处理阶段。按先上后下、先左后右的顺序，对梯形图程序进行逐句扫描并根据采样到输入映像寄存器中的结果进行逻辑运算，运算结果再存入有关映像寄存器中。

5) 输出刷新阶段。程序处理完毕后，将所有输出映像寄存器中各点的状态，转存到输出锁存器中，再通过输出端驱动外部负载。

PLC 完成一次循环所用的时间称为一个扫描周期，PLC 的扫描周期很短，一般只有十几个毫秒左右。需要指出的是，虽然 PLC 每个扫描周期包括以上五个阶段，但是不同品牌型号的 PLC 其执行顺序和个别细节可能存在一定的区别。

4. 西门子 S7-200 SMART PLC 简介

德国西门子公司的 PLC 产品包括 LOGO、S7-200、S7-200 SMART、S7-1200、S7-1500、S7-300、S7-400 等。S7-200 系列 PLC 属于小型整体式 PLC，现已基本停产，逐步被 S7-200 SMART 和 S7-1200 系列取代。S7-300 和 S7-400 系列 PLC 属于大中型模块式 PLC，今后将逐步被 S7-1500 系列 PLC 取代。

S7-200 SMARTPLC是西门子公司于2012年推出的一款高性价比小型PLC产品，是S7-200 PLC的升级产品，具备以下特点：

（1）品种丰富，配置灵活，10种CPU模块，CPU模块最多60个I/O点，标准型CPU最多可以配置6个扩展模块，经济型CPU价格便宜。

（2）有4种可安装在CPU内的信号板，配置更为灵活。

（3）CPU模块集成了以太网接口和RS-485接口，可扩展一块通信信号板。

（4）场效应管输出的CPU集成了100kHz的2路或3路高速脉冲输出，集成了S7-200的位置控制模块的功能。

（5）使用Micro SD（手机存储卡）可以实现程序的更新和PLC固件升级。

（6）编程软件界面友好，编程高效，融入了更多的人性化设计。

（7）S7-200 SMART、SMART LINE触摸屏、V20变频器和V80/V60伺服系统完美整合，无缝集成。

1.1.3 任务实施

1. S7-200 SMART PLC CPU模块认识

（1）S7-200 SMART PLC CPU模块的技术规范。S7-200 SMART PLC的CPU模块共有CR40、CR60、SR20、SR30、SR40、SR60、ST20、ST30、ST40、ST60 10种。

1）CR40、CR60，经济型CPU模块，不能扩展，输出类型为继电器输出，可以驱动交直流两种负载，I/O总点数分别为40点和60点。

2）SR20、SR30、SR40、SR60，标准型CPU模块，可扩展6个扩展模块，输出类型为继电器输出，可以驱动交直流两种负载，I/O总点数分别为20、30、40点和60点。

3）ST20、ST30、ST40、ST60，标准型CPU模块，可扩展6个扩展模块，输出类型为晶体管输出，具有高速脉冲输出功能，I/O总点数分别为20、30、40点和60点。

（2）CR40 CPU模块面板认识。图1-11所示为CR40 CPU模块的面板。CPU面板左侧有运行、停止和故障三个指示灯，指示灯右侧是信号板的扩展接口（CR40没有），信号板扩展接口右侧有输入/输出点的状态指示灯，用于指示相应输入/输出点的通断状态，最右侧是扩展接口。

打开CR40 CPU模块的上盖板能够看到电源端子L/N（AC 120～240V）、24个输入点接线端子、1个输入点公共端接线端子1M、以太网通信接口和通信指示灯。

打开CR40 CPU模块的下盖板能够看到16个输出点接线端子、输出点公共端接线端子1L/2L/3L/4L、直流24V电源端子L+/M、RS485串行通信接口和存储卡插槽。

PLC与外部接线的连接采用可以拆卸的插座型端子板，不需断开端子板上的外部接线就可以迅速地更换模块。

2. S7-200 SMART PLC数字量扩展模块认识

S7-200 SMART PLC标准CPU模块自带的数字量输入或输出点不够用时，可以外接数字量扩展模块，表1-1为S7-200 SMART PLC的数字量扩展模块。

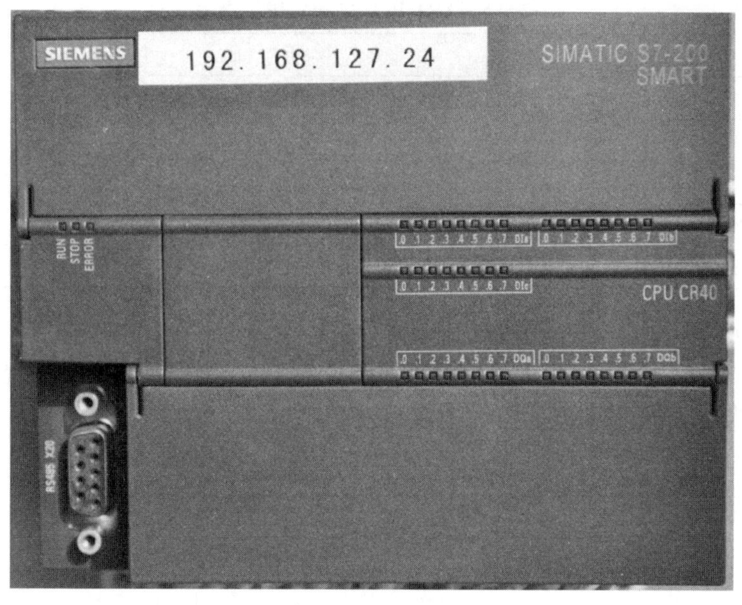

(a)

以太网通信接口及指示灯　输入端子 、输入点公共端子　PLC 电源端子

运行指示灯RUN　停止指示灯STOP　故障指示灯ERROR

信号板扩展接口

输入点 LED 状态指示灯

CPU CR40

输出点 LED 状态指示灯

扩展接口

RS-485串口　输出端子 、输出点公共端 、直流 24 V电源端子　存储卡插槽

(b)

图 1-11　CR40 CPU 模块

(a) CR40 CPU 模块实物图；(b) CR40 CPU 模块面板功能简图

表 1-1　S7-200 SMART PLC 的数字量扩展模块

型　号	输入点数	输出点数（输出类型）	型　号	输入点数	输出点数（输出类型）
EM DE08	8	0	EM DR16	8	8（继电器输出）
EM DT08	0	8（晶体管输出）	EM DT32	16	16（晶体管输出）
EM DR08	0	8（继电器输出）	EM DR32	16	16（继电器输出）
EM DT16	8	8（晶体管输出）			

3. S7-200 SMART PLC 模拟量扩展模块认识

S7-200 SMART PLC 的 CPU 模块没有自带的模拟量接口，需要通过模拟量扩展模块才能实现温度、压力等模拟量信号的控制，表 1-2 为 S7-200 SMART PLC 的模拟量扩展模块。

表 1-2　　S7-200 SMART PLC 的模拟量扩展模块

型　号	功　能
EM AE04	4 个模拟量输入通道
EM AQ02	2 个模拟量输出通道
EM AM06	4 个模拟量输入通道/2 个模拟量输出通道
EM AR02	2 个热电阻输入通道
EM AT04	4 个热电偶输入通道

4. S7-200 SMART PLC 信号板认识

S7-200 SMART PLC 有 4 种信号板，可以直接安装在 CPU 面板的信号板扩展槽上，表 1-3 为 S7-200 SMART PLC 的信号板。

表 1-3　　S7-200 SMART PLC 的信号板

型　号	功　能
SB AQ01	1 个模拟量输出通道
SB DT04	2 点数字量输入/2 点数字量输出（晶体管输出）
SB CM01	RS-485/232 串行通信接口
SB BA01	电池板

5. S7-200 SMART PLC 存储区软元件认识

S7-200 SMART PLC 的存储区主要有 13 种软元件，分别具有不同的功能，见表 1-4。

表 1-4　　S7-200 SMART PLC 的存储区软元件

序号	种　类	功　能
1	输入映像寄存器 I	接收 PLC 外部输入的数字量信号
2	输出映像寄存器 Q	驱动 PLC 外部的输出设备
3	变量存储器 V	用于保存程序执行过程的中间结果
4	位存储器 M	与 V 类似，用来存储程序执行过程的中间结果，一般按位使用
5	定时器 T	用于在程序中实现延时功能
6	计数器 C	用于在程序中实现计数功能
7	高速计数器 HC	用于在程序中实现对高速脉冲输入信号的计数
8	累加器 AC	与 V 类似，用来存储程序执行过程的中间结果，但是长度为 32 位
9	特殊存储器 SM	用于 CPU 与用户之间交换信息，具有系统规定的特定功能
10	局部存储器 L	在它被创建的程序中保存程序执行过程的中间结果
11	模拟量输入存储器 AI	PLC 外部的模拟量转换为 PLC 内部数字量的存储区
12	模拟量输出存储器 AQ	PLC 内部的数字量存储区，用于转换为 PLC 外部的模拟量输出
13	顺序控制继电器 S	用于实现顺序功能图编程的软元件

1.1.4　知识拓展

1. PLC 控制系统与传统继电器控制系统及计算机系统的区别和联系

（1）PLC 控制系统与传统继电器控制系统的区别和联系。

1）相同之处：线圈与触点之间的关系相同，两者所采用与、或、非数字量逻辑关系是相同的。

2）不同之处：传统继电器控制系统的线圈和触点是真实的电感线圈和机械触点，而PLC内部的线圈和触点是虚拟的，是由PLC存储区的0、1二进制位等效出来的；传统继电器控制系统的程序是固化在硬件接线之中的，而PLC控制系统的程序是保存在存储器中的；传统继电器控制系统的工作方式是并行的，而PLC控制系统的工作方式是顺序循环扫描。

（2）PLC与计算机系统的区别和联系。

1）相同之处：PLC本质上是一种应用于工业控制的工业计算机，它们的组成相似，都是由CPU、存储器、输入/输出接口、通信接口和电源部件等组成的。

2）不同之处：两者的不同之处主要是输入/输出接口不同，PLC因为主要应用于生产设备的现场控制，所以它的输入接口连接的输入设备主要是按钮、开关、限位开关、热继电器等，输出接口连接的输出设备主要是继电器和接触器的线圈、指示灯等；而计算机的输入/输出接口连接的设备主要是鼠标、键盘、显示器、音箱等。

2. PLC的特点

PLC技术之所以高速发展，除了工业自动化的客观需要外，还因为它具有以下优点：

（1）可靠性高、抗干扰能力强。可靠性高、抗干扰能力强是PLC最重要的特点之一。PLC的平均无故障时间可达几十万个小时，之所以有这么高的可靠性，是由于它采用了一系列的硬件和软件的抗干扰措施。

1）硬件方面：I/O通道采用光电隔离，有效地抑制了外部干扰源对PLC的影响；对供电电源及线路采用多种形式的滤波，从而消除或抑制了高频干扰；对CPU等重要部件采用良好的导电、导磁材料进行屏蔽，以减少空间电磁干扰；对有些模块设置了联锁保护、自诊断电路等。

2）软件方面：PLC采用扫描工作方式，减少了由于外界环境干扰引起故障；在PLC系统程序中设有故障检测和自诊断程序，能对系统硬件电路等故障实现检测和判断；当由外界干扰引起故障时，能立即将当前重要信息加以封存，禁止任何不稳定的读写操作，一旦外界环境正常后，便可恢复到故障发生前的状态，继续原来的工作。

（2）编程简单、使用方便。目前，大多数PLC采用的编程语言是梯形图语言，它是一种面向生产、面向用户的编程语言。梯形图与电器控制线路图相似，形象、直观，不需要掌握计算机知识，很容易让广大工程技术人员掌握。当生产流程需要改变时，可以现场改变程序，使用方便、灵活。同时，PLC编程器的操作和使用也很简单。这也是PLC获得普及和推广的主要原因之一。

（3）功能完善、通用性强。现代PLC不仅具有逻辑运算、定时、计数、顺序控制等功能，而且还具有A/D和D/A转换、数值运算、数据处理、PID控制、通信联网等许多功能。同时，由于PLC产品的系列化、模块化，有品种齐全的各种硬件装置供用户选用，可以组成满足各种要求的控制系统。

（4）设计安装简单、维护方便。由于PLC用软件代替了传统电气控制系统的硬件，控制柜的设计、安装接线工作量大为减少。PLC的用户程序大部分可在实验室进行模拟调试，缩短了应用设计和调试周期。在维修方面，由于PLC的故障率极低，维修工作量很小；而且PLC具有很强的自诊断功能，如果出现故障，可根据PLC上指示或编程器上提供的故障信息，迅速查明原因，维修极为方便。

（5）体积小、质量轻、能耗低。由于PLC采用了集成电路，其结构紧凑、体积小、能耗低，因而是实现机电一体化的理想控制设备。

3. PLC的分类

PLC产品种类繁多，其规格和性能也各不相同。对PLC的分类，通常根据其结构形式的不同、功能的差异和I/O点数的多少等进行大致分类。

（1）按结构形式分类。根据PLC的结构形式，可将PLC分为整体式和模块式两类。

1）整体式PLC 。整体式PLC是将电源、CPU、I/O接口等部件都集中装在一个机箱内，具有结构紧凑、体积小、价格低的特点。小型PLC一般采用这种整体式结构。整体式PLC由不同I/O点数的基本单元（又称主机）和扩展单元组成。基本单元内有CPU、I/O接口、与I/O扩展单元相连的扩展口，以及与编程器或EPROM写入器相连的接口等。扩展单元内只有I/O和电源等，没有CPU。基本单元和扩展单元之间一般用扁平电缆连接。整体式PLC一般还可配备特殊功能单元，如模拟量单元、位置控制单元等，使其功能得以扩展。

2）模块式PLC，如图1-12所示。模块式PLC是将PLC各组成部分，分别做成若干个单独的模块，如CPU模块、I/O模块、电源模块（有的含在CPU模块中）及各种功能模块。模块式PLC由框架或基板和各种模块组成。模块装在框架或基板的插座上。这种模块式PLC的特点是配置灵活，可根据需要选配不同规模的系统，而且装配方便，便于扩展和维修。大、中型PLC一般采用模块式结构。

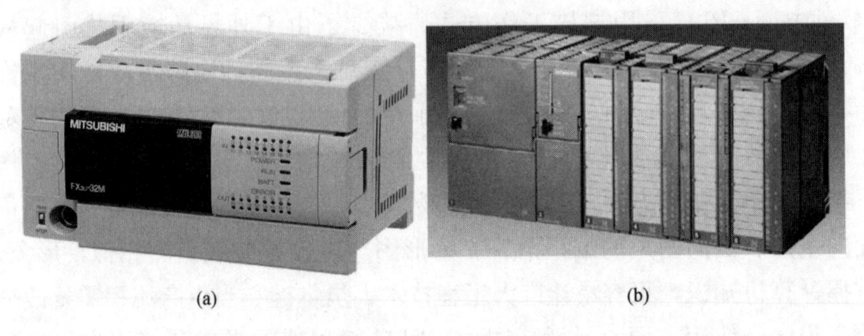

(a) (b)

图1-12 整体式和模块式PLC

(a) 三菱FX系列整体式PLC；(b) 西门子S7-300系列模块式PLC

（2）按功能分类，可分为低档PLC、中档PLC和高档PLC。

1）低档PLC。具有逻辑运算、定时、计数、移位以及自诊断、监控等基本功能，还可有少量模拟量输入/输出、算术运算、数据传送和比较、通信等功能。主要用于逻辑控制、顺序控制或少量模拟量控制的单机控制系统。

2）中档PLC。除具有低档PLC的功能外，还具有较强的模拟量输入/输出、算术运算、数据传送和比较、数制转换、远程I/O、子程序、通信联网等功能。有些还可增设中断控制、PID控制等功能，适用于复杂控制系统。

3）高档PLC。除具有中档机的功能外，还增加了带符号算术运算、矩阵运算、位逻辑运算、平方根运算及其他特殊功能函数的运算、制表及表格传送功能等。高档PLC机具有更强的通信联网功能，可用于大规模过程控制或构成分布式网络控制系统，实现工厂自动化。

（3）按I/O点数分类。根据PLC的I/O点数的多少，可将PLC分为小型、中型和大型三类。

1）小型PLC，I/O点数为256点以下的为小型PLC。

2）中型PLC，I/O点数为256点以上、2048点以下的为中型PLC。

3）大型PLC，I/O点数为2048以上的为大型PLC。

通常我们所说的小型、中型、大型PLC，除指其I/O点数不同外，同时也表示其对应功能为低档、中档、高档。

4. PLC的应用范围

目前，PLC已广泛应用冶金、石油、化工、建材、机械制造、电力、汽车、轻工、环保及文化娱乐等各行各业，随着PLC性能价格比的不断提高，其应用领域不断扩大。从应用类型看，PLC的应用大致可归纳为以下几个方面：

（1）开关量逻辑控制。利用PLC最基本的逻辑运算、定时、计数等功能实现逻辑控制，可以取代传统的继电器控制，用于单机控制、多机群控制、生产自动线控制等，例如，机床、注塑机、印刷机械、装配生产线、电镀流水线及电梯的控制等。这是PLC最基本的应用，也是PLC最广泛的应用领域。

（2）运动控制。大多数PLC都有拖动步进电动机或伺服电动机的单轴或多轴位置控制模块。这一功能广泛用于各种机械设备，如对各种机床、装配机械、机器人等进行运动控制。

（3）过程控制。大、中型PLC都具有多路模拟量I/O模块和PID控制功能，有的小型PLC也具有模拟量输入/输出。所以PLC可实现模拟量控制，而且具有PID控制功能的PLC可构成闭环控制，用于过程控制。这一功能已广泛用于锅炉、反应堆、水处理、酿酒以及闭环位置控制和速度控制等方面。

（4）数据处理。现代的PLC都具有数学运算、数据传送、转换、排序和查表等功能，可进行数据的采集、分析和处理，同时可通过通信接口将这些数据传送给其他智能装置，如计算机数值控制（CNC）设备，进行处理。

（5）通信联网。PLC的通信包括PLC与PLC、PLC与上位计算机、PLC与其他智能设备之间的通信，PLC系统与通用计算机可直接或通过通信处理单元、通信转换单元相连构成网络，以实现信息的交换，并可构成“集中管理、分散控制”的多级分布式控制系统，满足工厂自动化（FA）系统发展的需要。

习题

一、选择题

1. PLC 研制之初是为了取代（ ）。

A. 传统的继电器控制系统　　B. 计算机

C. 变频器　　D. 单片机

2. 下面（ ）不属于西门子 PLC。

A. S7-200　　B. S7-200 SMART　　C. S7-300　　D. FX1N

3. PLC 中 CPU 的作用是（ ）。

A. 控制中心　　B. 存储程序　　C. 采集输入信号　　D. 刷新输出

4. 下面（ ）属于西门子 S7-200 SMART 经济型 CPU 模块。

A. SR20　　B. ST20　　C. CR40　　D. SR60

5. S7-200 SMART 的 CR40 CPU 模块输入点数为（ ）。

A. 40　　B. 24　　C. 16　　D. 4

6. 下面（ ）CPU 模块没有扩展功能。

A. SR20　　B. ST20　　C. CR40　　D. SR60

7. PLC 的（ ）是由 PLC 生产厂家设计的。

A. 系统程序　　B. 用户程序　　C. 所有程序　　D. 以上都不对

8. S7-200 SMART CR40 CPU 模块输出回路采用（ ）输出形式。

A. 晶体管　　B. 继电器　　C. 纯机械　　D. 双向可控硅

9. S7-200 SMART ST20 CPU 模块输出回路采用（ ）输出形式。

A. 晶体管　　B. 继电器　　C. 纯机械　　D. 双向可控硅

10. S7-200 SMART CR40 CPU 模块（ ）。

A. 可以驱动交直流两种负载　　B. 只能驱动直流负载

C. 只能驱动交流负载　　D. 以上都不对

11. S7-200 SMART PLC CR40 CPU 模块的 RUN 指示灯为（ ）。

A. 运行指示灯　　B. 电源指示灯

C. 停止指示灯　　D. 以太网通信指示灯

12. S7-200 SMART PLC CR40 CPU 模块的 LINK 和 Rx/Tx 指示灯为（ ）。

A. 运行指示灯　　B. 电源指示灯

C. 停止指示灯　　D. 以太网通信指示灯

13. PLC 的扫描周期不包括（ ）阶段。

A. 读取输入　　B. 执行用户程序　　C. 改写输出　　D. 程序编辑

14. PLC 以扫描方式依次地读入所有输入状态和数据，并将它们存入输入映像存储器中相应的单元内，这属于（ ）的工作任务。

A. 自诊断检查　　B. 读取输入　　C. 执行程序　　D. 改写输出

15. PLC 处于程序执行阶段时，下列说法错误的是（ ）。

A. CPU 从第一条指令开始顺序执行用户程序
B. 过程映像输入寄存器既可读又可以写
C. 过程映像输出寄存器既可读又可以写
D. 过程映像输入寄存器只能读不能写

二、判断题

1. PLC 又称为可编程控制器。（ ）
2. 现在 PLC 主要的编程工具为手持编程器。（ ）
3. 小型 PLC 一般为模块式结构。（ ）
4. PLC 是在计算机技术的基础上结合了传统继电器控制的优点研制的。（ ）
5. S7-200 SMART PLC 的标准型 CPU 模块没有扩展功能。（ ）
6. S7-200 SMART PLC 的 CPU 模块可以通过以太网通信。（ ）
7. S7-200 SMART PLC 的 CR60 CPU 模块输入/输出总点数为 60 点。（ ）
8. ROM 存储器是随机存储器，只能读不能写。（ ）
9. PLC 每一个输入点都有一个 LED 状态指示灯与之对应，用于指示通断状态。（ ）
10. S7-200 SMART ST20 CPU 模块输出回路可以直接驱动交流接触器线圈。（ ）
11. PLC 继电器输出形式比晶体管输出形式价格低、响应速度快。（ ）
12. S7-200 SMART PLC 可以通过普通商用 SD 存储卡升级固件、传输程序等。（ ）
13. PLC 的工作方式为顺序循环扫描。（ ）
14. 假设 PLC 处于某一扫描周期的程序执行阶段，此时某个输入点的状态变化一定会影响到本周期程序执行的结果。（ ）
15. 在 PLC 执行用户程序时，CPU 对用户程序（梯形图）自上而下、自左向右地逐次进行扫描。（ ）

三、简答题

1. PLC 主要由哪几部分组成？
2. PLC 的软继电器和真实的继电器有什么区别和联系？
3. PLC 的工作方式是什么？
4. PLC 是如何出现的，与传统的继电器控制系统和计算机有何区别与联系？
5. PLC 的应用范围主要包括哪些方面？
6. PLC 有什么特点？
7. PLC 有哪些知名品牌？
8. PLC 按照结构可以分为哪几种类型，有什么区别？
9. PLC 的继电器输出接口电路和晶体管输出电路有什么区别？
10. S7-200 SMART PLC 的经济型 CPU 模块和标准型 CPU 模块有什么区别？
11. S7-200 SMART PLC CPU 模块 CR40 的型号含义是什么？

12. S7-200 SMART PLC CPU 模块 ST20 的型号含义是什么？

13. 西门子 S7-200 SMART 系列 PLC 的 CPU 模块上的指示灯主要有哪些，有什么功能？

14. 如何选择 PLC 的型号？

15. 西门子 S7-200 SMART 系列 PLC 的软元件有哪几种？

任务 2　指示灯的 PLC 控制

1.2.1　任务概述

用开关 SA1 和 SA2 控制三个指示灯 HL1、HL2 和 HL3（指示灯均采用 AC 220V 电源），用 S7-200 SMART PLC 实现以下控制要求：

(1) 开关 SA1 和 SA2 都闭合时指示灯 HL1 才点亮；

(2) 开关 SA1 闭合且 SA2 断开时指示灯 HL2 才点亮；

(3) 开关 SA1 和 SA2 只要有一个闭合，指示灯 HL3 就点亮。

1.2.2　任务资讯

1. 输入映像寄存器 I

在每个扫描周期的输入采样阶段，CPU 对输入点进行采样，并将采样值存于输入映像存储器 I 中。每一个数字量输入点在输入映像存储器 I 中都有唯一的一个位与之对应。PLC 在执行用户程序过程中，一般不再采样物理输入点的状态，而是直接读取输入映像存储器 I 中的值。

输入映像存储器可以按位、字节、字、双字四种方式来存取。

(1) 按“位”方式：每个位地址包括存储器标识符、字节地址及位号三部分。存储器标识符为“I”，字节地址为整数部分（十进制），位号为小数部分（八进制）。如图 1-13 所示，涂灰的小格代表一个输入点，地址是 I1.2，它是字节 IB1 的一个位，位号为 2。

			7	6	5	4	3	2	1	0
ID0	IW0	IB0	0	0	0	0	0	0	0	0
		IB1	0	0	0	0	0	0	0	0
	IW2	IB2	0	0	0	0	0	0	0	0
		IB3	0	0	0	0	0	0	0	0

图 1-13　输入映像寄存器 I

(2) 按“字节”方式：每个字节地址包括存储器字节标识符、字节地址两部分。存储器字节标识符为“IB”，字节地址为整数部分。例如 IB0 表示输入映像存储器中的第 0 个字节，它由 I0.0～I0.7 这 8 位组成，I0.0 为最低位，I0.7 为最高位。

(3) 按“字”方式：每个字地址包括存储器字标识符、字地址两部分。存储器字标识符为“IW”，字地址为整数部分。相邻的两个字节组成一个字，且低位字节在一个字中应该是高8位，高位字节在一个字中应该是低8位。例如，IW0由IB0和IB1两个字节组成，IB0为高8位，IB1为低8位。

（4）按“双字”方式：每个双字地址包括存储器双字标识符、双字地址两部分。存储器双字标识符为“ID”，双字地址为整数部分。相邻的四个字节组成一个双字，最低位字节在一个双字中应该是最高8位。例如，ID0由IB0、IB1、IB2、IB3四个字节组成，IB0为最高8位，IB3为最低8位。

2. 输出映像寄存器Q

在每个扫描周期的输出刷新阶段，PLC将输出映像存储器Q中的数据送到各输出模块，再由后者驱动外部负载。每一个数字量输出点在输出映像存储器Q中都有唯一的一个位与之对应。

输出映像存储器可以按位、字节、字、双字四种方式来存取。

（1）按“位”方式：每个位地址包括存储器标识符、字节地址及位号三部分。存储器标识符为“Q”，字节地址为整数部分（十进制），位号为小数部分（八进制）。如图1-14所示，涂灰的小格代表一个输出点，位地址是Q2.3，它是字节QB2的一个位，位号为3。

（2）按“字节”方式：每个字节地址包括存储器字节标识符、字节地址两部分。存储器字节标识符为“QB”，字节地址为整数部分。例如，QB2表示输出映像存储器中的第2个字节，它由Q2.0～Q2.7这8位组成，Q0.0为最低位，Q2.7为最高位。

（3）按“字”方式：每个字地址包括存储器字标识符、字地址两部分。存储器字标识符为“QW”，字地址为整数部分。相邻的两个字节组成一个字，且低位字节在一个字中应该是高8位，高位字节在一个字中应该是低8位。例如，QW0由QB0和QB1两个字节组成，QB0为高8位，QB1为低8位。

（4）按“双字”方式：每个双字地址包括存储器双字标识符、双字地址两部分。存储器双字标识符为“QD”，双字地址为整数部分。相邻的四个字节组成一个双字，最低位字节在一个双字中应该是最高8位。例如，QD0由QB0、QB1、QB2、QB3四个字节组成，QB0为最高8位，QB3为最低8位。

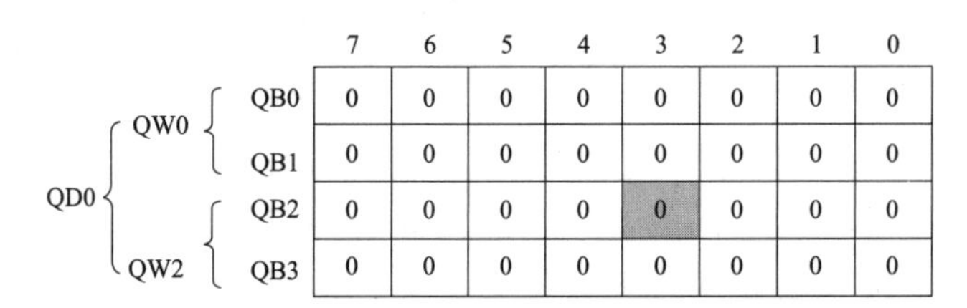

图1-14 输出映像寄存器Q

3. PLC的编程语言

PLC编程语言是多种多样的，对于不同生产厂家、不同系列的PLC产品采用的编程语言的表达方式也不相同，但基本上可归纳两种类型：一是采用字符表达方式的编程语言，如语句表等；二是采用图形符号表达方式编程语言，如梯形图等。以下简要介绍几种常见的PLC编程语言。

（1）梯形图语言。梯形图语言（LAD）是在传统电气控制系统中常用的接触器、继电器等图形表达符号的基础上演变而来的。它与继电器控制线路图相似，继承了传统继电器控制逻辑中使用的框架结构、逻辑运算方式和输入/输出形式，具有形象、直观、实用的特点。因此，这种编程语言为广大电气技术人员所熟知，是应用最广泛的PLC的编程语言，是PLC的第一编程语言。

图1-15所示是梯形图程序语言。从图1-15可看出，PLC的梯形图使用的是内部继电器、定时/计数器等，都是由软件来实现的，使用方便，修改灵活，是继电器控制线路硬接线程序无法比拟的。

（2）语句表语言，也叫指令表语言或助记符语言（STL），这种编程语言是一种与汇编语言类似的助记符编程表达方式。图1-16所示为S7-200 SMART PLC的语句表语言程序。语句是语句表程序的基本单元，每个语句主要由步序号、指令助记符和操作数三部分组成。虽然各个PLC生产厂家的语句表形式不尽相同，但基本功能相差无几。

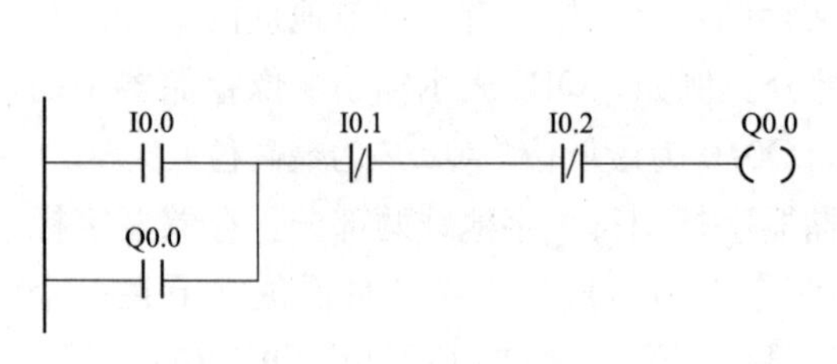

图1-15　梯形图语言

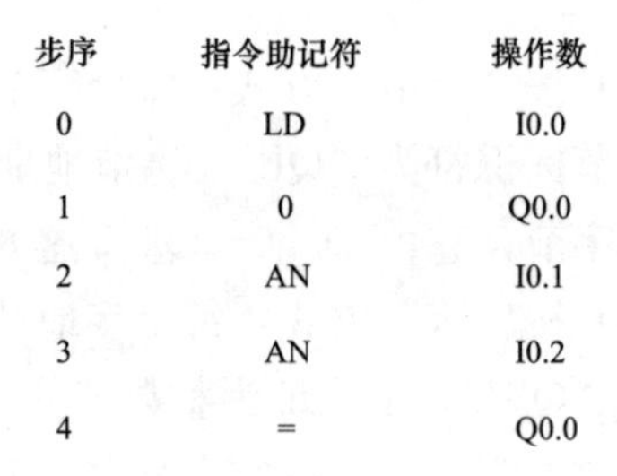

步序	指令助记符	操作数
0	LD	I0.0
1	O	Q0.0
2	AN	I0.1
3	AN	I0.2
4	=	Q0.0

图1-16　语句表语言程序

（3）逻辑图语言。逻辑图（FBD）是一种类似于数字逻辑电路结构的编程语言，由与门、或门、非门、定时器、计数器、触发器等逻辑符号组成。有数字电路基础的电气技术人员较容易掌握，如图1-17所示。

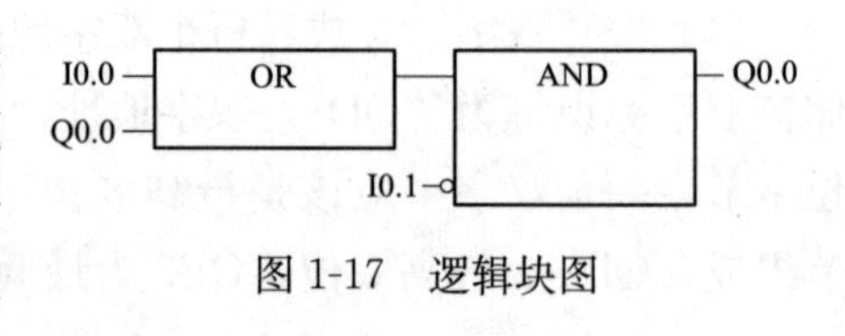

图1-17　逻辑块图

（4）功能表图语言。功能表图语言也叫顺序功能图语言（SFC），是一种较新的编程方法，如图1-18所示。它将一个完整的顺序控制过程分为若干阶段，各阶段具有不同的动作，阶段间有一定的转换条件，转换条件满足就实现阶段转移，上一阶段动作结束，下一阶段动作开始。功能表图语言用功能表图的方式来表达一个控制过程，对于顺序控制系统特别适用。

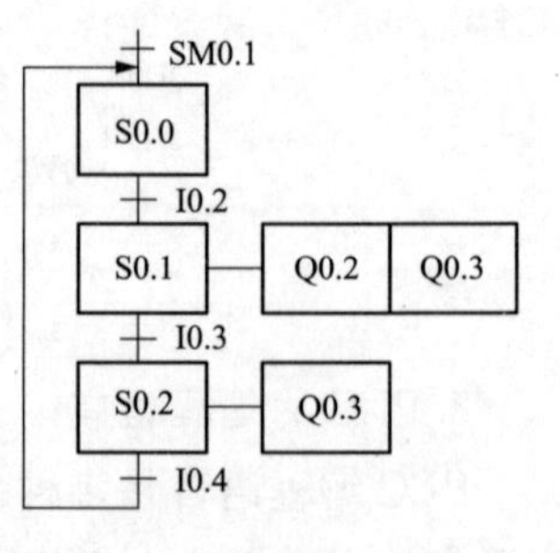

图1-18　SFC语言

除了以上编程语言外，PLC还有结构文本语言，类似于Basic等计算机编程语言。

4. STEP 7-MicroWIN SMART 编程软件简介

S7-200 SMART PLC 的编程软件为 STEP7-Micro/WIN SMART，可以在操作系统 Windows XP SP3、32 位和 64 位的 Windows 系统下运行，其界面如图 1-19 所示，主要包括快速访问工具栏、菜单栏、菜单功能区、导航栏、项目树、工具栏、程序编辑区、状态栏和浮动窗口等部分组成。

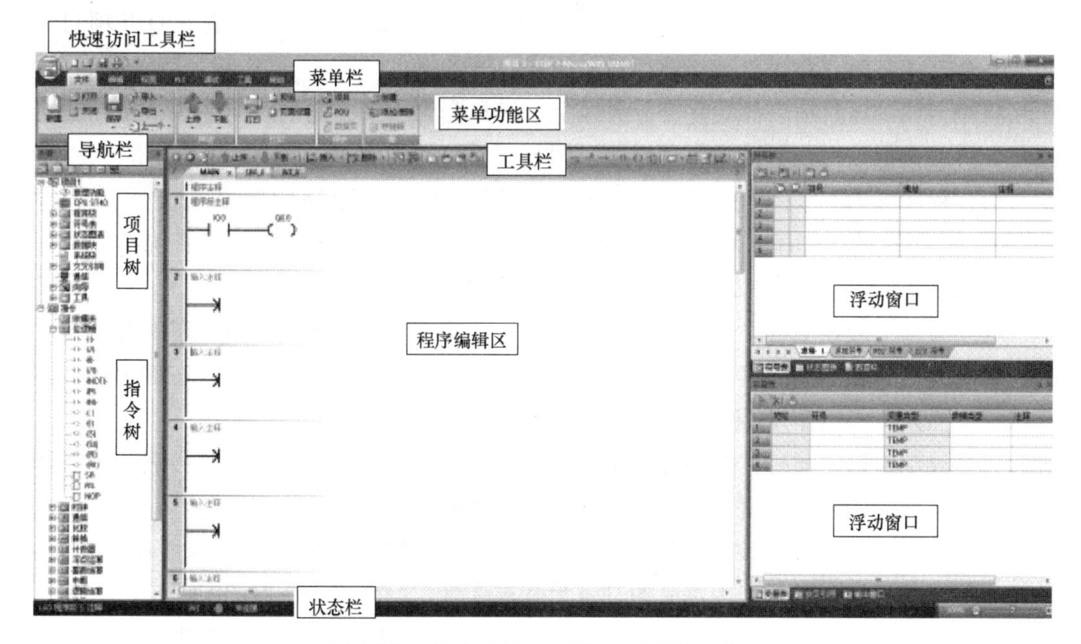

图 1-19　STEP7-Micro/WIN SMART 界面

（1）快速访问工具栏。STEP7-Micro/WIN SMART 左上角的快速访问工具栏有新建、打开、保存和打印这几个默认的按钮。单击快速访问工具栏右边的下拉箭头，出现“自定义快速访问工具栏”菜单，单击“更多命令…”，打开“自定义”对话框，可以增减快速访问工具栏上的命令按钮。

单击界面左上角的“文件”按钮，可以简单快速地访问“文件”菜单的大部分功能，并显示出最近打开过的文件。单击其中的某个文件，可以直接打开它。

（2）菜单和菜单功能区。STEP7-Micro/WIN SMART 采用带状式菜单，每个菜单的功能区占的位置较宽。用鼠标右击菜单功能区，执行出现的快捷菜单中的命令“最小化功能区”，在未单击菜单时，不会显示菜单的功能区。单击某个菜单项（例如“视图”）可以打开和关闭该菜单的功能区。单击菜单功能区之外的区域，也能关闭功能区。

（3）项目树与导航栏。项目树用于组织项目。用鼠标右击项目树的空白区域，可以用快捷菜单中的“单击打开项目”命令，设置用鼠标单击或双击打开项目树中的对象。

项目树上面的导航栏有符号表、状态图表、数据块、系统块、交叉引用和通信这几个按钮。单击它们，可以直接打开项目树中对应的对象。

单击项目树中文件夹左边带加减号的小方框，可以打开或关闭该文件夹，也可以用鼠标双击文件夹打开它。用鼠标右击项目树中的某个文件夹，可以用快捷菜单中的命令做打开、插入等操作，允许的操作与具体的文件夹有关。右键单击文件夹中的某个对象，可以做打开、剪切、复制、粘贴、插入、删除、重命名和设置属性等操作，允许的操作与具体的对象有关。

单击“工具”菜单功能区中的“选项”按钮，再单击打开的“选项”对话框左边窗口中的“项目树”，右边窗口的多选框“启用指令树自动折叠”用于设置在打开项目树中的某个文件夹时，是否自动折叠项目树原来打开的文件夹。

将光标放到项目树右侧的垂直分界线上，光标变为水平方向的双向箭头，按住鼠标左键，移动鼠标，可以拖动垂直分界线，调节项目树的宽度。

(4) 程序编辑区。程序编辑区用于编写 PLC 程序，程序编辑区上方有主程序(MAIN)、可选的子程序（SBR _ 0）和中断程序（INT _ 0）选项卡，三者统称为程序组织单元（Program Organizational Unit，POU)。

程序编辑一般在主程序选项卡中进行，如果需要编写子程序或中断程序则选择相应的选项卡编写，如图需要编写更多的子程序或中断程序可以在程序编辑区右键单击，然后选择“插入—子程序/中断程序”。

(5) 浮动窗口。通过“视图”菜单功能区的“组件”按钮可以调出符号表、状态图表等浮动窗口，同时浮动窗口可以通过拖动其标题栏来调整位置。

1) 符号表：符号表允许程序员用符号来代替存储器的地址，符号地址便于记忆，使程序更容易理解。符号表中定义的符号为全局变量，可以用于所有的 POU。

2) 状态图表：状态图表用表格或趋势视图来监视、修改和强制程序执行时制定的变量状态，状态图并不下载到 PLC。

3) 数据块包含用于给 V 储存区地址分配数据初始值的数据页。

4) 变量表：主要用于为 POU 定义局部变量。

5) 交叉引用：主要用于查找元件位置或查看存储区使用是否存在重叠等。

6) 输出窗口：主要用于显示程序编译结果。

7) 通信：主要用于查找 CPU 和设置 IP 地址等。

8) 系统块：系统用于给 S7-200 SMART CPU、信号板和扩展模块组态和设置各种参数。

(6) 状态栏。状态栏位于主窗口底部，提供软件中执行的操作的相关信息。在编辑模式，状态栏显示编辑器的信息，例如，当前是插入（INS）模式还是覆盖（OVR）模式。可以用计算机的（Insert）键切换这两种模式。此外还显示在线状态信息，包括 CPU 的在线状态、通信连接的状态、CPU 的 IP 地址和可能的错误等。可以用状态栏右边的梯形图缩放工具放大和缩小梯形图程序。

1.2.3 任务实施

1. PLC 选型和硬件组态

(1) PLC 选型。在满足控制要求的前提下，可以根据所需 I/O 点数的多少以及价格等因素来选择合适的 PLC 型号。本任务中，只需要 2 点输入和 3 点输出，在满足 I/O 点数的前提下为了节省成本可以选择 SR20 或 ST20。这两种 CPU 模块均为 12 点输入、8 点输出，价格差不多，但考虑到 ST20 不能直接驱动交流指示灯，因此建议采用 SR20。

（2）PLC 硬件组态。所谓硬件组态，就是在编程软件中配置一套与实际的 PLC 硬件相一致的虚拟系统。S7-200 SMART PLC 需要在编程软件 STEP7-Micro/WIN SMART 左侧项目树的“系统块”中对 CPU 模块、信号板（SB）和扩展模块（EM0～EM5）进行硬件组态，如图 1-20 所示。在第一行（CPU）中选择 SR20 后，右侧会自动显示输入/输出的起始地址（该地址固定不能修改）。如果还需要安装信号板或扩展模块，则在第二行（SB）或第三行（EMO）中选择相应的硬件，不同的 CPU 模块扩展能力各有不同。如果硬件组态信息与实际硬件不符，下载时 PLC 会报错。

系统块

	模块	版本	输入	输出	订货号
CPU	CPU SR20 (AC/DC/Relay)	V02....	I0.0	Q0.0	6ES7 288-1SR20-0AA0
SB	SB CM01 (RS485/RS232)				6ES7 288-5CM01-0AA0
EM 0	EM DT16 (8DI / 8DQ Transistor)		I8.0	Q8.0	6ES7 288-2DT16-0AA0
EM 1	EM AM06 (4AI / 2AQ)		AIW32	AQW32	6ES7 288-3AM06-0AA0

图 1-20　STEP7-Micro/WIN SMART 的硬件组态

2. PLC 输入/输出地址分配（I/O 分配）

PLC 的硬件组态完成后，需要选择 PLC 外部连接哪些输入/输出设备，然后为这些输入/输出设备分配相应的输入/输出地址，以便安装人员进行 PLC 外部硬件接线或编程人员进行编程调试。PLC 输入/输出的地址分配简称 I/O 分配，其中 I（Input）代表输入，O（Output）代表输出。

（1）输入设备的选择和地址分配。PLC 输入设备可以分为开关量和模拟量两种，前者常见的主要有按钮、转换开关、限位开关、热继电器的触点等，后者常见的主要有温度传感器、压力传感器、速度传感器等。本任务中，输入设备为 2 个开关，属于开关量的输入设备，分配 2 个输入点即可。

（2）输出设备的选择和地址分配。PLC 输出设备也可以分为开关量和模拟量两种，前者常见的主要有接触器（继电器、电磁阀）的线圈、指示灯和蜂鸣器等，后者常见的主要有电动阀门的执行机构等。本任务中，输出设备是 3 个指示灯。

表 1-5 所示为指示灯控制 I/O 分配表。

表 1-5　　指示灯控制 I/O 分配表

输入设备	文字符号	输入地址	输出设备	文字符号	输出地址
开关 1	SA1	I0.0	指示灯 1	HL1	Q0.0
开关 2	SA2	I0.1	指示灯 2	HL2	Q0.1
			指示灯 3	HL3	Q0.2

3. 硬件接线

图 1-21 所示为指示灯控制的 PLC 外部接线图。

(1) PLC 工作电源接线：西门子 SR 和 CR 系列的 CPU 模块的工作电源（L1/N 端子）为交流 220V，ST 系列的 CPU 模块工作电源为直流 24V。

(2) PLC 输入回路接线：PLC 输入回路可以采用外接的 24V 直流电源，也可以采用 PLC 自带的直流 24V 电源（L+/M）。需要注意的是，除非是一些起比较重要保护作用的输入设备（如急停按钮、极限限位等），一般输入设备采用动合触点连接 PLC 的输入端子。

(3) PLC 输出回路接线：由于 SR20 CPU 模块的输出为继电器输出形式，所以 PLC 输出回路既可以使用直流电源，也可以使用交流电源。本任务中因为所选指示灯的额定电压是交流 220V，所以输出回路使用交流 220V 电源。需要注意的是，如果 PLC 的输出设备电压类型不一致，则需要将其分组接线。

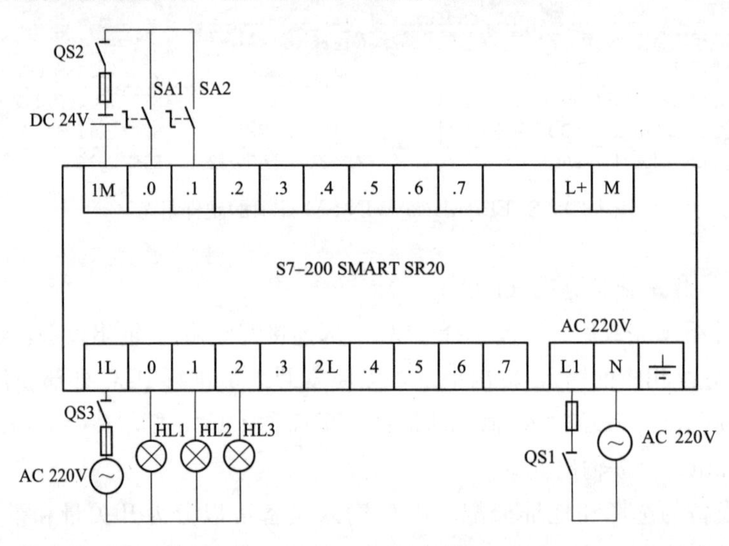

图 1-21　指示灯控制 PLC 外部接线图

4. 程序设计

在编程软件中选择完成 PLC 选型后，可以在程序编辑区上方的主程序（MAIN）中编写程序，可以在“视图”菜单的“编辑器”中选择编程语言为 STL（语句表语言）、LAD（梯形图语言）或者 FBD（逻辑图语言）。

选择梯形图语言后，需要分段编写梯形图程序，可以插入或者删除程序段，也可以给程序段添加注释。

如图 1-22 所示，通过点击工具栏中的“插入触点”“插入线圈”等程序编辑工具按钮或者通过拖曳左侧指令树中的相应指令可以在程序编辑区编写梯形图程序。触点和线圈的地址有符号地址（如 CPU _ 输入 0）和绝对地址（如 I0.0）两种，可以通过工具栏的“切换寻址”按钮来切换地址的显示方式。梯形图下方的符号信息表显示当前该段程序绝对地址所对应的符号地址和元件注释，可以通过工具栏的“符号信息表”按钮打开

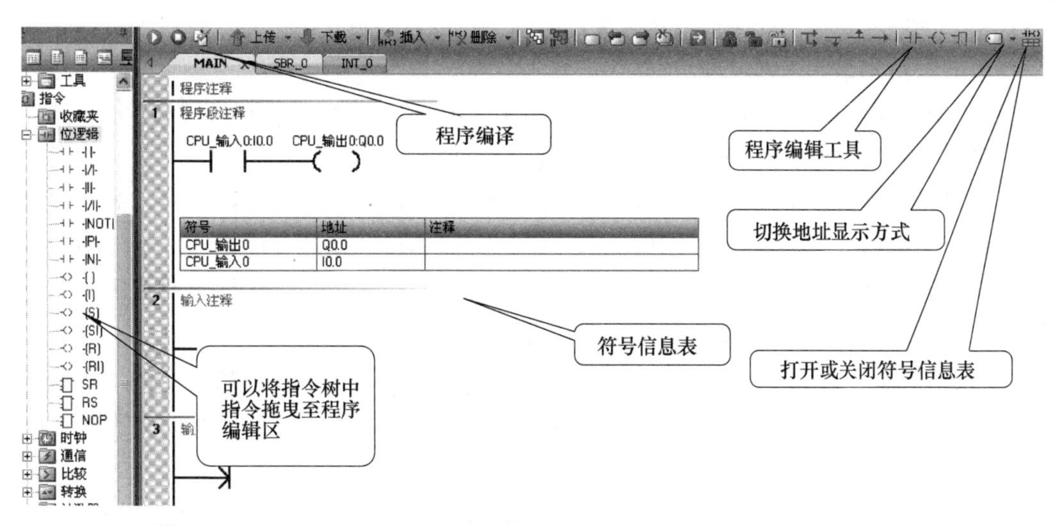

图 1-22　梯形图程序的编辑和编译

或关闭。

点击编程软件工具栏的“编译”工具，可以对项目的所有组件（包括程序）进行编译，然后在“输出窗口”中显示编译的结果，如果有错误也可以显示相应的错误信息。

图 1-23 所示为指示灯控制的 PLC 梯形图程序，程序分为 3 段，原理如下：

（1）第 1 段程序，只有当开关 SA1 和 SA2 都闭合时，I0.0 和 I0.1 得电，I0.0 和 I0.1 的动合触点都闭合，Q0.0 的线圈接通，指示灯 HL1 才能点亮。

（2）第 2 段程序，只有当开关 SA1 闭合且 SA2 断开时，I0.0 得电且 I0.1 不得电，I0.0 动合触点且 I0.1 的动断触点闭合，Q0.1 的线圈接通，指示灯 HL2 才能点亮。

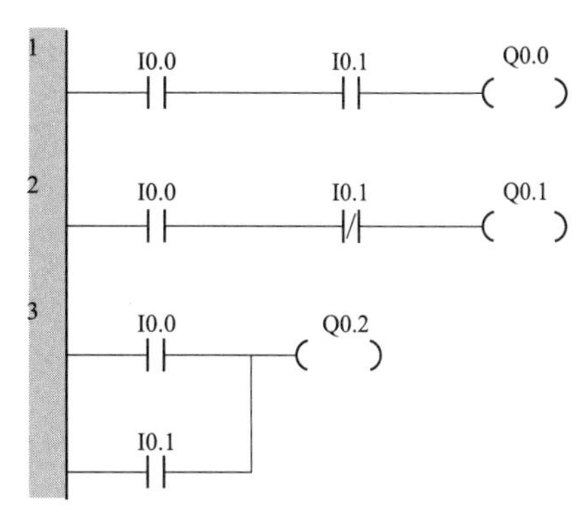

图 1-23　指示灯控制的梯形图程序

（3）第 3 段程序，开关 SA1 和 SA2 只要有一个闭合，I0.0 或 I0.1 就会得电，I0.0 或 I0.1 的动合触点任意一个闭合都可以使 Q0.0 的线圈接通，使得指示灯 HL3 点亮。

5. 程序传送

（1）建立通信。程序编译完成后，需要将编程设备（计算机）和 PLC 建立通信，然后才能实现程序的上传和下载。点击“导航栏”的“通信”按钮或者双击项目树的“通信”工具可以打开通信对话框，如图 1-24 所示。在对话框中点击“查找 CPU”按钮可以显示当前与计算机联网（S7-200 SMART PLC 通过以太网接口与计算机通信）的所有 CPU，根据显示的 IP 地址选择正确的 CPU 并点击确定，即可与之建立通信，在编程软件下方的状态栏会显示“已连接 192.168.126.25”。

1）网络接口卡：S7-200 SMART PLC 一般通过以太网与计算机通信，图 1-24 中网络接口卡的选择必须与计算机中实际按照的网络适配器一致（可以在计算机的设备管理器中查看本机网络适配器的型号）。

2）IP 地址：PLC 的 IP 地址必须与计算机的 IP 地址在同一网段内（即 IP 地址的前三段数字相同），否则计算机与 PLC 无法通信。

3）MAC 地址：MAC 地址（Media Access Control Address），直译为媒体访问控制地址，也可以称为物理地址（Physical Address）。MAC 地址长度是 48bit（6B），由十六进制的数字组成，分为前 24 位和后 24 位。前 24 位为组织唯一标志符，区分了不同的厂家；后 24 位是由厂家自己分配的，为扩展标识符。

改动 IP 地址是很容易的（但必须唯一），而 MAC 则是生产厂商烧录好的，一般不能改动。因此如果一个局域网内有若干台 PLC，则可以通过 MAC 地址来确定相应的 PLC。

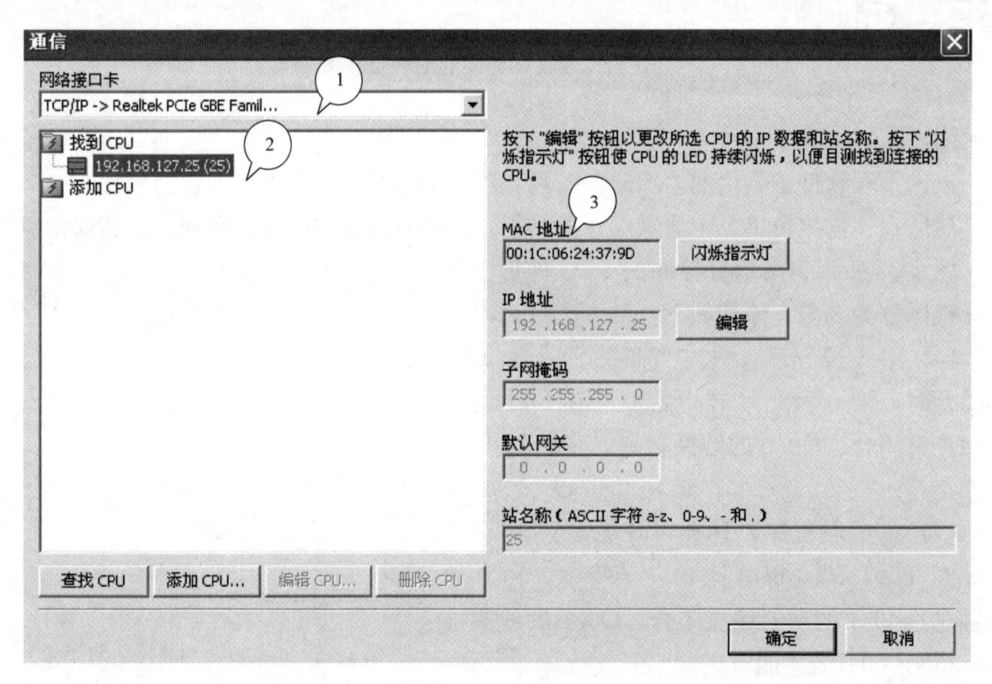

图 1-24　PLC 通信

（2）程序下载和上传。点击编程软件工具栏的“下载”按钮，可以将程序从电脑写入到 PLC 的 CPU 模块中，会出现如图 1-25 所示的对话框，点击确定即可。其中，程序块指的是用户程序，数据块主要用来对变量存储区 V 赋初始值，系统块内主要保存硬件组态信息，下载程序时可以根据需要勾选。

若点击编程软件工具栏的“上传”工具，可以将程序从 PLC 的 CPU 模块读取到电脑中。

6. 程序运行监控

程序下载完成后，点击工具栏的“运行”工具，使 PLC 处于运行模式（点击工具栏的“停止”工具，则 PLC 处于停止模式）。然后点击工具栏的“程序状态”工具，可

图 1-25　程序下载对话框

以对 PLC 程序进行在线监控，可能会出现“时间戳不匹配”的对话框，点击“比较”，再点击“继续”即可。图 1-26 所示为程序在线监控画面，此时接通的点或者线圈会高亮显示，因此可以很方便地分析程序的工作原理或查找故障点。

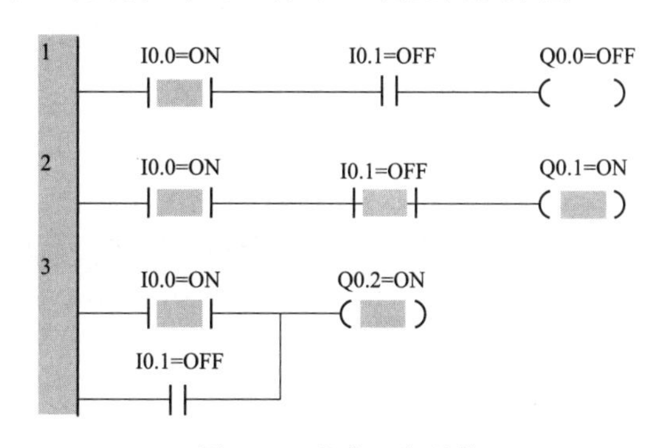

图 1-26　程序运行监控

1.2.4　知识拓展

1. STEP 7-MicroWIN SMART 编程软件系统块的使用方法

系统块用于 CPU、信号板和扩展模块的组态。单击导航栏上的“系统块”按钮，或用鼠标双击项目树中的“系统块”图标，使 STEP 7-Micro/WIN SMART 的项目组态与 CPU 中的组态相匹配，如图 1-27 所示。

（1）硬件组态。在系统块上半部分需要对 PLC 控制系统的实际模块进行相应的设置，这个设置必须与实际的硬件信息相一致，否则就会出现错误。例如，实际 CPU 模块如果是 CR40，但是在系统块里面设置成 ST40，则在线通信就会出现错误。另外，模块设置好以后可以在右侧看到默认的输入/输出地址分配信息。

（2）通信设置。可以设置 CPU 模块的 IP 地址、子网掩码地址、网关地址或者 RS-485 串口的地址和波特率等。

（3）数字量输入。可以设置数字量输入点的滤波时间以及是否用作捕捉高速脉冲输入信号。

（4）数字量输出。可以选择在CPU处于停止模式时每个输出点的ON/OFF状态。

（5）保持范围。可以设置在电源掉电时需要保持数据的存储区的范围，可以设置保存全部V、M、C区，只能保持TONR（保持型定时器）和计数器的当前值，不能保持定时器位和计数器位，上电时它们被置为OFF。可以组态最多10KB（1024B）的保持范围。默认的设置是CPU未定义保持区域。断电时CPU将指定的保持性存储器的值保存到永久存储器。上电时CPU首先将V、M、C和T存储器清零，将数据块中的初始值复制到V存储器，然后将保存的保持值从永久存储器复制到RAM。

（6）安全。可以组态CPU的密码和安全设置，CPU提供四级密码保护，默认的是完全权限（1级，没有设置密码）。如果设置了密码，只有输入正确的密码后，S7-200 SMART才根据授权级别提供相应的操作功能。系统块下载到CPU后，密码才起作用。2级和3级分别为读取权限和最低权限。在第4级密码（不允许上传）的保护下，即使有正确的密码也不能上传程序。限制级别为2～4级时，应输入并核实密码，密码可以是字母、数字和符号的任意组合，区分大小写。

（7）启动。S7-200 SMART的CPU没有S7-200那样的模式选择开关，只能用编程软件工具栏上的按钮来切换CPU的RUN/STOP模式。可选择上电后的启动模式为RUN、STOP和LAST（上一次上电或重启前的工作模式），和设置在两种特定的条件下是否允许启动。LAST模式用于程序开发或调试，系统正式投运后应选RUN模式。

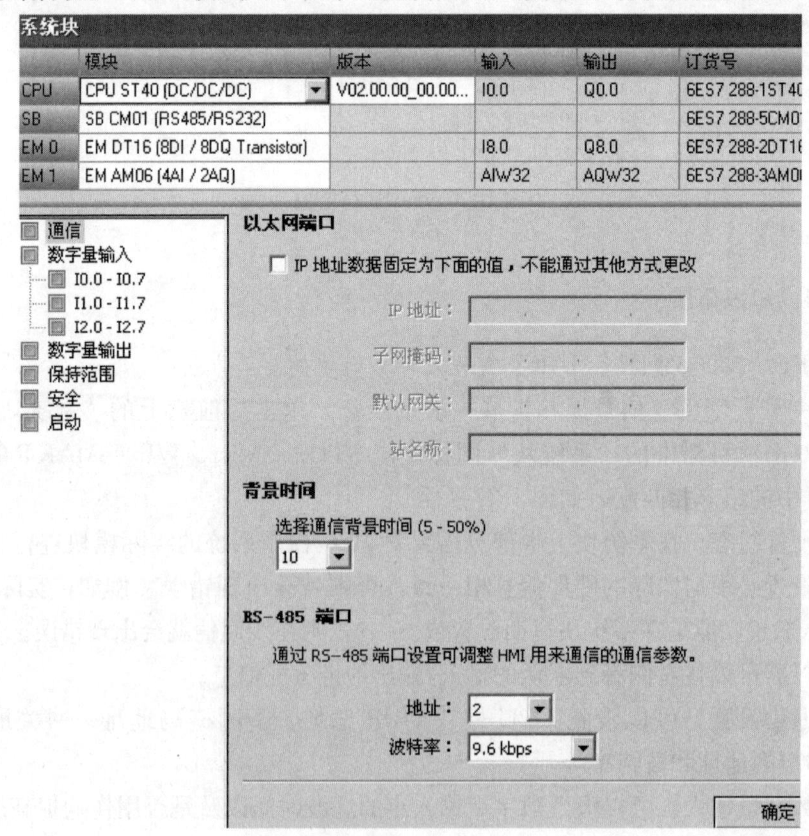

图1-27　系统块

另外，如果模块组态里选择了模拟量的输入或者输出模块，则选中后可以设置模拟量输入/输出通道的相关参数。

2. STEP 7-MicroWIN SMART 编程软件符号表的使用方法

为了方便程序的调试和阅读，可以用符号表来定义地址或常数的符号，如图 1-28 所示。符号表可以为存储器类型 I、Q、M、SM、AI、AQ、V、S、C、T、HC 创建符号名。在符号表中定义的符号属于全局变量，可以在所有程序组织单元（POU）中使用它们。可以在创建程序之前或创建之后定义符号。单击导航栏最左边的“符号表”图标，或用鼠标双击项目树的“符号表”文件夹中的图标，可以打开符号表。新建的项目的“符号表”文件夹中，有“表格 1”“系统符号”“POU 符号”和“I/O 符号”这四个符号表。可以用右键单击“符号表”文件夹中的对象，用快捷菜单中的命令删除或插入 I/O 符号表和系统符号表。

符号表

			符号	地址	注释
1			SA2	I0.1	
2			SA1	I0.0	
3			HL3	Q0.2	
4			HL2	Q0.1	
5			HL1	Q0.0	

表格 1 / 系统符号 / POU 符号 / I/O 符号

图 1-28　符号表

（1）POU 符号表。单击符号表窗口下面的“POU 符号”选项卡，可以看到项目中主程序、子程序和中断程序的默认名称，该表格为只读表格（背景为灰色），不能用它修改 POU 符号。可用鼠标右键单击项目树文件夹中的某个 POU，用快捷菜单中的“重命名”命令修改它的名称。

（2）I/O 符号表。I/O 符号表列出了 CPU 的每个数字量 I/O 点默认的符号。例如，“CPU 输入 _ 21”“CPU 输出 _ 5”等。

通过常用工具栏或者视图菜单的符号工具栏的“切换寻址”工具可以切换地址的显示方式为“仅绝对”“仅符号”或“符号：绝对”，如图 1-29 所示。

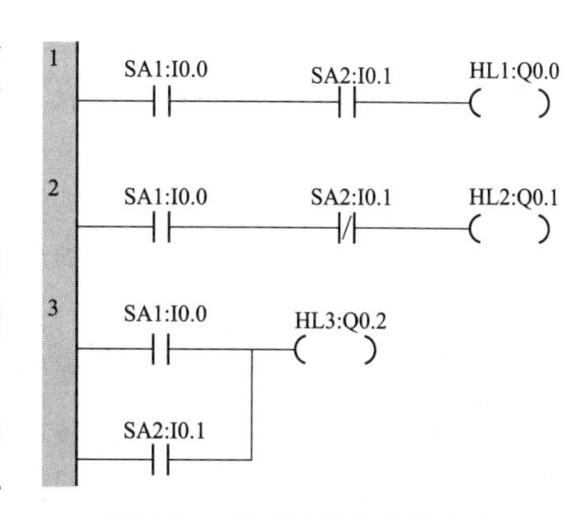

图 1-29　绝对地址和符号地址

（3）系统符号表。单击符号表窗口下面的“系统符号”选项卡，可以看到各特殊存储器（SM）的符号、地址和功能。

（4）其他内部变量符号表。输入变量 I、输出变量 Q、系统变量 SM、程序组织单元 POU 之外的其他 PLC 内部变量的符号可以在“表格 1”中定义，如果不够用也可以插入新的表格进行定义。

3. STEP 7-MicroWIN SMART 编程软件状态表的使用方法

（1）打开和编辑状态图表。在程序运行时，可以用状态图表来读、写、强制和监控 PLC 中的变量。用鼠标双击项目树的“状态图表”文件夹中的“图表 1”图标，或者单击导航栏上的“状态图表”按钮，均可以打开状态图表，如图 1-30 所示，并对它进行编辑。如果项目中有多个状态图表，可以用状态图表编辑器底部的标签切换它们。

未启动状态图表的监控功能时，在状态图表的“地址”列键入要监控的变量的绝对地址或符号地址，可以采用默认的显示格式，或用“格式”列隐藏的下拉式列表来改变显示格式。工具栏上的按钮用来切换地址的显示方式。

状态图表

	地址	格式	当前值	新值
1	SA2:I0.1	位	2#0	
2	SA1:I0.0	位	2#1	
3	HL3:Q0.2	位	2#1	
4	HL2:Q0.1	位	2#1	
5	HL1:Q0.0	位	2#0	

图 1-30　状态图表

定时器和计数器可以分别按位或按字监控。如果按位监控，显示的是它们的输出位的 ON/OFF 状态。如果按字监控，显示的是它们的当前值。

选中符号表中的符号单元或地址单元，并将其复制到状态图表的“地址”列，可以快速创建要监控的变量。单击状态图表某个“地址”列的单元格（例如 VW20）后按 ENTER 键，可以在下一行插入或添加一个具有顺序地址（例如 VW22）和相同显示格式的新的行。

按住 Ctrl 键，将选中的操作数从程序编辑器拖放到状态图表，可以向状态图表添加条目。此外，还可以从 Excel 电子表格复制和粘贴数据到状态图表。

（2）启动和关闭状态图表的监控功能。与 PLC 的通信连接成功后，打开状态图表，单击工具栏上的“图表状态”按钮，该按钮被“按下”（按钮背景变为黄色），启动了状态图表的监控功能。编程软件从 PLC 收集状态信息，在状态图表的“当前值”列将会出现从 PLC 中读取的连续更新的动态数据。

单击状态图表工具栏上的“图表状态”按钮，该按钮“弹起”（按钮背景变为灰色），监控功能被关闭，当前值列显示的数据消失。

（3）写入数据。“写入”功能用于将数值写入 PLC 的变量。将变量新的值键入状态图表的“新值”列后，单击状态图表工具栏上的“写入”按钮，将“新值列”所有的值传送到 PLC。在 RUN 模式时因为用户程序的执行，修改的数值可能很快被程序改写成新的数值，不能用写入功能改写物理输入点（I 或 AI 地址）的状态。

在程序状态监控时，用鼠标右键单击梯形图中的某个地址或语句表中的某个操作数的值，可以用快捷菜单中的“写入”命令和出现的“写入”对话框来完成写入操作。

（4）强制操作。在程序调试过程中有时需要将一些软元件强制接通或关断，可以用“调试”菜单功能区的“强制”区域中的按钮或状态图表工具栏上的按钮执行下列操作：强制、取消强制、全部取消强制、读取所有强制，如图 1-31 所示。在程序监控状态下右键单击 I0.0 地址，在右键菜单中选择强制，然后在强制对话框中将 I0.0 的值强制为“ON”，这样即使 I0.0 对应的输入回路是断开的，I0.0 依然是得电的。

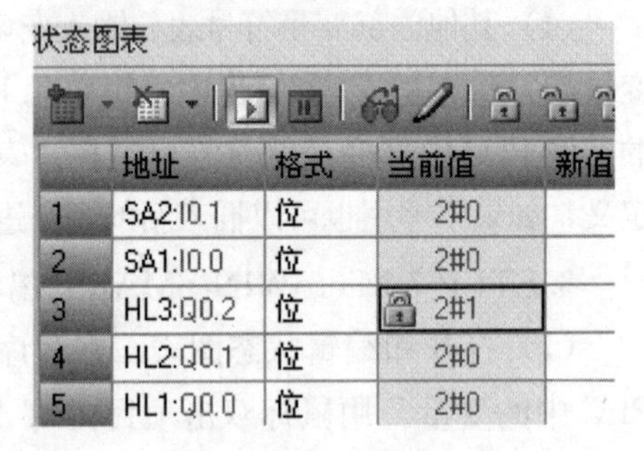

状态图表

	地址	格式	当前值	新值
1	SA2:I0.1	位	2#0	
2	SA1:I0.0	位	2#0	
3	HL3:Q0.2	位	2#1	
4	HL2:Q0.1	位	2#0	
5	HL1:Q0.0	位	2#0	

图 1-31　强制操作

需要注意的是，软元件的强制只能作为一种

程序调试或者故障临时屏蔽的手段，PLC 控制系统正常运行时一般是不允许强制软元件的。

（5）趋势视图。趋势视图用随时间变化的曲线跟踪 PLC 的状态数据。单击状态图表工具栏上的趋势视图按钮，可以在表格视图与趋势视图之间切换。用鼠标右键单击状态图表内部，然后执行弹出的菜单中的命令“趋势形式的视图”，也可以完成同样的操作。

用鼠标右键单击趋势视图，执行弹出的菜单中的命令，可以在趋势视图运行时删除被单击的变量行、插入新的行和修改趋势视图的时间基准（即时间轴的刻度）。如果更改了时间基准（0.25s～5min），整个图的数据都会被清除，并用新的时间基准重新显示。执行弹出的菜单中的“属性”命令，在弹出的对话框中，可以修改被单击的行变量的地址和显示格式以及显示的上限和下限。

启动趋势视图后单击工具栏上的“暂停图表”按钮，可以“冻结”趋势视图。再次单击该按钮将结束暂停。

4. STEP 7-MicroWIN SMART 编程软件交叉引用的使用方法

通过 STEP 7-MicroWIN SMART 编程软件的视图菜单→组件→交叉引用，可以调出“交叉引用”窗口，如图 1-32 所示。该窗口有三个选项卡，在“交叉应用”选项卡中可以查看当前程序中所有元件的位置，例如，Q0.0 在程序中使用了两次，第一次是以动合触点的形式出现在程序段 1 中，第二次是以线圈的形式出现在程序段 2 中；通过“字节使用”和“位使用”选项卡，可以查看当前存储区中字节或位的使用情况，避免无意中重复赋值的情况出现。

交叉引用

<table>
<tr><th></th><th>元素</th><th>块</th><th>位置</th><th>上下文</th></tr>
<tr><td>1</td><td>I0.0</td><td>MAIN (OB1)</td><td>程序段 1</td><td>-||-</td></tr>
<tr><td>2</td><td>I0.1</td><td>MAIN (OB1)</td><td>程序段 1</td><td>-|/|-</td></tr>
<tr><td>3</td><td>I0.2</td><td>MAIN (OB1)</td><td>程序段 1</td><td>-|/|-</td></tr>
<tr><td>4</td><td>Q0.0</td><td>MAIN (OB1)</td><td>程序段 1</td><td>-( )</td></tr>
<tr><td>5</td><td>Q0.0</td><td>MAIN (OB1)</td><td>程序段 1</td><td>-||-</td></tr>
<tr><td>6</td><td>Q0.1</td><td>MAIN (OB1)</td><td>程序段 2</td><td>-( )</td></tr>
<tr><td>7</td><td>MB10</td><td>MAIN (OB1)</td><td>程序段 4</td><td>INC_B</td></tr>
<tr><td>8</td><td>MB10</td><td>MAIN (OB1)</td><td>程序段 4</td><td>INC_B</td></tr>
<tr><td>9</td><td>T37</td><td>MAIN (OB1)</td><td>程序段 1</td><td>TON</td></tr>
<tr><td>10</td><td>T37</td><td>MAIN (OB1)</td><td>程序段 2</td><td>-||-</td></tr>
<tr><td>11</td><td>T38</td><td>MAIN (OB1)</td><td>程序段 3</td><td>-|/|-</td></tr>
</table>

交叉引用 字节使用 位使用

图 1-32　交叉引用窗口

习题

一、选择题

1. PLC 最常用的编程语言为（　　）。

A. C 语言　　B. 梯形图语言　　C. 指令表语言　　D. 逻辑块图语言

2. 下面（　　）不能作为 PLC 的输出设备。

A. 接触器线圈　　B. 指示灯　　C. 蜂鸣器　　D. 限位开关

3. S7-200 SMART PLC 输入回路采用（　　）电源。

A. AC 220V　　B. AC 110V　　C. DC 24V　　D. DC 5V

4. 下面（　　）不能作为 PLC 的输入设备。

A. 按钮　　B. 限位　　C. 接近开关　　D. 接触器线圈

5. 下面（　　）不属于 S7-200 SMART PLC 的输入地址。

A. I0.0　　B. I2.3　　C. I1.7　　D. I3.8

6. 下面（　　）不属于S7-200 SMART PLC CR40 CPU模块的硬件实际I/O地址范围。

A. Q1.0　　B. I2.7　　C. Q2.1　　D. I1.3

7. S7-200 SMART PLC分配给数字量I/O模块的地址以（　　）为单位。

A. 位　　B. 字节　　C. 字　　D. 双字

二、判断题

1. I1.8是S7-200 SMART PLC的一个输入点。（　　）

2. Q8.0是S7-200 SMART PLC的一个输出点。（　　）

3. S7-200 SMART PLC输入回路可以采用CPU模块自己提供的DC 24V电源。（　　）

4. 接触器的线圈可以作为PLC的输入设备并分配输入地址。（　　）

5. S7-200 SMART PLC CPU模块的本机I/O地址可以改变。（　　）

6. 接触器的辅助动合触点可以作为PLC的输入设备并分配输入地址，但不是必需的。（　　）

7. S7-200 SMART PLC CPU模块的IP地址是可以修改的。（　　）

8. 与、或、非是最基本的数字逻辑运算。（　　）

三、问答题

1. S7-200 SMART PLC输入映像寄存器I的功能是什么？

2. S7-200 SMART PLC输出映像寄存器Q的功能是什么？

3. PLC的编程语言主要有哪几种？

4. 完成一个PLC控制系统的主要步骤是什么？

5. PLC的开关量输入和输出设备应如何选择？

6. STEP 7-MicroWIN SMART编程软件如何实现程序的上传和下载？

7. STEP 7-MicroWIN SMART编程软件的符号表有什么用？

四、设计题

1. 将图1-21中的CPU模块换成ST40，则电气原理图应如何设计？

2. 运料小车在初始位置停在左边，左限位开关SQ1为ON。按下启动按钮SB1后，小车开始前进（KM1得电），碰到右限位开关SQ2后停止，装料电磁阀YV1得电，装料斗开始装料，7s后装料关闭小车自动后退（KM2得电），碰到左限位开关SQ1时停止，小车底门卸料电磁阀YV2得电，小车开始卸料，5s后卸料结束小车自动右行进入下一个工作周期，按下停止按钮SB2则所有动作立即停止。请分配I/O并画出PLC外部接线图。

3. 按照图1-33所示的时序图设计相应的梯形图程序。

4. 开关SA1和SA2都闭合或都断开时指示灯HL1才亮，开关SA1和SA2均用动合触点连接输入端子，请分配I/O并设计梯形图程序。

5. 根据表1-6所示的真值表设计相应的梯形图程序。

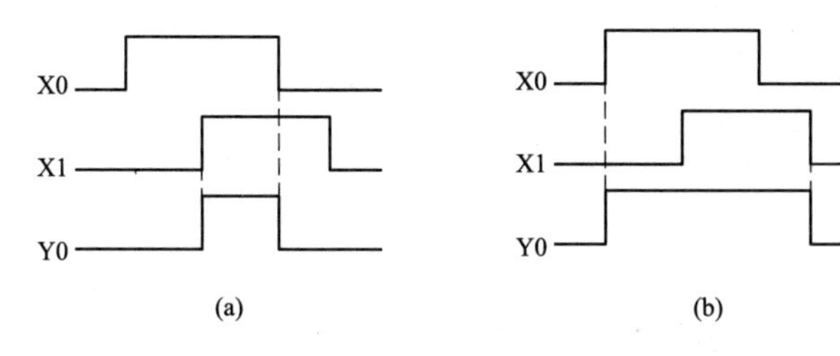

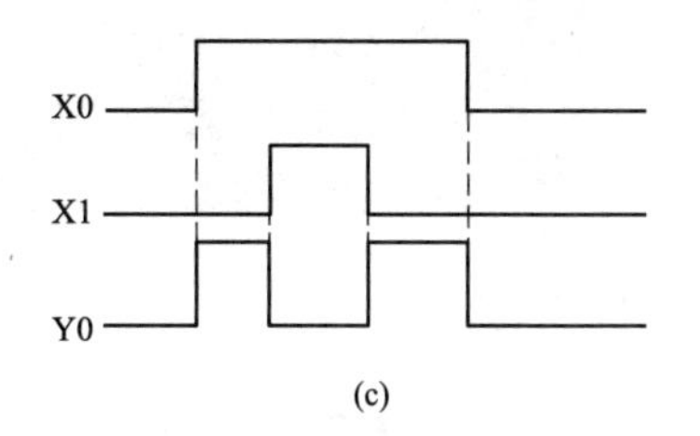

图 1-33 时序图

表 1-6 **真值表**

I0.0	I0.1	I0.2	Q0.0
0	0	1	1
0	1	0	1
1	0	0	1

S7-200 SMART PLC 基本指令应用

任务 1　电动机长动的 PLC 控制

2.1.1　任务概述

图 2-1 所示为电动机长动的继电器控制电路。按下启动按钮 SB1，接触器 KM1 得电并通过并联在启动按钮 SB1 一侧的辅助动合触点实现自锁，三相异步电动机 M1 连续运行；按下停止按钮 SB2，接触器 KM1 失电，电动机 M1 停止运行。本任务要求通过西门子 S7-200 SMART PLC 来实现电动机的长动控制，要求有过载保护。

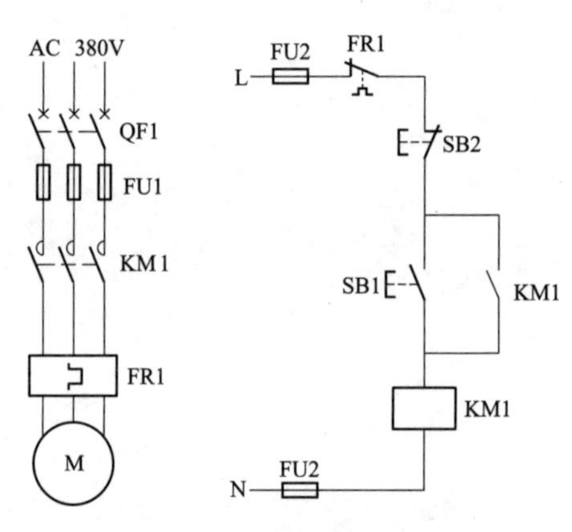

图 2-1　电动机长动控制

2.1.2　任务资讯

1. 基本位操作指令概述

位操作指令是以“位”为操作数地址的 PLC 常用的基本指令，可以分为触点指令和线圈指令两大类，能够实现与、或、非、输出等基本的位逻辑运算和控制。

（1）触点指令简介。表 2-1 为 S7-200 SMART 系列 PLC 的触点指令，触点指令的操作数为 I、Q、V、M、SM、S、T、C、L 等软元件的布尔型，如 I0.0、Q0.1、M0.2、T37、V0.0 等。

表 2-1　S7-200 SMART 系列 PLC 触点指令

名　称	梯形图形式	指令表形式	功能
动合触点	Bit ─┤ ├─	LD Bit	动合触点与左侧母线相连接
		A Bit	动合触点与其他程序段串联
		O Bit	动合触点与其他程序段并联
动断触点	Bit ─┤/├─	LDN Bit	动断触点与左侧母线相连接
		AN Bit	动断触点与其他程序段串联
		ON Bit	动断触点与其他程序段并联

续表

名　称	梯形图形式	指令表形式	功能
立即动合触点	Bit ─┤I├─	LDI Bit	立即动合触点与左侧母线相连接
		AI Bit	立即动合触点与其他程序段串联
		OI Bit	立即动合触点与其他程序段并联
立即动断触点	Bit ─┤/I├─	LDNI Bit	立即动断触点与左侧母线相连接
		ANI Bit	立即动断触点与其他程序段串联
		ONI Bit	立即动断触点与其他程序段并联
取反	─┤NOT├─	NOT	改变能流输入的状态
正跳变	─┤P├─	EU	检测到一次上升沿，能流接通一个扫描周期
负跳变	─┤N├─	ED	检测到一次下降沿，能流接通一个扫描周期

（2）线圈指令简介。表2-2为S7-200 SMART系列PLC的线圈指令，线圈指令用来表达一段程序的运算结果。线圈指令包括普通线圈指令、置位及复位线圈指令和立即线圈指令等类型。

表2-2　　S7-200 SMART系列PLC线圈指令

名称	梯形图形式	指令表形式	功能
输出	Bit ─( )	＝ Bit	将运算结果输出
立即输出	Bit ─(I)	＝I Bit	将运算结果立即输出
置位	Bit ─(S) N	S Bit，N	将从指定地址开始的N个点置位
复位	Bit ─(R) N	R Bit，N	将从指定地址开始的N个点复位
立即置位	Bit ─(SI) N	SI Bit，N	立即将从指定地址开始的N个点置位
立即复位	Bit ─(RI) N	RI Bit，N	立即将从指定地址开始的N个点复位
无操作	N NOP	NOP N	指令对用户程序执行无效。在FBD模式中不可使用该指令。操作数N为数字0～255

2. 装载和输出指令

（1）装载指令LD：动合触点逻辑运算的开始。对应梯形图则为在左侧母线或线路分支点处初始装载一个动合触点。

（2）装载非指令LDN：动断触点逻辑运算的开始（即对操作数的状态取反）。对应梯形图则为在左侧母线或线路分支点处初始装载一个动断触点。

（3）输出指令=：表示对存储器赋值的指令，对应梯形图则为线圈驱动。对同一元件只能使用一次且操作对象不能为输入继电器 I 的线圈。

图 2-2 所示为 LD、LDN、=指令的梯形图形式和指令表形式。

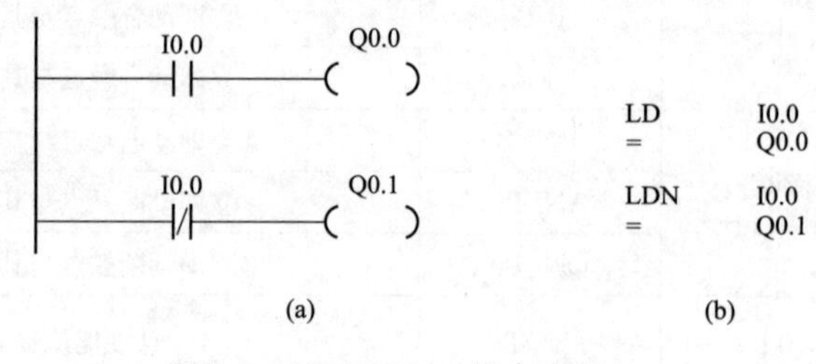

图 2-2　LD/LDN/=指令应用

（a）梯形图；（b）指令表

3. 与和与非指令

（1）与指令 A：与操作，在梯形图中表示串联单个动合触点。

（2）与非指令 AN：与非操作，在梯形图中表示串联单个动断触点。

图 2-3 所示为 A、AN 指令的梯形图形式和指令表形式。

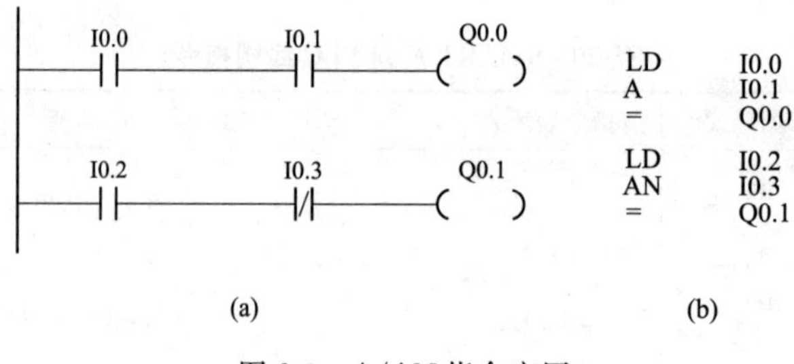

图 2-3　A/AN 指令应用

（a）梯形图；（b）指令表

4. 或和或非指令

（1）或指令 O：或操作，在梯形图中表示并联连接一个动合触点。

（2）或非指令 ON：或非操作，在梯形图中表示并联连接一个动断触点。

图 2-4 所示为 O、ON 指令的梯形图形式和指令表形式。

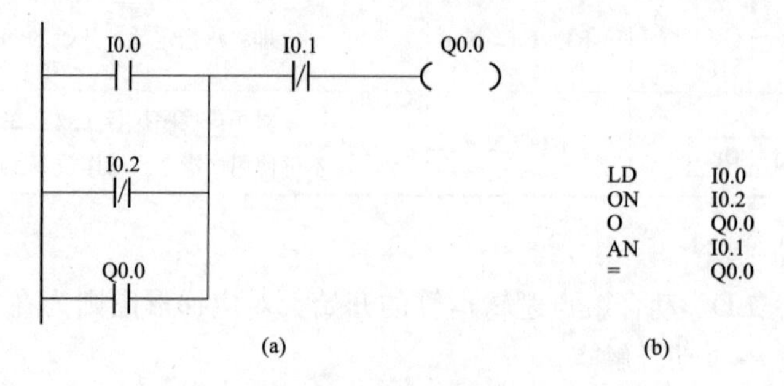

图 2-4　O、ON 指令应用

（a）梯形图；（b）指令表

5. 置位和复位指令

(1) 置位指令 S：将从指定地址开始的 N 个点置位（接通并保持）。

(2) 复位指令 R：将从指定地址开始的 N 个点复位。

图 2-5 所示为 S、R 指令的梯形图形式和指令表形式。I0.0 得电后 Q0.0、Q0.1 和 Q0.2 的线圈接通并保持，I0.0 动合触点断开后三者依然得电，直至 I0.1 得电将三者复位。

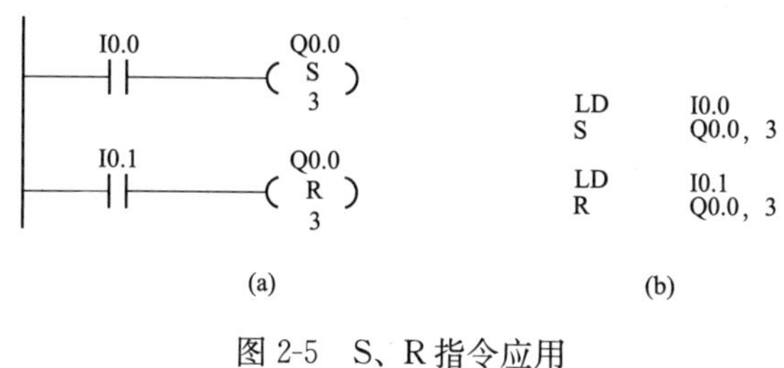

图 2-5　S、R 指令应用
(a) 梯形图；(b) 指令表

2.1.3　任务实施

1. I/O 分配

本任务中，输入设备主要有启动按钮 SB1、停止按钮 SB2 和热继电器 FR1 的动合触点，输出设备只有接触器 KM1 的线圈，I/O 分配见表 2-3。

表 2-3　电动机长动控制 I/O 分配表

输入设备	文字符号	输入地址	输出设备	文字符号	输出地址
启动按钮	SB1	I0.0	电动机接触器	KM1	Q0.0
停止按钮	SB2	I0.1			
热继电器	FR1	I0.2			

2. 硬件接线

图 2-6 所示为电动机长动控制的电气原理图，其中 PLC 输入回路采用外接 24V 直流电源，接触器线圈采用交流 220V 电源。

3. 程序设计

图 2-7 所示为电动机长动控制的程序，程序原理为：

(1) 初始状态下，两个按钮都未按下，热继电器未动作，接触器未得电。梯形图中 I0.0 的动合触点是断开的，I0.1 和 I0.2 的动断触点是闭合的，Q0.0 的线圈是断开的。

(2) 按下启动按钮 SB1，输入继电器 I0.0 得电，I0.0 动合触点闭合，Q0.0 的线圈得电，Q0.0 动合触点闭合；Q0.0 通过其动合触点自锁，启动按钮 SB1 松开后 Q0.0 依然得电。

(3) Q0.0 得电后，若按下停止按钮 SB2 或热继电器 FR1 动作，则 I0.1 或 I0.2 得电，其动断触点断开，从而导致 Q0.0 线圈失电。

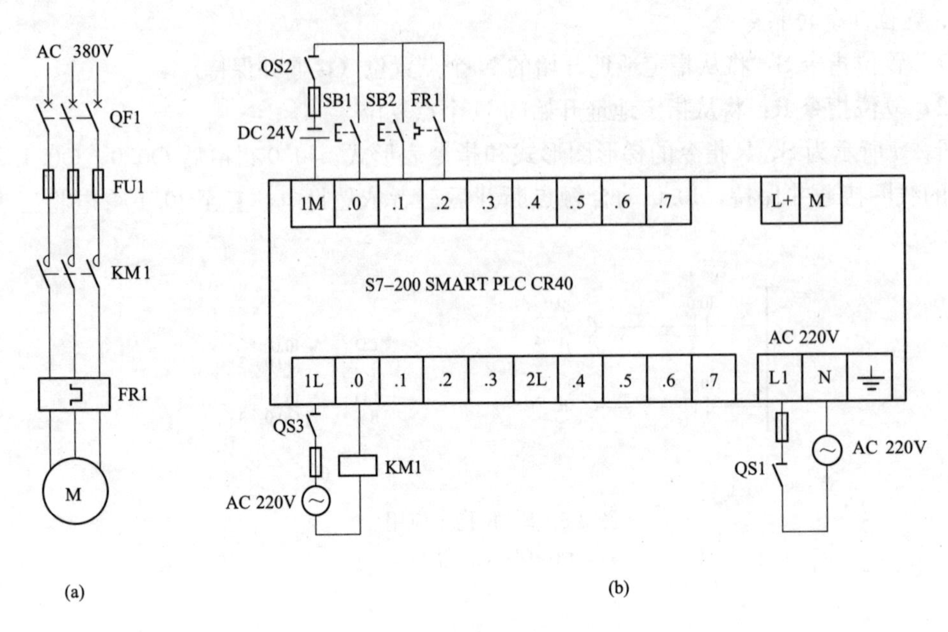

图 2-6 电动机长动控制电气原理图

（a）主电路；（b）PLC 控制电路

可以看出梯形图程序中 Q0.0 的自锁与图 2-5 中接触器线圈的自锁（自保持）在逻辑结构上是相同的，只不过一个是虚拟的程序，另一个是实际的硬件接线。

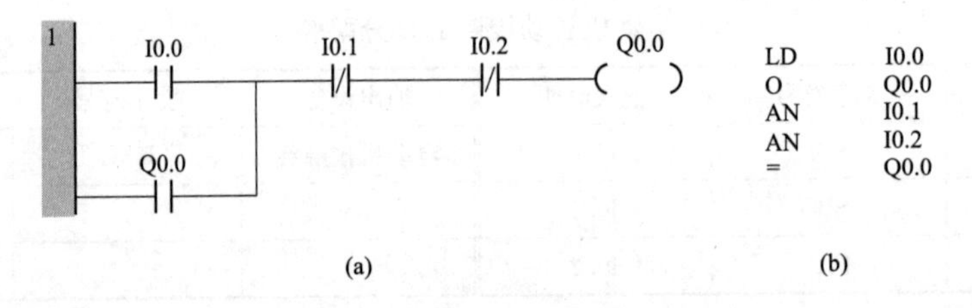

图 2-7 电动机长动控制程序

（a）梯形图；（b）指令表

2.1.4 任务思考

1. 输入设备采用动合触点应如何处理

外部输入设备一般采用动合触点连接到 PLC 的输入端子，但有的时候也会出现用动断触点连接输入端子的情况，如图 2-8 所示，热继电器 FR1 用动断触点连接输入端子 I0.2。

图 2-9 所示为对应的梯形图程序，其中 I0.2 要使用动合触点。电动机未过载时，热继电器 FR1 动断触点是闭合的，I0.2 得电，程序中 I0.2 的动合触点闭合，Q0.0 可以接通；电动机过载时，热继电器 FR1 动断触点断开，I0.2 失电，程序中 I0.2 的动合触点断开，Q0.0 断开，电动机停止，从而起到过载保护的作用。

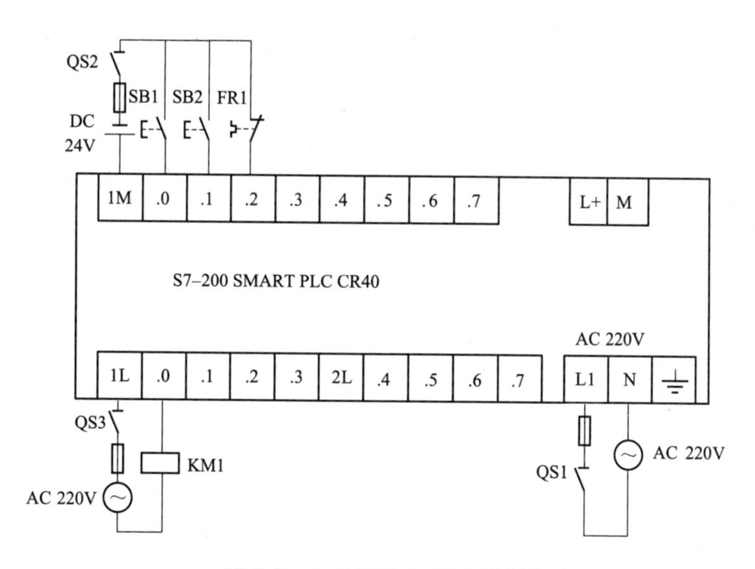

图 2-8　电动机长动 PLC 控制电路

图 2-9　电动机长动控制梯形图程序

2. 如何使用置位复位指令实现电动机长动控制

电动机长动控制采用图 2-6 所示的电气原理图时，PLC 程序也可以使用置位和复位指令 S/R 来实现，如图 2-10 所示。按下启动按钮，I0.0 动合触点闭合，Q0.0 线圈得电并保持；按下停止按钮或电动机过载时，Q0.0 线圈复位断开。

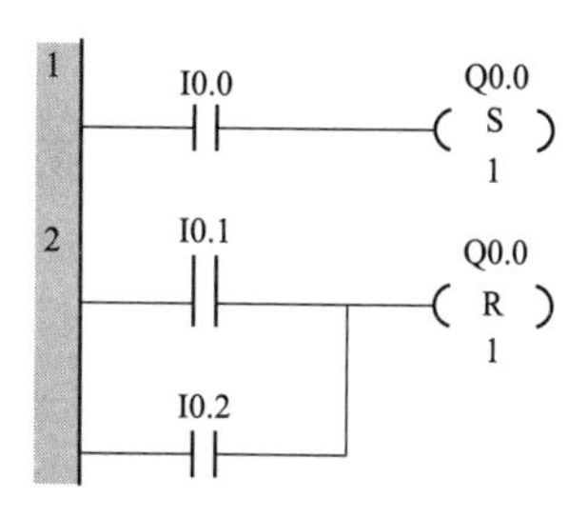

图 2-10　置/复位指令实现的电动机长动控制梯形图程序

3. 多地点的启停控制如何实现

对于一些大型的生产设备，有时需要能够在多个不同位置都能进行启动和停止的操作，这种控制称为多地点的启停控制，表 2-4 为电动机多地点启停 I/O 点分配表。

表 2-4　　　　电动机多地点启停控制 I/O 分配表

输入设备	文字符号	输入地址	输出设备	文字符号	输出地址
启动按钮 1	SB1	I0.0	电动机接触器	KM1	Q0.0
启动按钮 2	SB2	I0.1			
停止按钮 1	SB3	I0.2			
停止按钮 2	SB4	I0.3			
热继电器	FR1	I0.4			

PLC 外部接线图省略，输入设备默认为动合触点连接。图 2-11 所示为 PLC 多地点启停控制的梯形图程序。

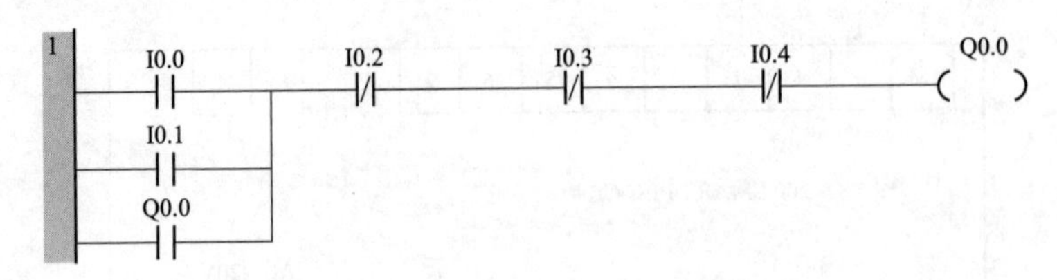

图 2-11 电动机多地点启停控制梯形图

2.1.5 知识拓展

1. 触发器指令

（1）置位优先触发器是一个置位优先的锁存器，其梯形图符号如图 2-12 所示。具有置位与复位的双重功能，如果置位信号（S1）和复位信号（R）同时为真时，输出为真。

（2）复位优先触发器是一个复位优先的锁存器，其梯形图符号如图 2-13 所示。具有置位与复位的双重功能，如果置位信号（S）和复位信号（R1）同时为真时，输出为假。

Bit 参数用于指定被置位或者复位的位变量。可选的输出反映位变量的信号状态。需要注意的是，如果置位信号和复位信号都断开，则输出保持之前的状态。

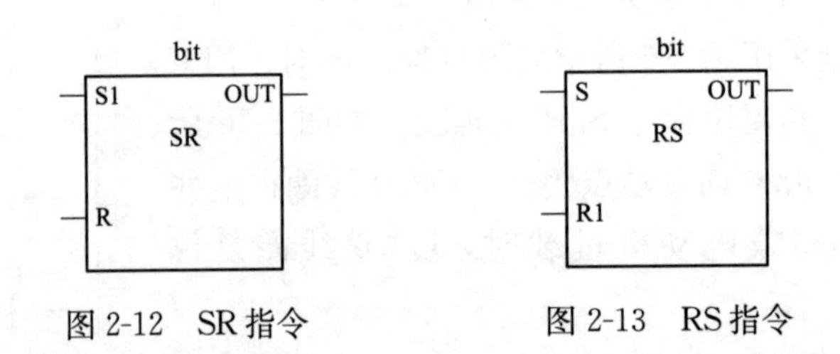

图 2-12 SR 指令　　图 2-13 RS 指令

图 2-14 所示为触发器指令应用示例，两图中 I0.0 或 I0.1 单独接通时起置位或复位 Q0.0 的作用，如果两者同时接通则图 2-14（a）中 Q0.0 接通，图 2-14（b）中 Q0.0 不接通。

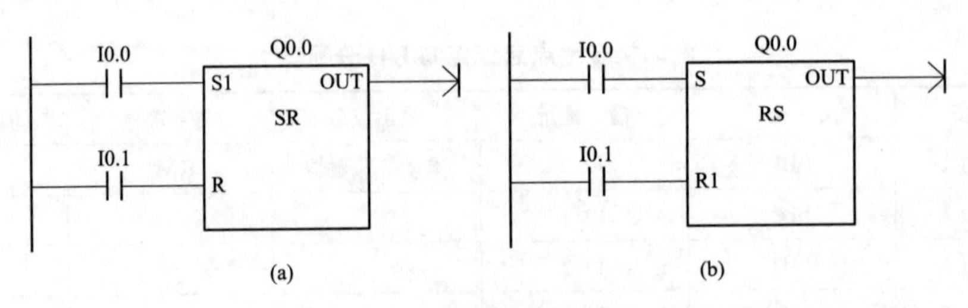

图 2-14 触发器指令应用

（a）置位优先；（b）复位优先

2. 立即指令

（1）立即触点指令（LDI、AI、OI、LDNI、ANI、ONI）。立即触点并不依赖于S7-200 SMART PLC的扫描周期刷新，它会立即刷新。立即触点指令只能用于输入量I，执行立即触点指令时，立即读入物理输入点的值，根据该值决定触点的接通/断开状态，但是并不更新该物理输入点对应的输入映像存储器的值。如图2-15所示，当程序扫描到I0.0的立即触点时，会立即读取I0.0物理输入点的值，但是不会在当前周期就刷新I0.0对应的输入映像存储器的值。

（2）立即输出指令（=I、SI、RI）。立即输出指令将新值写入物理输出和相应的过程映像寄存器位置，这与非立即引用不同，非立即引用仅将新值写入过程映像寄存器。立即输出指令只能用于输出量Q。如图2-16所示，当程序扫描到Q0.0的线圈时，会直接将Q0.0的新值写入对应的物理输出点而不必等到本扫描周期的输出刷新阶段。

图2-15　立即触点指令

图2-16　立即输出指令

3. 空操作指令（NOP）

指令对用户程序执行无效，操作数N为数字0～255，一般用于程序的调试，如图2-17所示。

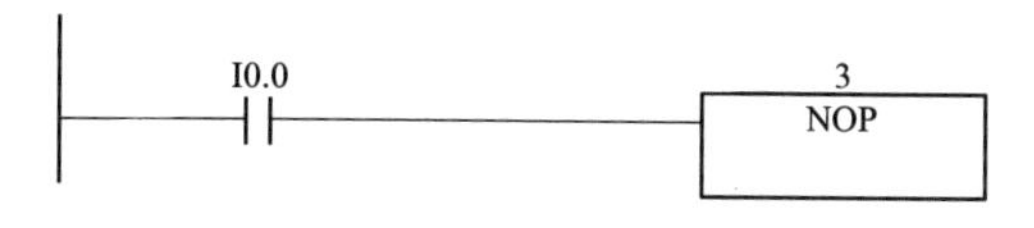

图2-17　空操作指令NOP

4. 取反指令（NOT）

取反指令（NOT）取反能流输入的状态，如图2-18所示，当I0.0和I0.1都接通时，Q0.0不得电。

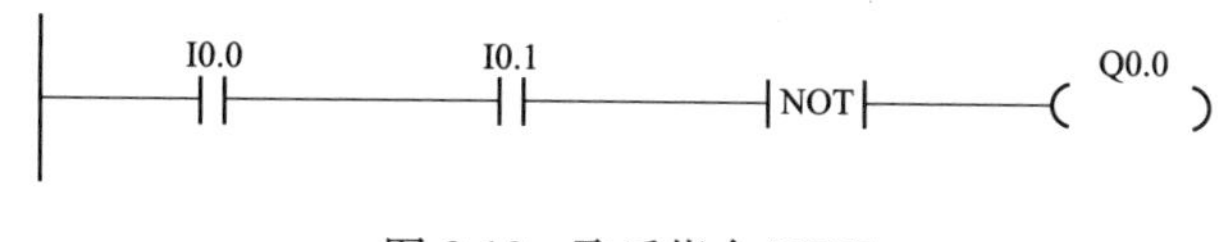

图2-18　取反指令NOT

习题

一、选择题

1. 西门子S7-200 SMART PLC（　　）指令用于左母线连接一个动断触点。

A. LDN　　B. A　　C. AN　　D. =

2. 西门子 S7-200 SMART PLC（　）指令用于驱动线圈。

A. LD　　B. A　　C. AN　　D. =

3. 西门子 S7-200 SMART PLC（　）指令用于使线圈接通并保持。

A. =　　B. S　　C. R　　D. OUT

4. 西门子 S7-200 SMART PLC（　）指令用于串联一个动断触点。

A. LDN　　B. A　　C. AN　　D. ON

5. 西门子 S7-200 SMART PLC（　）指令用于并联一个动合触点。

A. LD　　B. O　　C. ON　　D. A

二、判断题

1. 输入设备（比较重要的保护设备除外）一般用动合触点连接 PLC 输入端子。（　）

2. 编程软件可以将梯形图程序自动转换为指令表程序。（　）

3. =指令的操作元件可以是输入继电器 I。（　）

4. END 指令表示程序结束。（　）

5. 复位指令 R 的作用仅限于将软元件的线圈复位断开。（　）

三、问答题

1. 置位指令 S 与输出指令=有什么不同?

2. 置位指令 S 和复位指令 R 下方的数字 N 代表什么?

3. 立即触点/线圈指令与普通的触点/线圈指令有什么区别?

四、设计题

1. 按下正转启动按钮 SB1，电动机正转，按下停止按钮 SB3，电动机停止；按下反转启动按钮 SB2，电动机反转，按下停止按钮 SB3，电动机停止。分配 I/O，绘制电气原理图并设计梯形图程序。

2. 某机床主轴由 M1 拖动，油泵由 M2 拖动，均采用直接启动，工艺要求：

（1）主轴必须在油泵开动后，才能启动；

（2）主轴正常运行为正转，但为调试方便，要求能正向、反向转动；

（3）主轴停止后才允许油泵停止；

（4）有短路、过载及欠压保护。

分配 I/O，绘制电气原理图并设计梯形图程序。

任务 2　电动机点动长动切换的 PLC 控制

2.2.1　任务概述

按下启动按钮 SB1，接触器 KM1 得电，三相异步电动机 M1 长动运行；按下点动按钮 SB2，电动机 M1 点动运行；按下停止按钮 SB3，接触器 KM1 失电，电动机 M1 停止，要求有过载保护，用 S7-200 SMART PLC 实现控制要求。

2.2.2 任务资讯

1. 位存储器 M

位存储器 M 用于保存中间操作状态和控制信息。其中的数据可以按位、字节、字、双字四种方式来读写，但是一般按位使用。

(1) 按“位”方式：每个位地址包括存储器标识符、字节地址及位号三部分。存储器标识符为“M”，字节地址为整数部分，位号为小数部分。例如，M1.2 属于字节 MB1，位地址为 2，如图 2-19 所示。

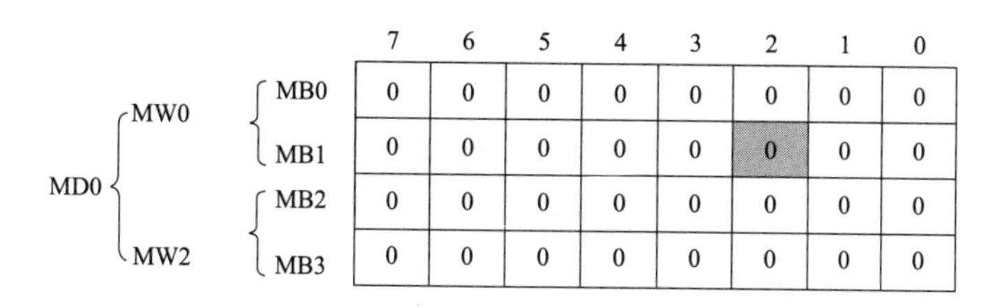

图 2-19　位存储区

(2) 按“字节”方式：每个字节地址包括存储器字节标识符、字节地址两部分。存储器字节标识符为“MB”，字节地址为整数部分。例如，MB1 包括 8 个位，从 M1.0～M1.7。

(3) 按“字”方式：每个字地址包括存储器字标识符、字地址两部分。存储器字标识符为“MW”，字地址为整数部分。相邻的两个字节组成一个字，且低位字节在一个字中应该是高 8 位，高位字节在一个字中应该是低 8 位。例如，MW4，包括 MB4 和 MB5 两个字节，MB4 为高字节，MB5 为低字节。

(4) 按“双字”方式：每个双字地址包括存储器双字标识符、双字地址两部分。存储器双字标识符为“MD”，双字地址为整数部分。相邻的四个字节组成一个双字，最低位字节在一个双字中应该是最高 8 位。例如，MD6，包括 MW6 和 MW8 两个字，MW6 为高字，MW8 为低字。

位存储器 M 可以在编程软件的系统块中将部分区域设为具有失电保持功能的存储区，在断电时直接写入 EEPROM 永久保持。

2. 双线圈现象及处理方法

在梯形图程序中一般应尽量避免同名双线圈输出，因为这样会造成输出结果的不确定，而且通过编程软件的编译是无法发现这种问题的。如图 2-20 (a) 所示，编程者的意图是当 I0.0 或 I0.1 得电时 Q0.0 都得电，但 PLC 梯形图是从上至下顺序执行的，所以当 I0.0 得电而 I0.1 不得电时，Q0.0 的最终结果是不得电的。

对于图 2-20 (a) 所示的梯形图可以采取图 2-20 (b) 或图 2-20 (c) 的处理方法，即对于存在双线圈现象的线圈条件进行合并或者采用位存储器 M 来代表该线圈在不同情况下接通的中间状态，就可以避免双线圈现象了。

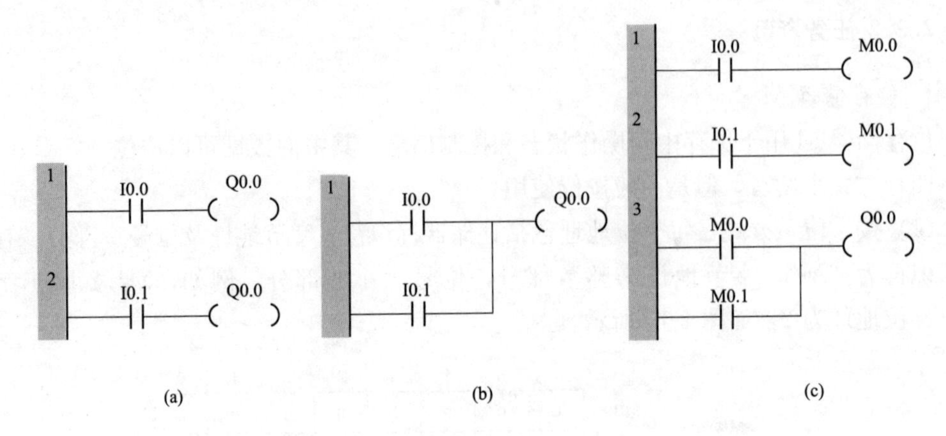

图 2-20　程序中双线圈及处理方法

(a) 双线圈现象；(b) 双线圈处理方法 1；(c) 双线圈处理方法 2

3. 梯形图的编辑原则

由于梯形图是一种程序表示的形式，并非由硬件构成的控制电路，因此在画梯形图时，应注意和普通控制电路的不同之处，PLC 编程时应该遵循以下基本原则：

(1) 外部输入/输出继电器、内部继电器、定时器、计数器等软器件的逻辑触点可以多次重复使用，但是每个软元件的线圈只能使用一次。

(2) 同一程序中两个或两个以上不同编号的线圈可以并联输出，但是不能串联，如图 2-21 所示。

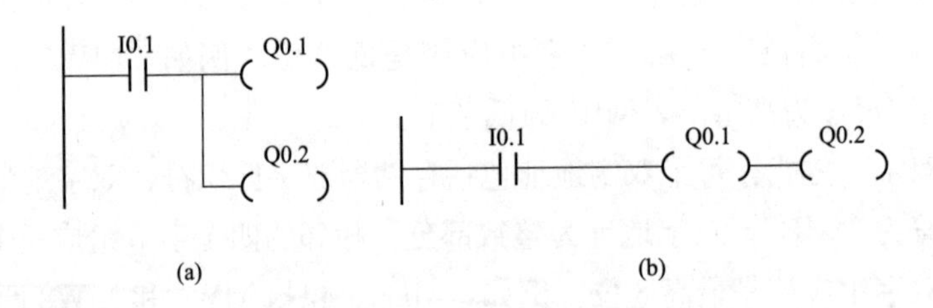

图 2-21　线圈可以并联不能串联

(a) 允许；(b) 不允许

(3) 梯形图的每一行都是从左母线开始，线圈接在最右边。触点不能放在线圈的右边，而在继电接触器控制电路中，触点可以加在线圈的右边，这在 PLC 的梯形图中是不允许的。如图 2-22 所示。

(4) 线圈不能直接与左母线直接相连。线圈不能与左母线直接相连，如图 2-23 (a) 所示，如果希望 Q0.0 线圈一直接通，可以在线圈左边串联一个该程序不使用的位存储器（如 M31.0）的动断触点，如图 2-23 (b) 所示。只要在程序中不再驱动 M31.0 的线圈，那么 M31.0 的动断触点就一直是闭合的，从而 Q0.0 的线圈也是一直得电的。

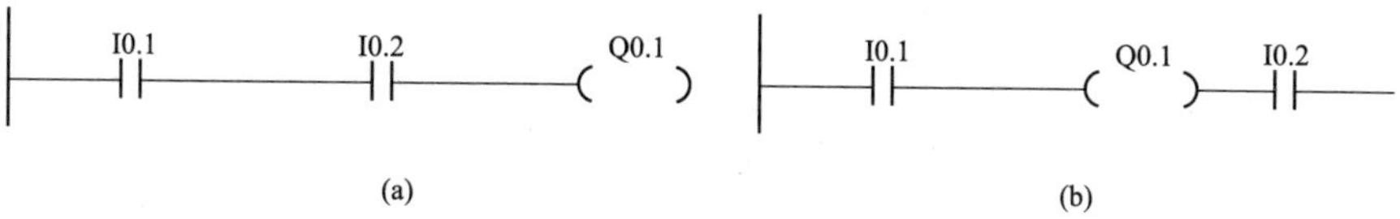

I0.1　I0.2　Q0.1
(a)
I0.1　Q0.1　I0.2
(b)

图 2-22　触点不能位于线圈右侧
（a）允许；（b）不允许

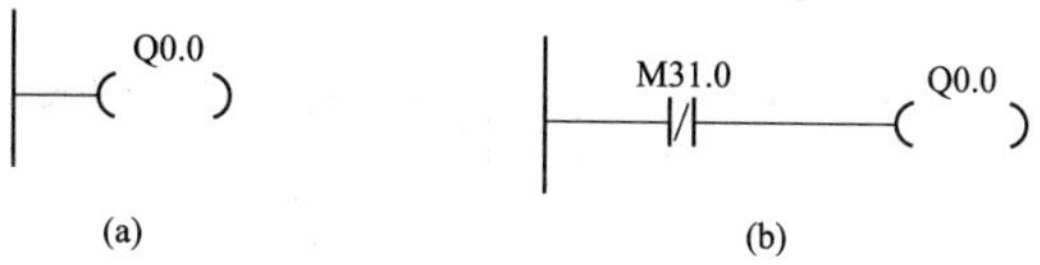

Q0.0
(a)
M31.0　Q0.0
(b)

图 2-23　线圈一直接通的处理方法
（a）不允许；（b）允许

2.2.3　任务实施

1. I/O 分配

本任务中，输入设备主要有启动按钮 SB1、点动按钮 SB2、停止按钮 SB3 和热继电器 FR1，输出设备只有电动机接触器 KM1 的线圈，I/O 分配见表 2-5。

表 2-5　　电动机点动长动切换控制 I/O 分配表

输入设备	文字符号	输入地址	输出设备	文字符号	输出地址
启动按钮	SB1	I0.0	电动机接触器	KM1	Q0.0
点动按钮	SB2	I0.1			
停止按钮	SB3	I0.2			
热继电器	FR1	I0.3			

2. 硬件接线

图 2-24 所示为电动机点动长动切换控制的电气原理图，其中输入回路采用外接 24V 直流电源，接触器线圈采用交流 220V 电源。

3. 程序设计

如图 2-25 所示为电动机点动长动切换控制的程序，程序原理如下：

（1）按下启动按钮 SB1，输入继电器 I0.0 得电，I0.0 动合触点闭合，M0.0 的线圈得电自锁，M0.0 动合触点闭合使 Q0.0 得电，电动机长动运行。

（2）按下点动按钮 SB2，输入继电器 I0.1 得电，I0.1 动合触点闭合，M0.1 的线圈得电，M0.1 动合触点闭合使 Q0.0 的线圈得电，电动机点动运行。松开 SB2 后 Q0.0 失电，电动机停止。

（3）若按下停止按钮 SB3 或热继电器 FR1 动作，则 I0.2 或 I0.3 得电，其动断触点断开，从而导致 Q0.0 线圈失电，电动机停止运行。

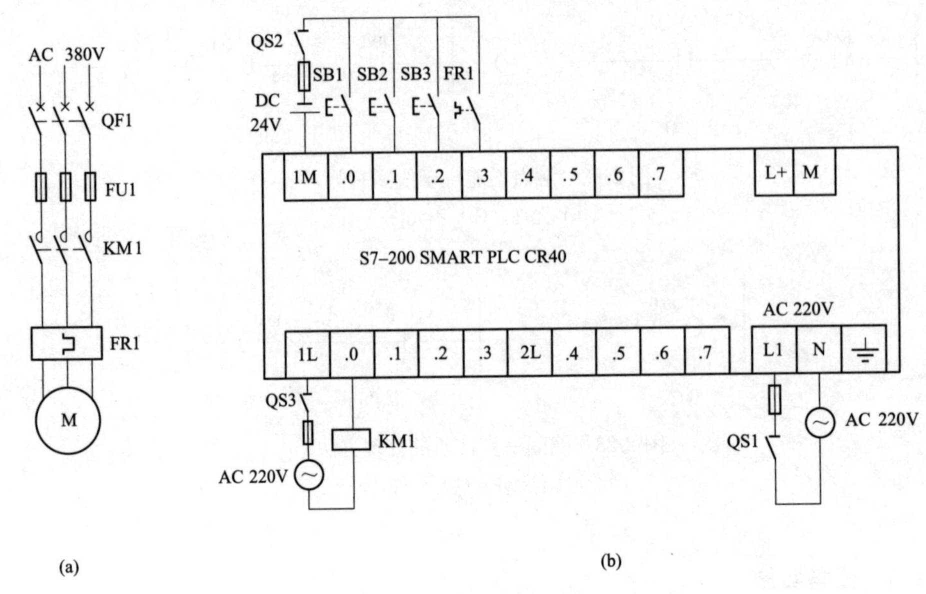

图 2-24　电动机点动长动切换控制电气原理图

（a）主电路；（b）PLC 控制电

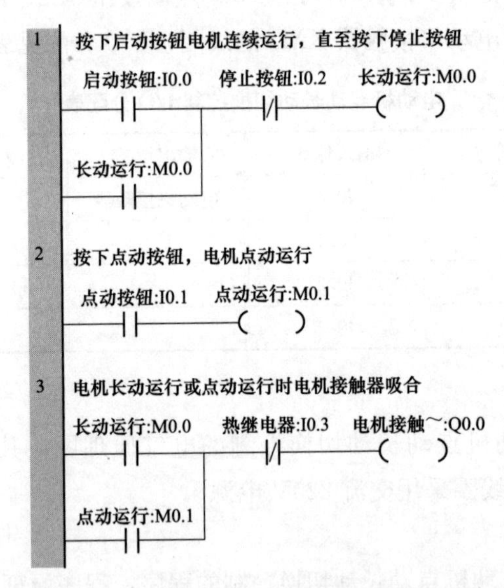

图 2-25　电动点动长动切换控制梯形图程序

2.2.4　任务思考

1. 如何使用 PLC 内置的 24V 直流电源为输入回路供电

S7-200 SMART PLC 的 CPU 模块均有内置的 24V 直流电源（L+/M），可以为输入回路或者传感器提供电源。如图 2-26 所示，电动机点动长动切换控制的 PLC 输入回路就采用了内置的 24V 直流电源作为输入回路电源。

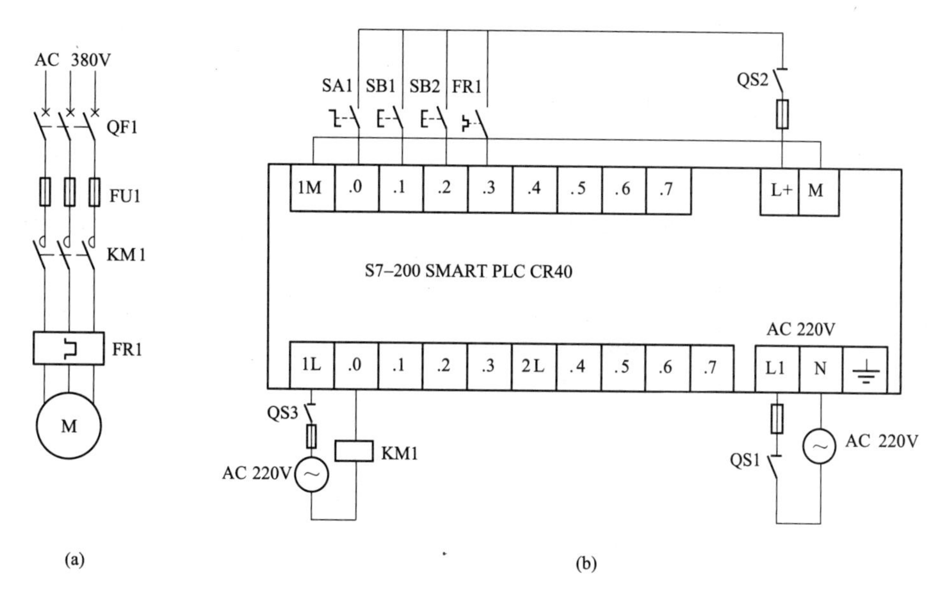

图 2-26 电动机点动长动切换控制电气原理图
(a) 主电路；(b) PLC 控制电路（输入回路电源内置）

2. 如何用转换开关实现电动机点动、长动切换控制

(1) 控制要求。当转换开关 SA1 闭合时，按下启动按钮 SB1，电动机长动运行，按下停止按钮 SB2，电动机停止；当转换开关 SA1 断开时，按下启动按钮 SB1，电动机点动运行。要求有过载保护。

(2) I/O 分配。本任务中，输入设备主要有转换开关 SA1、启动按钮 SB1、停止按钮 SB2 和热继电器 FR1 的动合触点，输出设备只有电动机接触器 KM1 的线圈，I/O 分配见表 2-6。

表 2-6　　电动机点动、长动切换控制 I/O 分配表

输入设备	文字符号	输入地址	输出设备	文字符号	输出地址
转换开关	SA1	I0.0	电动机接触器	KM1	Q0.0
启动按钮	SB1	I0.1			
停止按钮	SB2	I0.2			
热继电器	FR1	I0.3			

(3) 硬件接线。电动机点动、长动切换控制的电气原理图如图 2-26 所示，其中输入回路采用内置 24V 直流电源，接触器线圈采用交流 220V 电源。

(4) 程序设计。图 2-27 所示为电动机点动、长动切换控制的程序，程序原理如下：

1) 当转换开关 SA1 闭合时，I0.0 动合触点闭合，按下启动按钮，M0.0 得电自锁，电动机长动运行。

2) 当转换开关 SA1 断开时，I0.0 动断触点闭合，按下启动按钮，M0.1 得电，电动机点动运行。

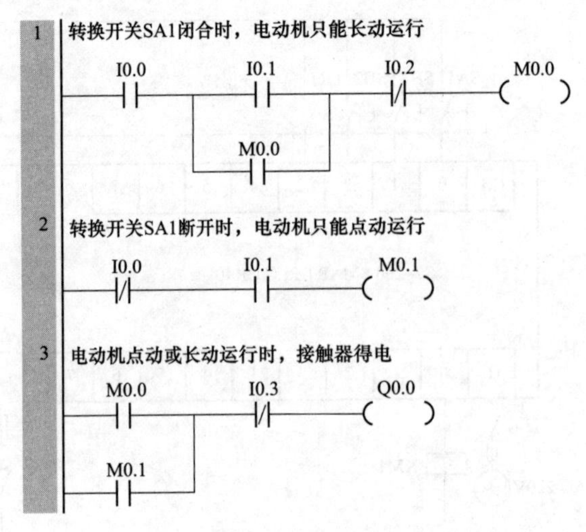

图 2-27　电动机点动、长动切换控制梯形图程序

2.2.5　知识拓展

1. 经验程序设计法

经验设计法即在一些典型的控制电路程序（如启-保-停程序）的基础上，根据被控制对象的具体要求，进行选择组合，并多次反复调试和修改梯形图，有时需增加一些辅助触点和中间编程环节，才能达到控制要求。这种方法没有规律可遵循，设计所用的时间和设计质量与设计者的经验有很大的关系，所以称为经验设计法。

2. 电路块指令（ALD、OLD）

（1）或装载指令 OLD。或装载指令 OLD 指令又称为串联电路块并联指令，由助记符 OLD 表示，如图 2-28 所示。它对逻辑堆栈最上面两层中的二进制位进行“或”运算，运算结果存入栈顶。

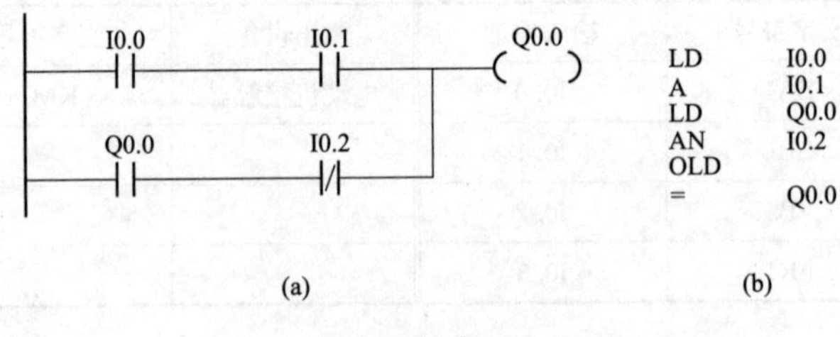

图 2-28　或装载指令应用

（a）梯形图；（b）指令表

（2）与装载指令 ALD。与装载指令 ALD 指令又称为并联电路块串联指令，由助记符 ALD 表示，如图 2-29 所示。它对逻辑堆栈最上面两层中的二进制位进行“与”运算，运算结果存入栈顶。

3. 堆栈指令（LPS、LRD、LPP）

（1）逻辑进栈指令 LPS。逻辑进栈（Logic Push，LPS）指令复制栈顶（即第一层）

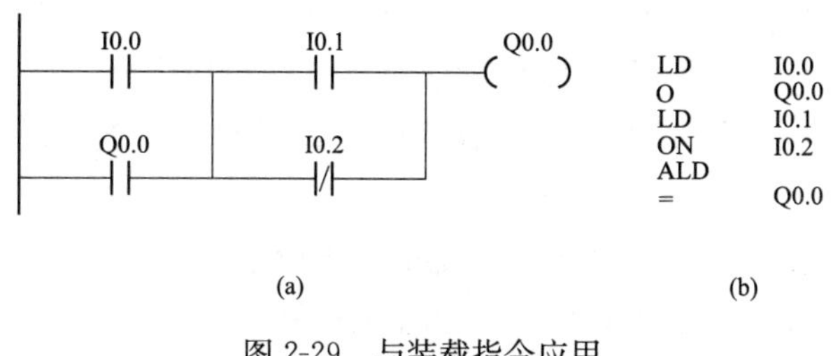

图 2-29　与装载指令应用

（a）梯形图；（b）指令表

的值并将其压入逻辑堆栈的第二层，逻辑堆栈中原来的数据依次向一层推移，逻辑堆栈最底层的值被推出并丢失，如图 2-30 所示。

（2）逻辑读栈指令 LRD。逻辑读栈（Logic Read，LRD）指令将逻辑堆栈第二层的数据复制到栈顶，原来的栈顶值被复制值替代。第 2～32 层的数据不变，如图 2-30 所示。

（3）逻辑出栈指令 LPP。逻辑出栈（Logic Pop，LPP）指令将栈顶值弹出，逻辑堆栈各层的数据向上移动一层，第二层的数据成为新的栈顶值。可以用语句表程序状态监控查看逻辑堆栈中保存的数据。

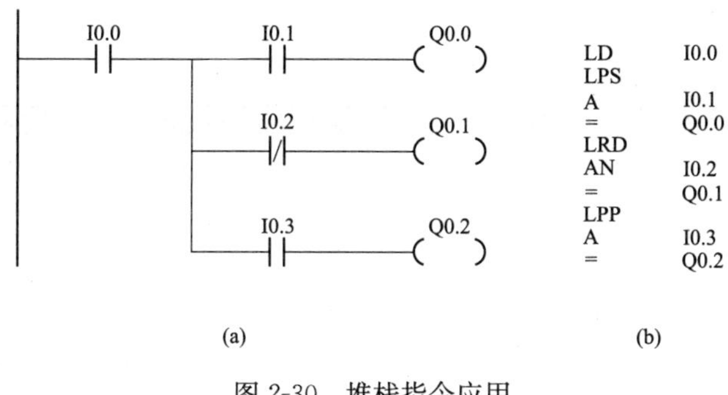

图 2-30　堆栈指令应用

（a）梯形图 ；（b）指令表

习题

一、选择题

1. 字节 MB1 的第 2 个位为（　　）。

A. M1. 0　　B. M1. 1　　C. MB1. 1　　D. M1. 2

2. M2. 3 属于字节（　　）的一个位。

A. MB2　　B. MB3　　C. MW2　　D. MD2

3. MB1 属于 MW0 的（　　）。

A. 低字节　　B. 高字节　　C. 低 16 位　　D. 高 16 位

4. MW0 属于 MD0 的（　　）。

A. 低字节　　　B. 高字节　　　C. 低 16 位　　　D. 高 16 位

5. 如果 S7-200 SMART PLC 无法在线通信，可能的原因有（　　）。

A. PLC 未送电　　B. CPU 型号选择错误　C. IP 地址设置错误　D. 网线未连好

二、判断题

1. 位存储器 M 可以直接驱动 PLC 外部的输出设备。（　　）
2. 位存储器 M 可以直接采集 PLC 外部输入信号。（　　）
3. 在梯形图程序中一般应尽量避免双线圈输出。（　　）
4. PLC 软继电器的逻辑触点可以多次重复使用。（　　）
5. PLC 程序中线圈可以并联，也可以串联。（　　）
6. PLC 程序中触点不能放在线圈的右边。（　　）
7. PLC 程序中线圈可以直接与左母线相连。（　　）

三、设计题

1. 开关 SA1 闭合时按下按钮 SB1，指示灯 HL1 亮；开关 SA1 断开时按下按钮 SB1，指示灯 HL1 熄灭。分配 I/O，绘制电气原理图并设计梯形图程序。

2. 将转换开关 SA1 闭合时，按下按钮 SB1，接触器 KM1 得电，电动机 M1 连续运行，直至按下停止按钮 SB2 时停止运行；将转换开关 SA1 断开时，按下按钮 SB1 接触器 KM1 得电，松开按钮 SB1 接触器 KM1 失电，电动机 M1 点动运行。分配 I/O，绘制电气原理图并设计梯形图程序。

任务 3　电动机星-三角减压启动的 PLC 控制

2.3.1　任务概述

图 2-31 所示为星-三角减压启动的主电路和继电器控制电路，按下启动按钮 SB1，接触器 KM1、KM2 得电，三相异步电动机 M 定子绕组接成星形减压启动；延时 3s 后接触器 KM2 失电、KM3 得电，电动机 M 绕组接成三角形全压运行；按下停止按钮 SB2，电动机 M 停止，有互锁保护和过载保护。本任务要求用 S7-200 SMART PLC 实现电动机星-三角减压启动控制。

2.3.2　任务资讯

1. 定时器概述

（1）定时器功能。定时器是 PLC 实现定时功能的软元件，相当于继电器控制电路中的时间继电器。定时器对时间间隔计数，时间间隔又称分辨率或者时基。S7-200 SMART PLC 提供三种定时器分辨率：1、10ms 和 100ms。

每个定时器地址包括存储器标识符和定时器号两部分。存储器标识符为“T”，定时器号为整数，如 T0 表示 0 号定时器。

（2）S7-200 SMART PLC 定时器的种类。S7-200 SMART PLC 提供了 256 个定时

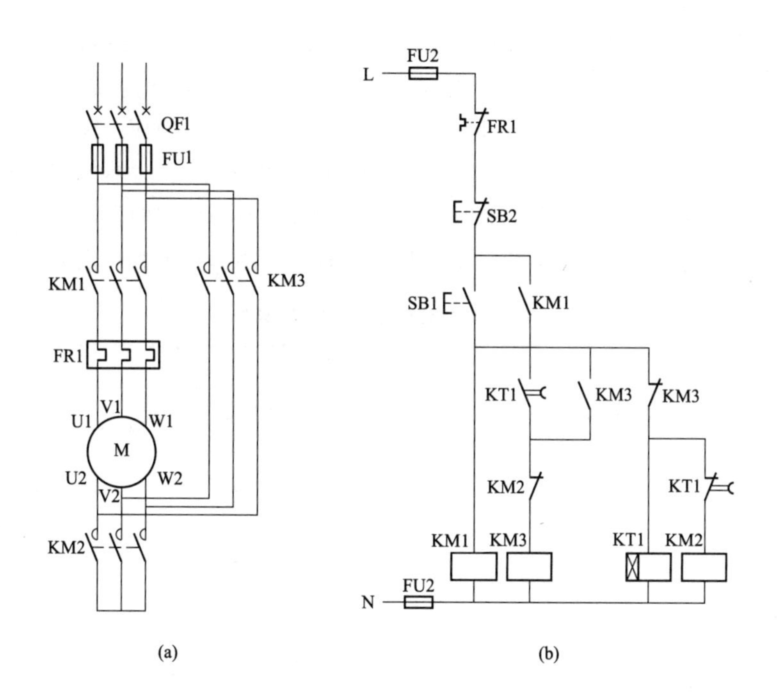

图 2-31　星-三角减压启动控制电气原理图

(a) 主电路；(b) 继电器控制电路

器，按照延时功能可以分为 3 种类型：接通延时定时器（TON）、有记忆接通延时定时器（TONR）和断开延时定时器（TOF）。

从表 2-7 中可以看出 TON 和 TOF 使用相同范围的定时器号。应该注意，在同一个 PLC 程序中，一个定时器号只能使用一次。即在同一个 PLC 程序中，不能既有接通延时（TON）定时器 T32，又有断开延时（TOF）定时器 T32。

定时器的分辨率决定了每个时间间隔的时间长短。例如，一个以 10ms 为分辨率的接通延时定时器，在启动输入位接通后，以 10ms 的时间间隔计数，若 10ms 的定时器设定值为 50 则代表延时 500ms。定时器号决定了定时器的分辨率。

表 2-7　　S7-200 SMART PLC 定时器分类及特征

定时器类型	分辨率（ms）	最长定时值（s）	定时器号
TONR	1	32.767	T0，T64
	10	327.67	T1～T4，T65～T68
	100	3276.7	T5～T31，T69～T95
TON，TOF	1	32.767	T32，T96
	10	327.67	T33～T36，T97～T100
	100	3276.7	T37～T63，T101～T255

（3）S7-200 SMART PLC 定时器指令。定时器指令用来规定定时器的功能，表 2-8

所示为定时器指令的梯形图（LAD）和语句表（STL）格式。以接通延时定时器为例，T33为定时器号，IN为使能输入位，接通时启动定时器，10ms为T33的分辨率，PT为预置值（即设定值），* 可以为IW、QW、VW、MW、SMW、SW、LW、T、C、AC、AIW、* VD、* LD、* AC、常数，最大值为32 767。定时器的定时时间等于其分辨率和预置值的乘积。使用软件梯形图方式编程时，所使用定时器指令可选的定时器号及对应的分辨率有工具提示（将光标放在计时器框内稍等片刻即可看到）。

表2-8　　S7-200 SMART PLC定时器指令

形式	指令名称		
	接通延时定时器	有记忆接通延时定时器	断开延时定时器
LAD	T33 IN TON * PT 10ms	T4 IN TONR * PT 10ms	T37 IN TOF * PT 100ms
STL	TON　T33，*	TONR T4，*	TOF T37，*

2. TON/TOF指令的用法

（1）接通延时指令TON的用法。当使能输入IN接通时，接通延时定时器开始计时，当定时器的当前值大于等于预置值（PT）时，该定时器状态位被置位，其动合触点接通、动断触点断开。当启动输入IN断开时，接通延时定时器当前值清零，状态位复位，其动合触点断开、动断触点接通。当前值达到预置值后，若使能输入仍然接通，则定时器当前值继续累加，达到最大值32 767时停止。

如图2-32所示，定时器T37在I0.0接通后开始计时，当定时器的当前值等于预置值30（即延时100ms×30=3s）时，T37状态位置1，其动合触点闭合使得Q0.0得电。此后，如果I0.0仍然接通，定时器当前值继续累加直到最大值32 767，T37状态位保持接通，直到I0.0断开。任何时刻，只要I0.0断开，则T37就复位，当前值清零。

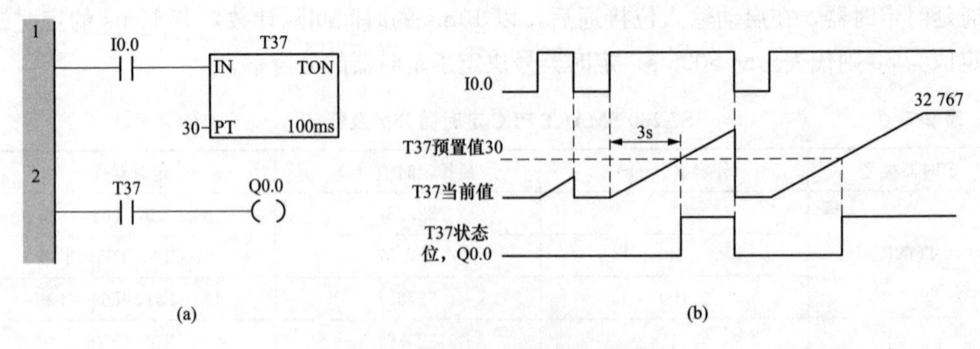

图2-32　接通延时定时器使用举例

（a）梯形图；（b）时序图

【例2-1】 定时关断程序。图2-33所示为定时关断程序，I0.0由断到通时Q0.0接通，3s 后自动断开。前提是 I0.0 接通的时间不能超过定时器的设定时间，否则 Q0.0 会在延时时间到了以后继续接通。

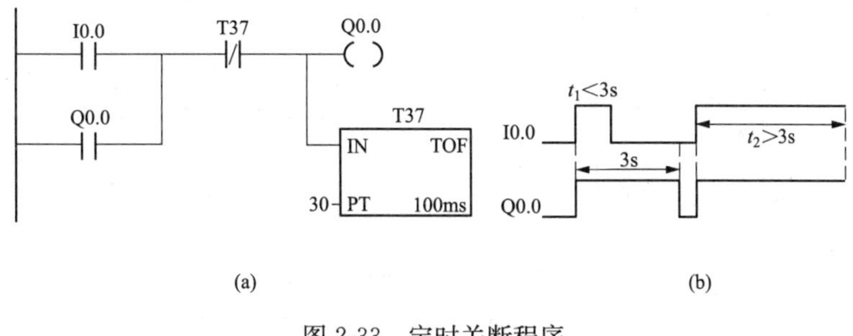

(a)　　　　(b)

图 2-33　定时关断程序

(a) 梯形图；(b) 时序图

【例 2-2】 定时器串联程序。因为定时器的设定值最大为 32 767，所以单个定时器的延时时间最长就是 3276.7s，如想延长定时时间，可以采用如图 2-34 所示的定时器与定时器串联程序。I0.0 接通以后，延时 3000s T37 动合触点闭合，再延时 3000s T38 动合触点闭合，Q0.0 接通，即从 I0.0 接通到 Q0.0 接通共经过了 6000s。I0.0 断开后，两个定时器全部复位，Q0.0 失电。

【例 2-3】 闪烁程序。图 2-35 所示为闪烁程序，I0.0 接通以后，因为 T37 的动断触点闭合，所以 Q0.0 接通。Q0.0 接通的时间取决于 T37 的延时时间，即 2s。2s 延时时间到了以后，T37 动断触点将 Q0.0 切断，T37 动合触点将 T38 接通开始延时，T38 的延时时间决定了 Q0.0 断开的时间。T38 延时时间到了以后，其动断触点切断 T37，使得 T37 复位，Q0.0 再次接通，然后周而复始地循环，直至 I0.0 断开。

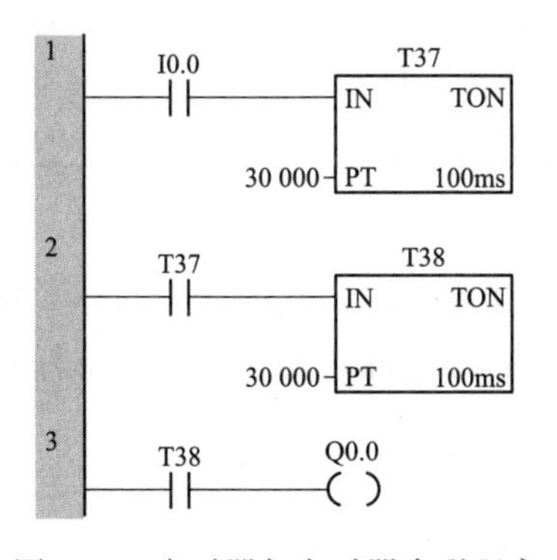

图 2-34　定时器与定时器串联程序

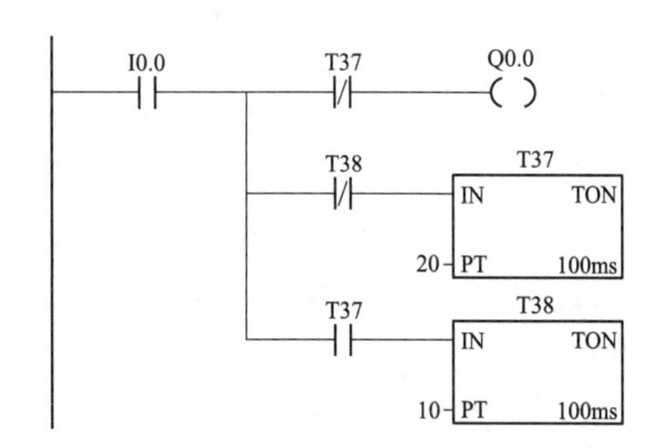

图 2-35　闪烁程序

(2) 断开延时指令 TOF 的用法。当使能输入 IN 接通时，断开延时定时器的状态位立即置位，其动合触点接通、动断触点断开，当前值清零。当使能输入断开时，定时器开始计时，直到当前值达到预设值时，定时器动合触点断开、动断触点闭合，停止计时并且当前值保持不变。当使能输入断开的时间短于预设时间时，定时器动合触点保持接通状态。

如图 2-36 所示，当 I0.0 动合触点闭合时，T37 当前值清零，状态位置位，T37 动合触点立即闭合，Q0.0 线圈接通；当 I0.0 由通到断时，T37 当前值每隔 100ms 加 1，直到当前值等于设定值 30 时停止递增（即延时 100ms×30=3s），T37 状态位复位，T37 动合触点断开，Q0.0 线圈失电。

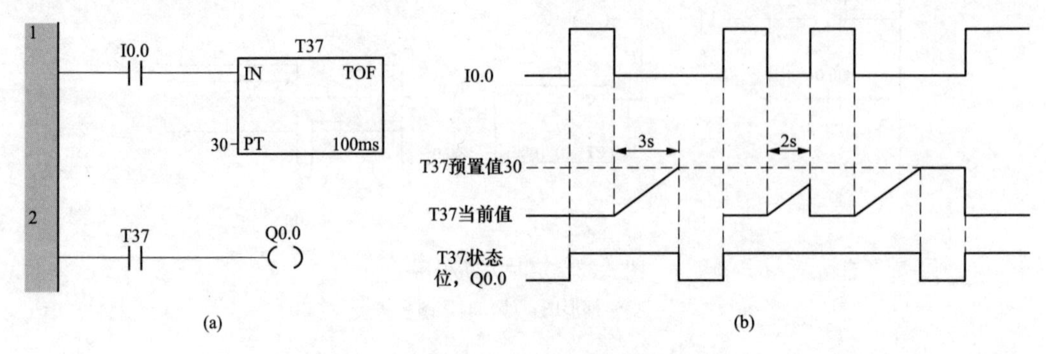

图 2-36　断开通延时定时器 TOF 使用举例

（a）梯形图；（b）时序图

2.3.3　任务实施

1. I/O 分配

表 2-9 为电动机星-三角减压启动控制的 I/O 分配表，输入设备为启动按钮、停止按钮和热继电器的动合触点，输出设备为主接触器、星形接触器和三角形接触器的线圈。

表 2-9　　星-三角减压启动控制 I/O 分配表

输入设备	文字符号	输入地址	输出设备	文字符号	输出地址
启动按钮	SB1	I0.0	主接触器	KM1	Q0.0
停止按钮	SB2	I0.1	星形接触器	KM2	Q0.1
热继电器	FR1	I0.2	三角形接触器		Q0.2

2. 硬件接线

图 2-37 所示为电动机星-三角减压启动控制的电气原理图，其中输入回路采用外接 24V 直流电源，输出回路采用交流 220V 电源，同时星形接触器和三角形接触器要有硬件互锁。

3. 程序设计

图 2-38 所示为电动机星-三角减压启动控制的程序，程序原理如下：

（1）按下启动按钮 SB1，I0.0 得电，Q0.0 得电自锁，Q0.1 也得电，主接触器和星形接触器得电，电动机绕组接成星形减压启动。

（2）主接触器得电的同时，定时器 T37 开始延时，3s 后 T37 动断触点断开，切断 Q0.1；T37 动合触点闭合，接通 Q0.2，主接触器和三角形接触器得电，电动机绕组结成三角形全压运行。

（3）按下停止按钮 SB2 或电动机过载时，I0.1（I0.2）得电，I0.1（I0.2）动断触点断开，Q0.0、Q0.1、Q0.2 和 T37 全部失电，电动机停止运行。

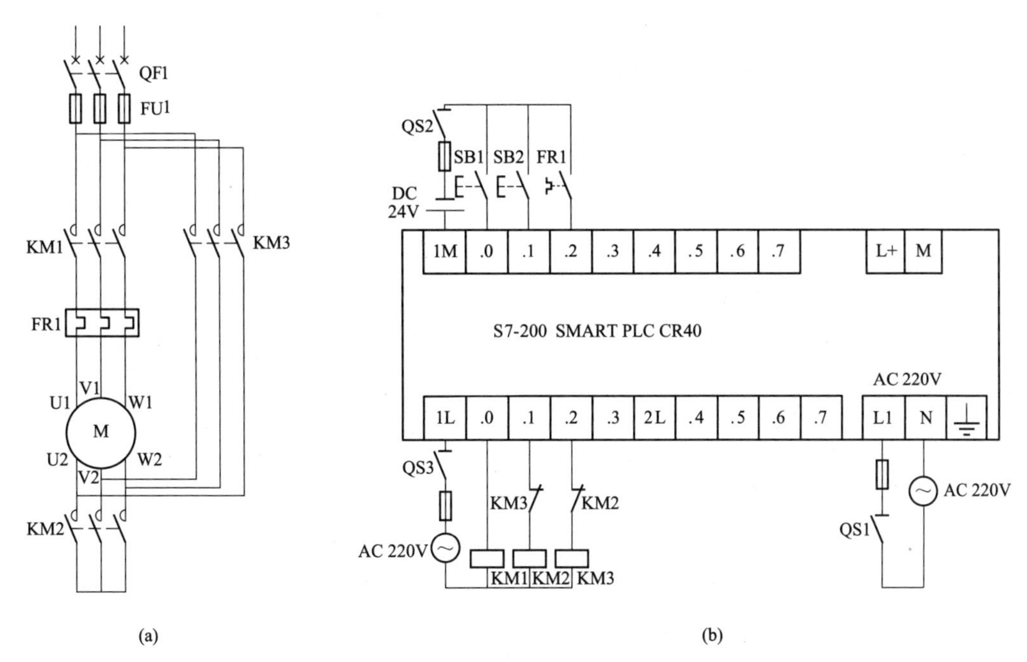

图 2-37　星-三角减压启动控制电气原理图
（a）主电路；（b）PLC 控制电路

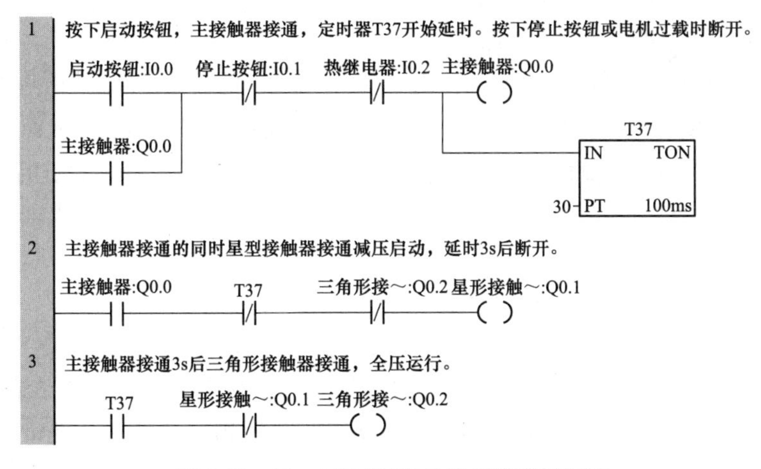

图 2-38　星-三角减压启动控制梯形图程序

2.3.4　任务思考

1. 星-三角切换时出现短路现象的处理方法

在星-三角减压启动控制中，由于星形接触器和三角形接触器通断切换时间极短，偶尔会发生因电弧而导致的电源短路跳闸的情况，可以考虑在程序中增加 1 个定时器，使得星形接触器失电几百毫秒后再让三角形接触器得电，从而避免跳闸现象，如图 2-39 所示。

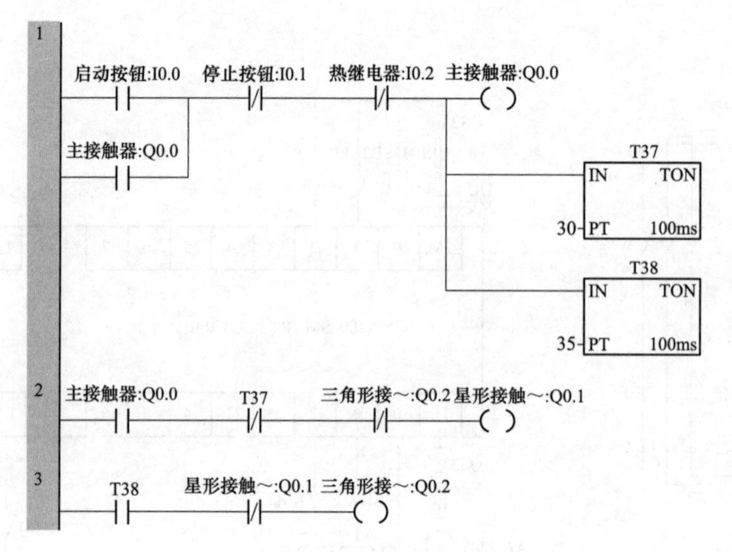

图 2-39 星-三角减压启动延时切换控制梯形图程序

2. 通过继电器电路移植法来设计电动机星-三角减压启动控制程序

PLC的程序设计方法主要有经验设计法、顺序控制设计法、逻辑代数式设计法等，但是如果有现成的继电器控制电路图纸，则可以通过继电器电路移植法来快速设计梯形图程序。

继电器电路移植法的主要步骤如下：

（1）熟悉现有的继电器控制线路。

（2）对照PLC的I/O端子接线图，将继电器电路图上的被控器件（如接触器线圈、指示灯、电磁阀等）换成接线图上对应的输出点的编号，将电路图上的输入装置（如传感器、按钮开关、行程开关等）触点都换成对应的输入点的编号（注意停止按钮触点的选择）。

（3）将继电器电路图中的中间继电器、定时器，用PLC的辅助继电器、定时器来代替。

（4）画出全部梯形图，并予以简化和修改。

将图2-31（b）电动机星-三角减压启动继电器控制电路逆时针转90°，然后将电路中的电器元件按照表2-8换成相应的PLC内部软元件，其中时间继电器KT1用通电延时定时器T37代替。同时，将触点和线圈换成梯形图中相应的形式，就可以得到如图2-40所示的梯形图程序。

2.3.5 知识拓展

1. 定时器当前值的刷新方式

每个定时器都有一个16位的当前值寄存器和1个状态位，但是不同分辨率的定时器当前值和状态位的刷新方式不同。

（1）1ms定时器：定时器状态位和当前值的更新不与扫描周期同步。对于大于1ms的程序扫描周期，定时器状态位和当前值在一次扫描内刷新多次。

（2）10ms定时器：定时器状态位和当前值在每个程序扫描周期的开始刷新。定时

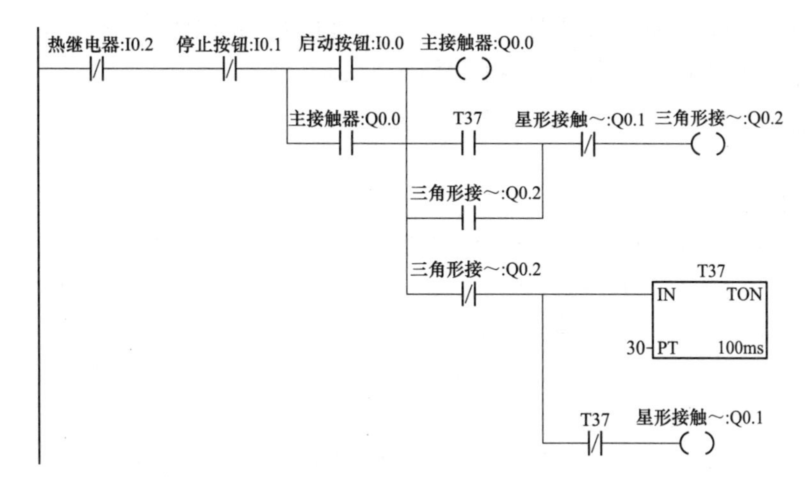

图 2-40　星-三角减压启动延时切换控制梯形图程序

器状态位和当前值在整个扫描周期过程中为常数。在每个扫描周期的开始会将一个扫描累计的时间间隔加到定时器当前值上。

（3）100ms 定时器：定时器状态位和当前值在指令执行时刷新。因此，为了使定时器保持正确的定时值，要确保在一个程序扫描周期中，只执行一次 100ms 定时器指令。

2. 有记忆接通延时定时器 TONR

有记忆接通延时定时器 TONR 用于累计多个时间间隔，和 TON 相比，具有以下几个不同之处：

（1）当使能输入 IN 接通时，TONR 以上次的保持值作为当前值开始计时。

（2）当使能输入 IN 断开时，TONR 的定时器状态位和当前值保持最后状态。

（3）上电周期或首次扫描时，TONR 的定时器状态位为 OFF，当前值为掉电之前的值。因此 TONR 定时器只能用复位指令 R 对其复位。

如图 2-41 所示，当 I0.0 接通时，T5 开始计时，计时 6s 后 I0.0 断开，T5 当前值

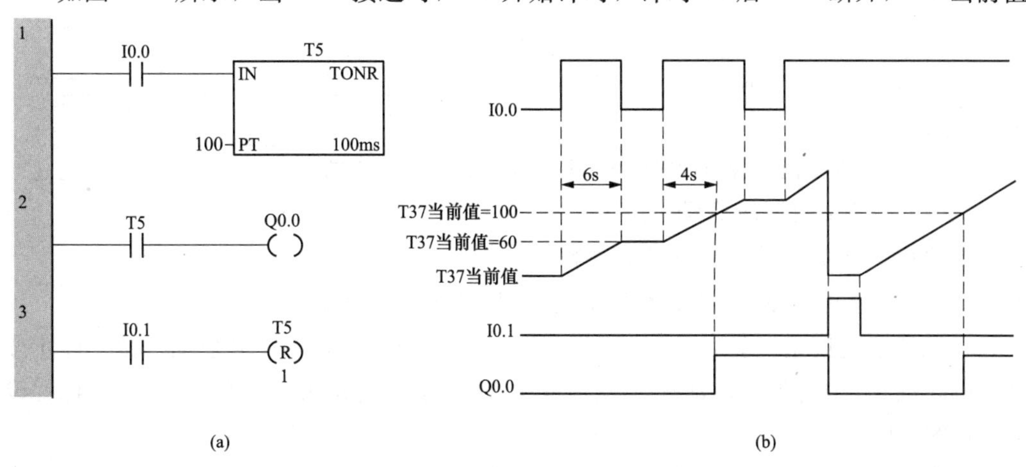

图 2-41　有记忆接通延时定时器 TONR 使用举例

（a）梯形图；（b）时序图

保持 60 不变，当 I0.0 再次接通时 T5 在 6s 的基础上开始累积计时，再计时 4s 后 Q0.0 接通。当 I0.1 接通时，T5 复位，当前值清零，Q0.0 失电。

习题

一、选择题

1. 定时器 T37 要实现定时 10s 则设定值应设为（　　）

A. 10　　B. 100　　C. 1000　　D. 10 000

2. 定时器（　　）为 10ms 定时器。

A. T37　　B. 101　　C. T33　　D. T0

3. （　　）为通电延时指令。

A. TON　　B. TOF　　C. TONR　　D. T

4. （　　）为断电延时指令。

A. TON　　B. TOF　　C. TONR　　D. T

5. （　　）为带记忆通电延时指令。

A. TON　　B. TOF　　C. TONR　　D. T

二、判断题

1. 通用延时定时器的线圈断开时其当前值保持不变。（　　）

2. 带记忆通电定时器的线圈断开时其当前值清零。（　　）

3. 停止按钮或热继电器只能用动断触点接 PLC 输入端子。（　　）

4. 定时器的设定值只能为常数，最大为 32 767。（　　）

5. 定时器线圈可以用其触点实现自锁。（　　）

三、设计题

1. 某流水线上通过限位开关 SQ1 检测是否有工件通过，每当有工件通过则 SQ1 接通 1 次。要求在 5min 内没有工件通过时让指示灯 HL1 点亮，按下复位按钮后指示灯熄灭并重新计时。分配 I/O，绘制电气原理图并设计梯形图程序。

2. 根据图 2-42 所示的时序图设计相应的梯形图。

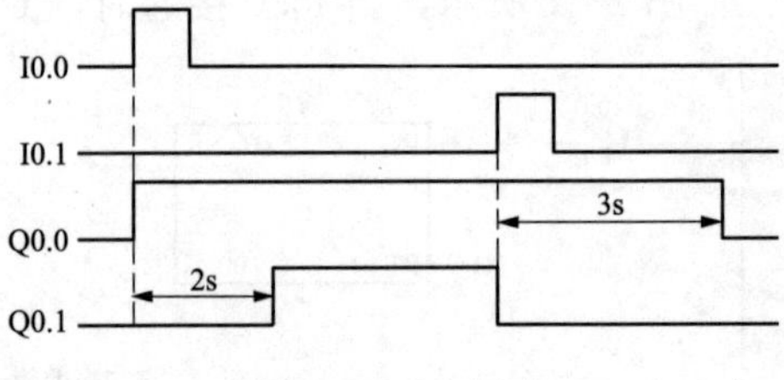

I0.0
I0.1
Q0.0
Q0.1
3s
2s

图 2-42　时序图

3. 按下启动按钮后某电动机 M1 启动，其风机电动机 M2 也同时启动；按下停止按钮后电动机 M1 立即停止，风机电动机 M2 延时 10s 后再停止。分配 I/O，绘制电气原理图并设计梯形图程序。

4. 按下启动按钮，电动机 M1 立即启动，延时 3s 后电动机 M2 启动；按下停止按钮，电动机 M1 立即停止，延时 5s 后电动机 M2 停止。分配 I/O，绘制电气原理图并设计梯形图程序。

5. 按下启动按钮 SB1，接触器 KM1 得电，KM2 不得电，笼型电动机启动运行；按下停止按钮 SB2，接触器 KM1 失电，KM2 得电，电动机能耗制动，3s 后接触器

KM2 失电，能耗制动结束。分配 I/O，绘制电气原理图并利用继电器电路移植法设计梯形图程序。

6. 有 M1、M2、M3 三台电动机，按下启动按钮后，M1 先启动运行，延时 3s 后 M2 启动运行，再延时 3s 后 M3 启动运行，按下停止按钮后三台电动机全部停止。请分配 I/O，绘制电气原理图并设计梯形图程序。

7. 某皮带输送系统中有三条皮带机分别用电动机 M1、M2、M3 驱动，如图 2-43 所示，控制要求如下。

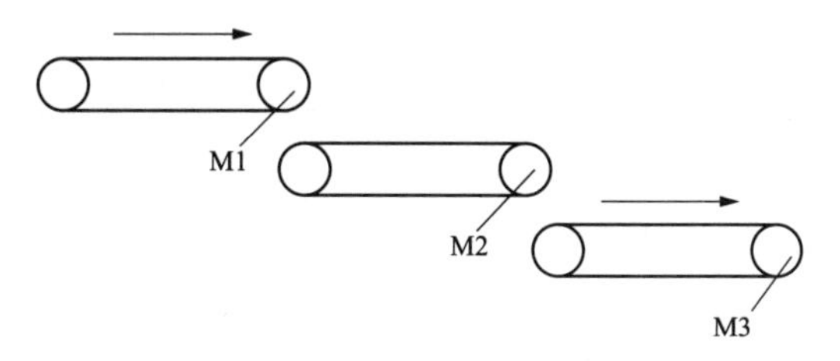

图 2-43　皮带输送系统示意图

(1) 按下启动按钮，最后一条皮带先启动，即电动机 M3 先运行，每延时 3s，依次启动其他皮带机，即按 M3→M2→M1 的顺序依次启动（逆物流方向启动）；

(2) 按下停止按钮，先停最前面一条皮带即电动机 M1 先停止，每延时 5s 后，依次停止其他皮带机，即按 M1→M2→M3 的顺序依次停止（顺物流方向停止，防止物料堵塞）。

请分配 I/O，绘制电气原理图并设计梯形图程序。

任务 4　运料小车的 PLC 控制

2.4.1　任务概述

如图 2-44 所示，运料小车在初始位置停在左边，左限位开关 SQ1 为 ON。按下启动按钮 SB1 后，小车开始前进，碰到右限位开关 SQ2 后停止，装料电磁阀 YV1 得电，装料斗开始装料，7s 后装料关闭小车自动后退，碰到左限位开关 SQ1 时停止，小车底

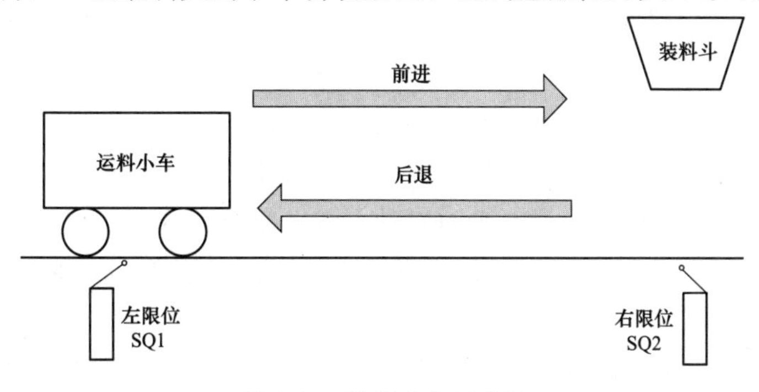

图 2-44　运料小车示意图

门卸料电磁阀 YV2 得电，小车开始卸料，5s 后卸料结束小车自动右行进入下一个工作周期，循环 5 次后自动停止。小车运行过程中，按下停止按钮 SB2 则所有动作立即停止。

2.4.2 任务资讯

1. 计数器 C

(1) 计数器概述。计数器用来累计输入脉冲（上升沿）的个数，当计数器达到预置值时，计数器发生动作，以完成计数控制任务。S7-200 SMART PLC 提供了 256 个计数器，共分为以下三种类型：加计数器（CTU）、减计数器（CTD）、加/减计数器（CTUD）。计数器指令见表 2-9。

在表 2-10 中，C×××为计数器号，范围为 C0～C255（因为每个计数器有一个当前值，不要将相同的计数器号码指定给一个以上计数器）；CU 为增计数器信号输入端，CD 为减计数器信号输入端；R 为复位输入；LD 为预置值装载信号输入（相当于复位输入）；PV 为预置值，最大为 32 767。计数器的当前值是否掉电保持，可以由用户设置。

(2) 加计数器指令（CTU）。每个加计数器有一个 16 位的当前值寄存器及一个状态位。对于加计数器，在 CU 输入端，每当一个上升沿到来时，计数器当前值加 1，直至计数到最大值 32 767。当当前计数值大于或等于预置计数值 PV 时，该计数器状态位被置位。如果在 CU 端没有上升沿到来，计数器的当前值保持不变；如果在 CU 端仍有上升沿到来，计数器的状态位不变，计数器当前值继续累加，直至 32 767。当复位端（R）置位时，计数器被复位，即当前值清零，状态位也复位。

表 2-10　　计数器指令

形式	指令名称		
	加计数器（CTU）	减计数器（CTD）	加/减计数器（CTUD）
LAD	C××× CU CTU R PV	C××× CD CTD LD PV	C××× CU CTUD CD R PV
STL	CTU　C×××，PV	CTD　C×××，PV	CTUD　C×××，PV

图 2-45 所示为加计数器指令使用举例，加计数器 C0 对 CU 输入端 I0.0 的脉冲累加值达到 3 时，计数器的状态位被置 1，C0 动合触点闭合，使 Q0.0 得电。之后 C0 的当前值会根据 I0.0 的计数脉冲继续累加，直至 I0.1 动合触点闭合，使计数器 C0 复位，Q0.0 失电。

【例 2-4】 定时器与计数器串联扩展定时范围程序。使用定时器与计数器串级可以扩展延时时间，如图 2-46 所示。当 I0.0 动合触点接通以后，定时器 T37 每隔半小时自

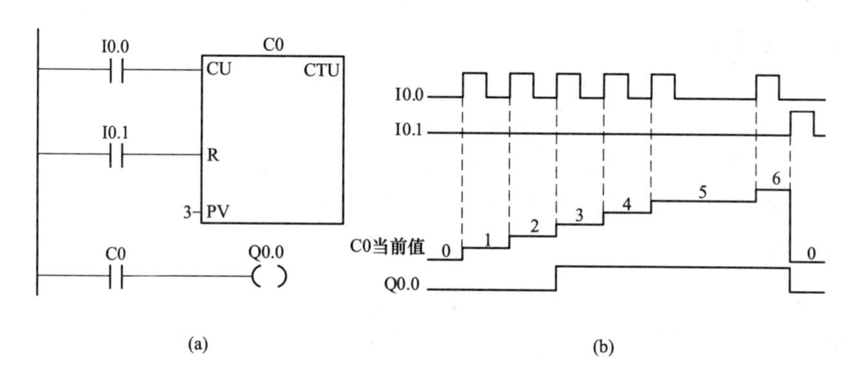

图 2-45 加计数器使用举例

(a) 梯形图；(b) 时序图

复位一次，同时计数器 C0 的当前值加 1。当 C0 当前值等于设定值 6 时，C0 的动合触点闭合，Q0.0 线圈接通，此时经过了 6 个半小时即 3 小时。当 I0.1 得电时，计数器 C0 复位，Q0.0 线圈断开。

2. 跳变指令

(1) 正跳变指令 EU。正跳变触点指令对其之前的逻辑运算结果的上升沿产生一个宽度为一个扫描周期的脉冲。正跳变指令的助记符为 EU（Edge UP，上升沿），指令没有操作数，触点符号中间的“P”表示正跳变。如图 2-47 所示，在 I0.0 由断到通的那一刻，M0.0 接通 1 个扫描周期的时间。

(2) 负跳变指令 ED。负跳变触点指令对逻辑运算结果的下降沿产生一个宽度为一个扫描周期的脉冲。负跳变指令的助记符为 ED（Edge Down，下降沿），指令没有操作数，触点符号中间的“N”表示负跳变。如图 2-48 所示，在 I0.0 由通到断的那一刻，M0.0 接通 1 个扫描周期的时间。

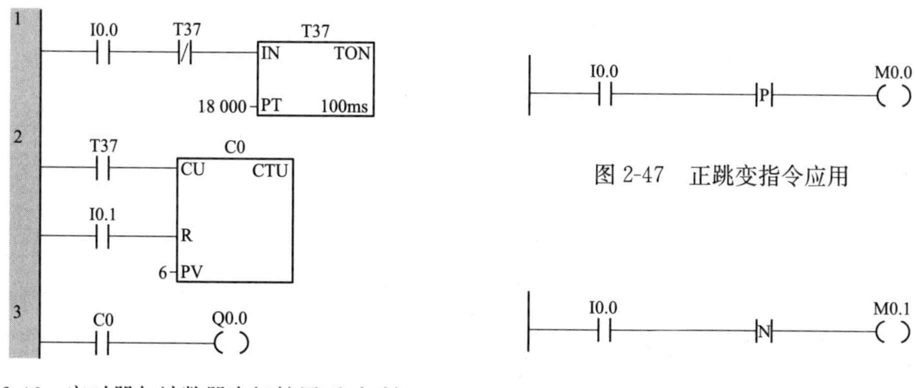

图 2-46 定时器与计数器串级扩展延时时间

图 2-47 正跳变指令应用

图 2-48 负跳变指令应用

正、负跳变指令常用于启动及关断条件的判定，以及配合功能指令完成一些逻辑控制任务。由于正跳变指令和负跳变指令要求上升沿或下降沿的变化，所以不能在第一个扫描周期中检测到上升沿或者下降沿的变化。

2.4.3 任务实施

1. I/O 分配

表 2-11 所示为运料小车控制的 I/O 分配表，输入设备为启动按钮、停止按钮、左限位、右限位和热继电器，输出设备为小车右行接触器、左行接触器、装料电磁阀和卸料电磁阀的线圈。

表 2-11　　运料小车控制 I/O 分配表

输入设备	文字符号	输入地址	输出设备	文字符号	输出地址
启动按钮	SB1	I0.0	前进接触器	KM1	Q0.0
停止按钮	SB2	I0.1	后退接触器	KM2	Q0.1
左限位开关	SQ1	I0.2	装料电磁阀	YV1	Q0.2
右限位开关	SQ2	I0.3	卸料电磁阀	YV2	Q0.3
热继电器	FR1	I0.4			

2. 硬件接线

图 2-49 所示为运料小车的电气原理图，其中输入回路采用外接 24V 直流电源，接触器和电磁阀线圈均采用交流 220V 电源，小车前进和后退接触器需要有硬件互锁。装料电磁阀和卸料电磁阀控制的液压回路略。

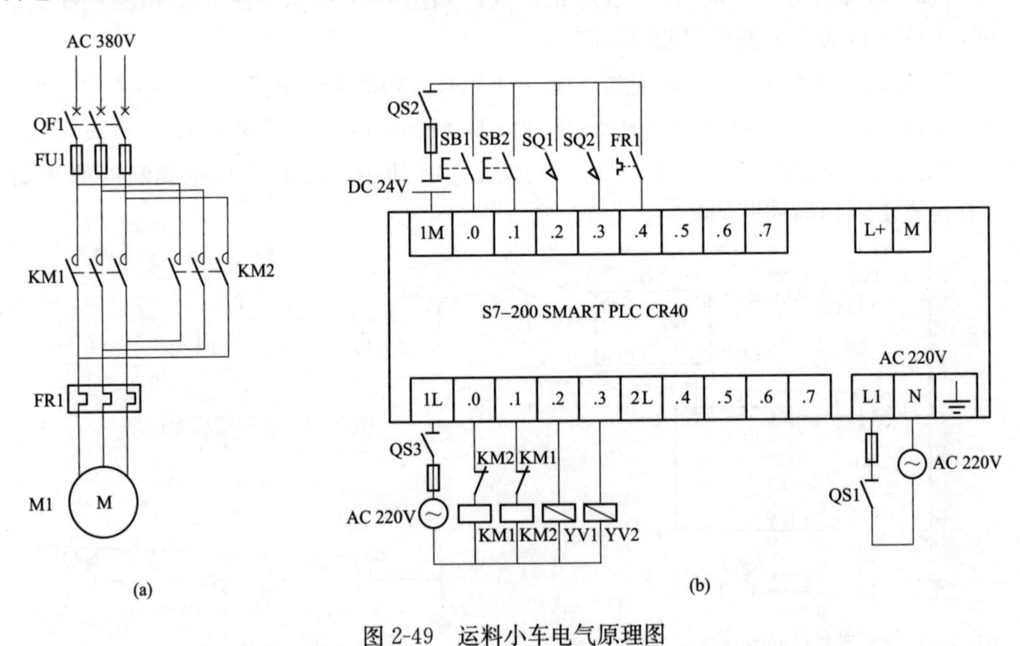

图 2-49　运料小车电气原理图

（a）主电路；（b）PLC 控制电路

3. 程序设计

图 2-50 所示为运料小车的梯形图程序，程序原理如下：

（1）第 1 段：按下启动按钮 SB1，I0.0 得电，Q0.0 得电自锁，小车右行，碰到右限位后 I0.3 动断触点断开，Q0.0 失电，小车停止右行。另外，若小车卸料完毕时，若循环次数未到 5 次，则通过定时器 T38 的动合触点可以使小车再次右行。

(2) 第 2 段：小车到右限位处时，通过 I0.3 的上升沿脉冲使 Q0.2 得电自锁，小车开始装料并延时，7s 后 T37 动断触点切断 Q0.2，小车停止装料。

(3) 第 3 段：小车装料 7s 结束时，通过定时器 T37 的动合触点使得 Q0.1 得电自锁，小车自动左行，碰到左限位后 I0.2 动断触点断开，Q0.1 失电，小车停止左行。

(4) 第 4 段：小车回到左限位处时，通过 I0.2 的上升沿脉冲使 Q0.3 得电自锁，小车开始卸料并延时，5s 后 T38 动断触点切断 Q0.3，小车停止卸料。

注意：因为小车初始位置就在左限位处，左限位信号 I0.2 在初始状态就是得电的，所以本段程序的启动信号不能直接用左限位信号 I0.2 的动合触点，那样会使得 PLC 刚开始上电运行时，还没按下启动按钮就自动开始卸料，即卸料输出误动作。(思考：还可以用什么信号作为启动信号?)

(5) 第 5 段：使用 T38 的动合触点作为计数器 C0 的加计数输入端，每循环一次，定时器 T38 的动合触点都会闭合一次，计数器 C0 当前值加 1，当前值等于 5 时，C0 的动断触点断开，小车无法再次右行。按下启动按钮时，计数器复位。

(6) 任何时刻按下停止按钮 SB2，所有动作立即停止。(思考：如何修改程序实现

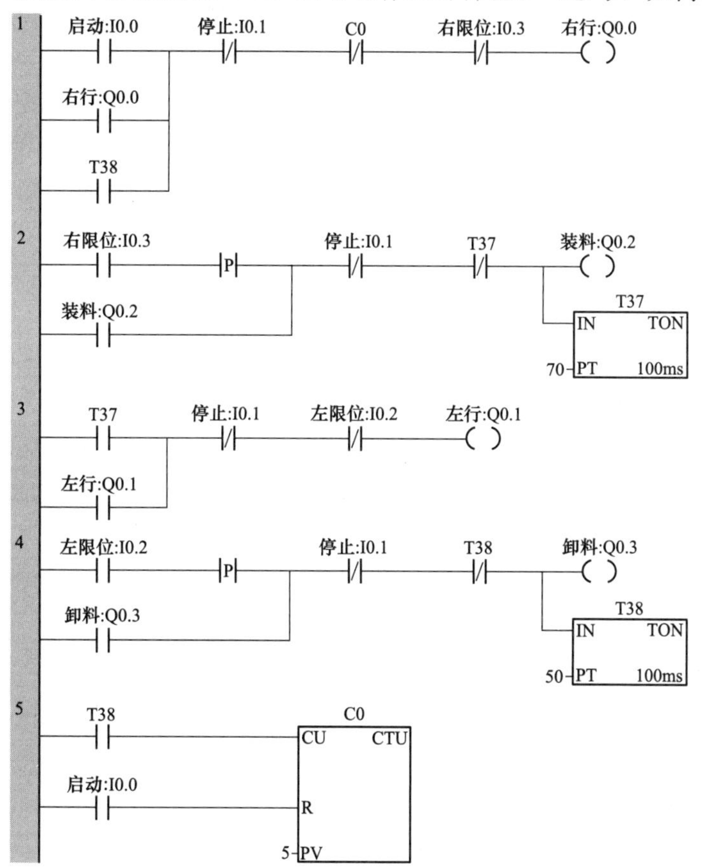

图 2-50 运料小车梯形图程序

按下停止按钮后完成本周期剩余动作后回原点停止?）

2.4.4 任务思考

1. 接近开关如何与 S7-200 SMART PLC 连接

限位开关按其结构分为机械结构的接触式有触点行程开关和电气结构的非接触式接近开关两大类，接近开关按照原理可以分为电感式、电容式、霍尔式和光电式等。电感式接近开关由 LC 振荡电路、信号触发器和开关放大器组成，振荡器产生一个交变磁场。当金属目标接近这一磁场，并达到感应距离时，在金属目标内产生涡流，从而导致振荡衰减，以至停振。振荡器振荡及停振的变化被后级放大电路处理并转换成开关信号，触发驱动控制器件，从而达到非接触式之检测目的。如图 2-51所示为接近开关的实物和图形文字符号。

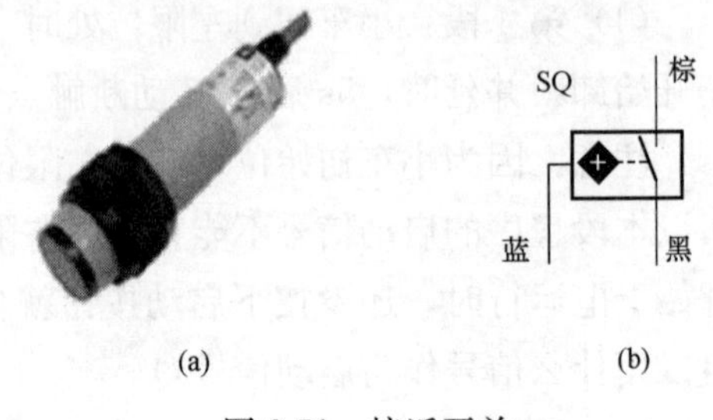

图 2-51　接近开关

（a）实物；（b）图形和文字符号

三线式电感型接近开关与西门子 S7-200 SMART PLC 连接时，棕色线接 24V+，蓝色线接 0V，黑色线接输入端子。以运料小车为例，假设左、右限位用 NPN（或 PNP）型三线式接近开关与 S7-200 SMART PLC 相连时，则接法如图 2-52 所示。

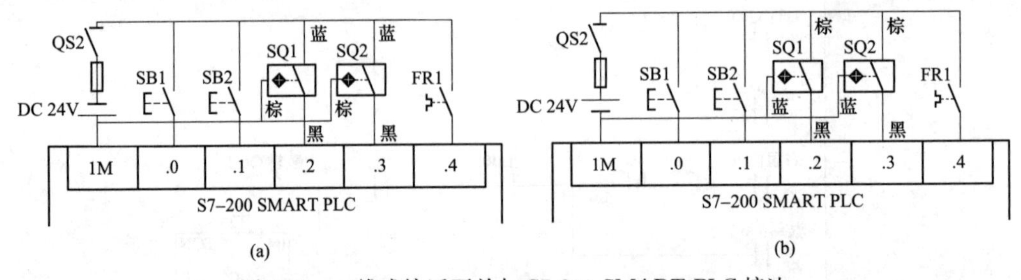

图 2-52　三线式接近开关与 S7-200 SMART PLC 接法

（a）NPN 式接近开关接法；（b）PNP 式接近开关接法

2. 三地运料小车如何控制

（1）控制要求。图 2-53 所示为三地运料小车运行示意图，按下启动按钮 SB1，小

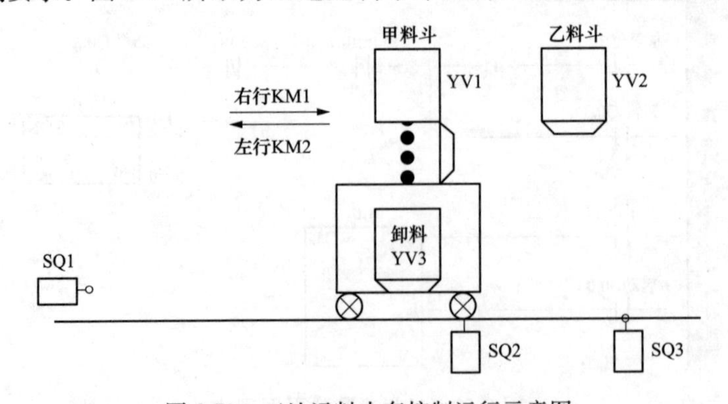

图 2-53　三地运料小车控制运行示意图

车从原点 SQ1 处启动，接触器 KM1 吸合使小车右行到 SQ2 处停止，电磁阀 YV1 得电使甲料斗装料 5s，然后小车继续右行到 SQ3 处停止，此时电磁阀 YV2 得电使乙料斗装料 3s，随后接触器 KM2 吸合小车左行返回原点 SQ1 处停止，电磁阀 YV3 得电使小车卸料 8s 后完成一次循环，循环 5 次后自动停止。按下停止按钮 SB2 时，完成本周期剩余动作后停止。

（2）I/O 分配表。表 2-12 为三地运料小车 I/O 分配表。

表 2-12　　三地运料小车 I/O 分配表

输入设备	文字符号	输入地址	输出设备	文字符号	输出地址
启动按钮	SB1	I0.0	右行接触器	KM1	Q0.0
停止按钮	SB2	I0.1	左行接触器	KM2	Q0.1
左限位开关	SQ1	I0.2	甲料斗装料电磁阀	YV1	Q0.4
中限位开关	SQ2	I0.3	乙料斗装料电磁阀	YV2	Q0.5
右限位开关	SQ3	I0.4	小车卸料电磁阀	YV3	Q0.6
热继电器	FR1	I0.5			

（3）外部接线。PLC 外部接线图如图 2-54 所示，接触器线圈和电磁阀线圈因电压类型不同需要分组控制，前进后退接触器需要硬件互锁，电磁阀液压回路略。

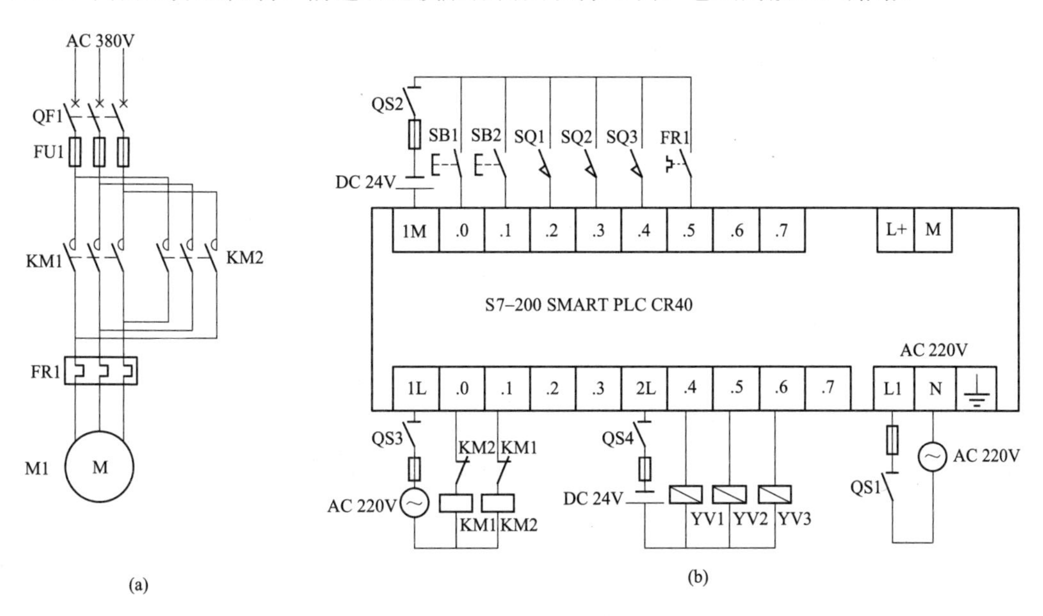

图 2-54　三地运料小车控制电路接线图

（a）主电路；（b）PLC 控制电路

（4）程序设计。三地运料小车的梯形图程序如图 2-55 所示，程序原理如下：

1）第 1 段程序：按下启动按钮时，I0.0 得电，M0.1 得电自锁，小车第一次右行。小车右行至甲料斗限位 SQ2 处时，甲料斗限位信号 I0.3 动断触点断开使得 M0.1 失电，小车停止。

每个周期小车卸料结束时，若循环次数未到 5 次且未按下停止按钮时，通过定时器 T39 的动合触点使得小车再次右行。

注意：因为一个周期内小车有两次右行，所以用两个辅助继电器 M0.1 和 M0.2 分别代表两次右行的中间状态，然后再用 M0.1 和 M0.2 的动合触点并联起来控制右行输出 Q0.0 的线圈，这样可以避免双线圈。

2）第 2 段程序：通过甲料斗限位信号 I0.3 的上升沿脉冲使得 Q0.4 得电自锁，甲料斗开始装料并延时，5s 后 T37 动断触点断开使得 Q0.4 失电，甲料斗停止装料。

注意：为防止小车左行返回时限位 SQ2 动作使甲料斗误动作，应在甲料斗限位信号 I0.3 的正跳变指令前串联左行接触器信号 Q0.1 的动断触点。

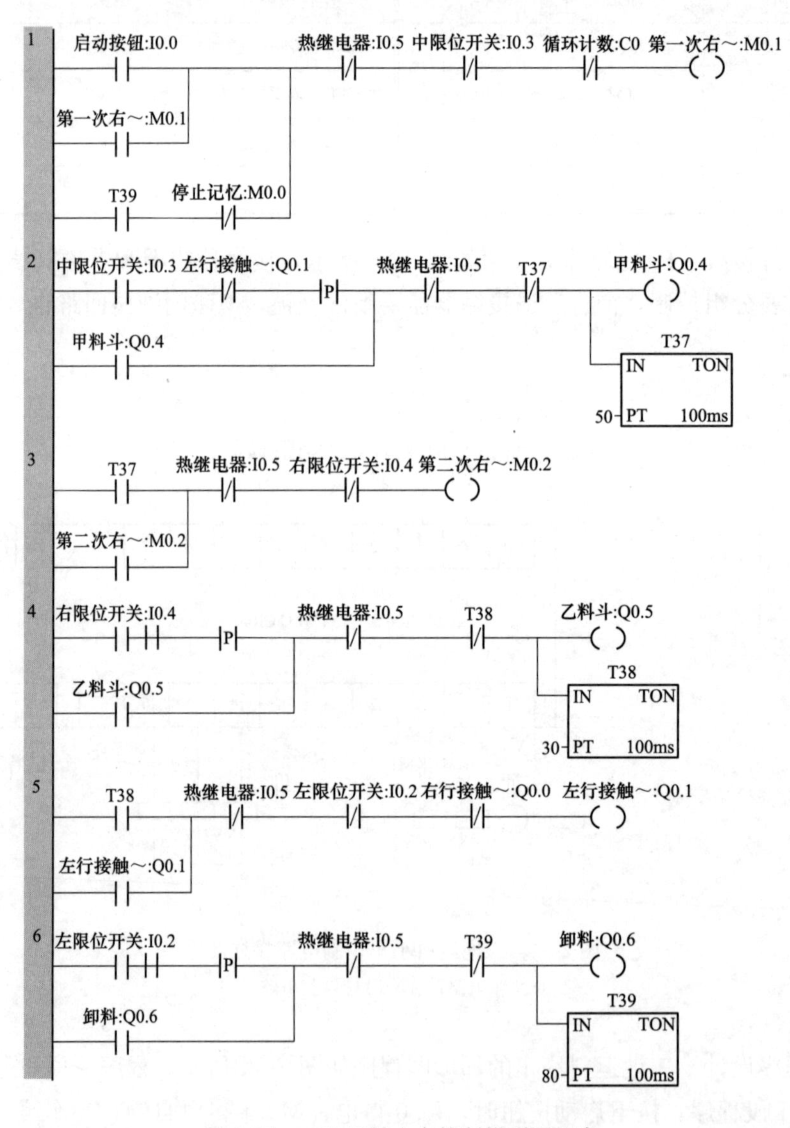

图 2-55　三地运料小车控制梯形图程序

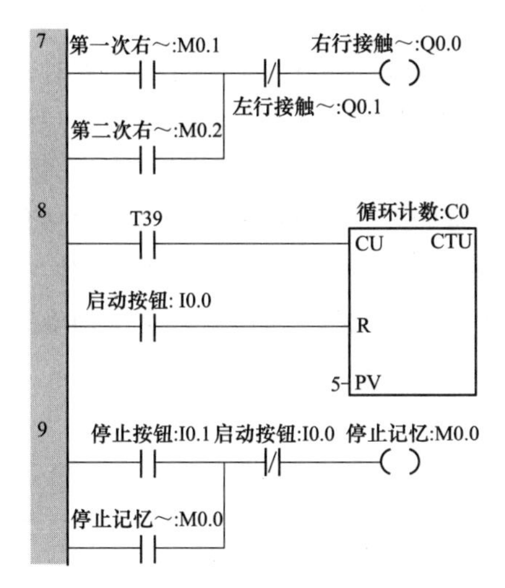

图 2-55 三地运料小车控制梯形图程序（续）

3）第3段程序：通过T37的动合触点使得M0.2得电自锁，小车第二次右行。小车右行至乙料斗限位SQ3处时，乙料斗限位信号I0.4动断触点断开，使得M0.2失电，小车停止右行。

4）第4段程序：通过乙料斗限位信号I0.4的上升沿脉冲使得Q0.5得电自锁，乙料斗开始装料并延时，3s后T38动断触点断开使得Q0.5失电，乙料斗停止装料。

5）第5段程序：通过T38的动合触点使得Q0.1得电自锁，小车左行。小车左行至左限位SQ1处时，左限位信号I0.2动断触点断开使得Q0.1失电，小车停止左行。

6）第6段程序：小车停止左行时，通过左限位信号I0.2的上升沿脉冲（或者用Q0.1的下降沿脉冲）信号使得Q0.6得电自锁，小车开始卸料并延时，8s后T39动断触点断开使得Q0.6失电，停止卸料，同时若循环未到5次且未按下过停止按钮时，T39的动合触点使得M0.1得电自锁，小车再次右行，开始下一个循环。

7）第7段程序：用M0.1和M0.2的动合触点并联起来控制右行输出Q0.0的线圈，这样可以避免双线圈。

8）第8段程序：通过定时器T39的动合触点对循环次数进行计数，当循环5次时，计数器C0的动断触点断开，使得小车无法再次循环运行。按下启动按钮时，计数器复位。

9）第9段程序：该段程序为停止记忆程序，即按下停止按钮时，停止记忆信号M0.0得电自锁，该信号不会立即切断当前正在进行的动作，而是等本周期剩余动作全部完成后使得小车无法再次循环运行。

2.4.5 知识拓展

1. 减计数器/加减双向计数器指令

（1）减计数器指令（CTD）。每个减计数器有一个16位的当前值寄存器及一个状态位。对于减计数器，当复位端LD输入脉冲上升沿信号时，计数器被复位，减计数器被装入预设值（PV），状态位被清零。

当启动计数后，在CD输入端，每当一个上升沿到来时，计数器当前值减1，当前值等于0时，该计数器状态位被置位，计数器停止计数。如果在CD端仍有上升沿到来，计数器当前值仍保持为0，且不影响计数器的状态位。图2-56所示为减计数器指令使用举例，I0.1的上升沿信号给C1复位端（LD）一个复位信号，使其状态位为0，同时C1被装入预置值3。C1的输入端CD累积脉冲达到3时，C1的当前值减到0，使C1的状态位置1，C1动合触点闭合使Q0.0得电。直至I0.1的下一个上升沿到来，C1复位，状态位置0，C1再次被装入预置值3。

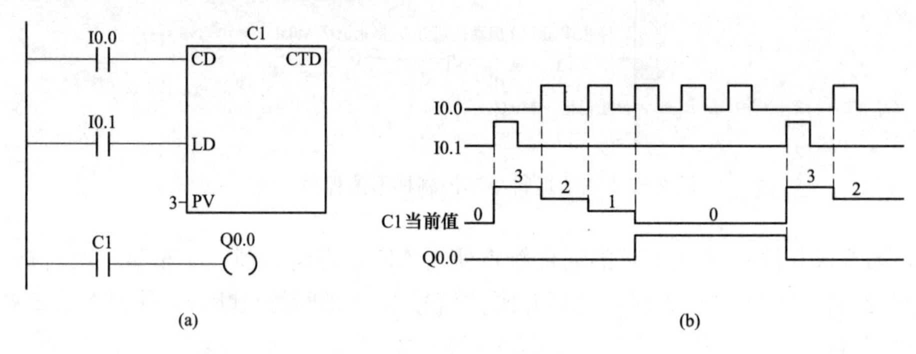

图2-56　减计数器使用举例
(a) 梯形图；(b) 时序图

（2）加/减计数器指令（CTUD）。加/减计数器指令（CTUD）兼有加计数器和减计数器的双重功能，在每一个加计数输入（CU）的上升沿时加计数，在每一个减计数输入（CD）的上升沿时减计数。计数器的当前值保存当前计数值。在每一次计数器执行时，预置值PV与当前值做比较。当CTUD计数器当前值大于等于预置值PV时，计数器状态位置位。否则，计数器位复位。当复位端（R）接通或者执行复位指令后，计数器被复位。

当达到最大值（32 767）时，加计数输入端的下一个上升沿导致当前计数值变为最小值（−32 768）。当达到最小值（−32 768）时，减计数输入端的下一个上升沿导致当前计数值变为最大值（32 767），图2-57所示为加/减计数器指令使用举例。

2. PLC故障排查的思路和方法

PLC控制系统故障分为软件故障和硬件故障两部分。软件故障主要指PLC的程序故障，硬件故障主要指PLC的CPU模块、电源模块、通信模块以及现场生产控制设备等。PLC系统的硬件故障多于软件故障，大多是外部信号不满足或执行元件故障引起，而不是PLC系统的问题。

（1）PLC硬件故障。

1）PLC的I/O端口故障。I/O模块的故障主要是外部各种干扰的影响，首先要按照其使用的要求进行使用，不可随意减少其外部保护设备，其次分析主要的干扰因素，对主要干扰源要进行隔离或处理。

2）PLC主机系统故障。

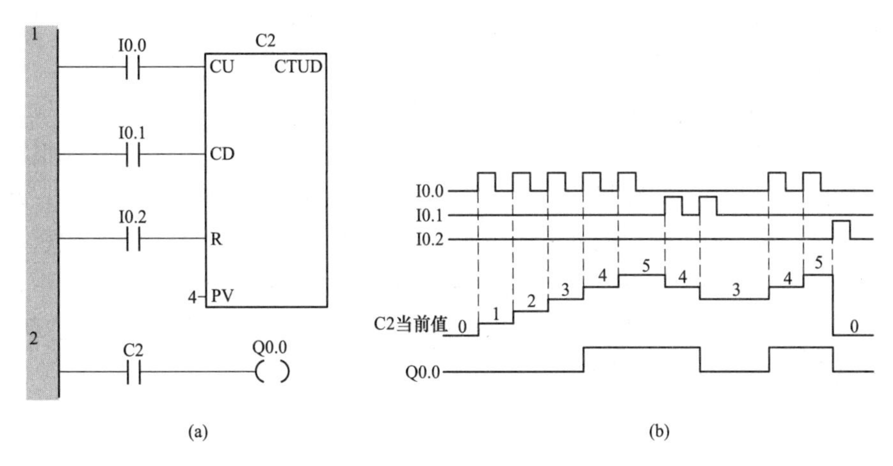

图 2-57 加/减计数器使用举例

(a) 梯形图；(b) 时序图

① 电源系统故障。电源在连续工作、散热中，电压和电流的波动冲击是不可避免的。

② 通信网络系统故障。通信及网络受外部干扰的可能性大，外部环境是造成通信外部设备故障的最大因素之一。例如，S7-200 SMART PLC 的网线未连接好或者模块式 PLC 因为多为插件结构，长期使用插拔模块会造成局部印刷板或底板、接插件接口等处的总线损坏，在空气温度变化、湿度变化的影响下，总线的塑料老化、印刷线路老化、接触点氧化等都是系统总线损耗的原因。

3）现场控制设备故障。

① 继电器、接触器。减少此类故障应尽量选用高性能继电器，改善元器件使用环境，减少更换的频率。现场环境如果恶劣，接触器触点易打火或氧化，然后发热变形直至不能使用。

② 阀门或闸板等类设备。长期使用缺乏维护，机械、电气失灵是故障产生的主要原因，因这类设备的关键执行部位，相对的位移一般较大，或者要经过电气转换等几个步骤才能完成阀门或闸板的位置转换，或者利用电动执行机构推拉阀门或闸板的位置转换，机械、电气、液压等各环节稍有不到位就会产生误差或故障。

③ 开关、极限位置、安全保护和现场操作上的一些元件或设备故障，其原因可能是因为长期磨损，或长期不用而锈蚀老化。对于这类设备故障的处理主要体现在定期维护，使设备时刻处于完好状态。对于限位开关尤其是重型设备上的限位开关除了定期检修外，还要在设计的过程中加入多重的保护措施。

④ PLC 系统中的子设备，如接线盒、线端子、螺栓、螺母等处故障。这类故障产生的原因主要是设备本身的制作工艺、安装工艺及长期的打火、锈蚀等造成。根据工程经验，这类故障一般是很难发现和维修的。所以在设备的安装和维修中一定要按照安装要求的安装工艺进行，不留设备隐患。

⑤ 传感器和仪表故障。这类故障在控制系统中一般反映在信号的不正常。这类设

备安装时信号线的屏蔽层应单端可靠接地，并尽量与动力电缆分开敷设，特别是高干扰的变频器输出电缆，而且要在PLC内部进行软件滤波。

⑥ 电源、地线和信号线的噪声（干扰）故障。

（2）PLC软件故障。PLC具有自诊断能力，发生模块功能错误时往往能报警并按预先程序做出反应，通过故障指示灯就可判断。当电源正常，各指示灯也指示正常，特别是输入信号正常，但系统功能不正常（输出无或乱）时，本着先易后难、先软后硬的检修原则，首先检查用户程序是否出现问题。用户程序储存在PLC的RAM中，是掉电易失性的，当后备电池故障系统电源发生闪失时，程序丢失或紊乱的可能性就很大，强烈的电磁干扰也会引起程序出错。

习题

一、选择题

1.（　　）为加计数器指令。

A. CU　　B. CD　　C. CTUD　　D. C

2.（　　）为减计数器指令。

A. CU　　B. CD　　C. CTUD　　D. C

3.（　　）为加减双向计数器指令。

A. CU　　B. CD　　C. CTUD　　D. C

4. 计数器C0和定时器T37串联，延时范围最大为（　　）s。

A. 32 767　　B. 2×32 767　　C. 32 767×32 767　　D. 32 767×3276.7

5. 正跳变指令为（　　）。

A. S　　B. R　　C. EU　　D. ED

二、判断题

1. 计数器C0可以对高频脉冲计数。（　　）

2. 加计数器C0的CU输入端断开时其当前值清零。（　　）

3. 三线式接近开关棕色线接PLC输入端子。（　　）

4. 加计数器的当前值与CU输入端信号接通的时间长短有关。（　　）

5. 加计数器复位端接通时，当前值清零。（　　）

三、设计题

1. 按下按钮SB1三次后指示灯HL1点亮，按下按钮SB2后指示灯熄灭，分配I/O并设计梯形图程序。

2. 第一次按下按钮SB1，指示灯HL1点亮；第二次按下SB1，指示灯HL2点亮；第三次按下SB1，指示灯HL3点亮；按下按钮SB2，指示灯全部熄灭。分配I/O并设计梯形图程序。

3. 用定时器T0和计数器C0设计一个延时时间为24h的梯形图。

4. 按下启动按钮SB1，三相异步电动机M1正向运转5s，停止3s，再反向运转5s，停止3s，然后再正向运转，如此循环3次后停止运转。按下停止按钮SB2后，电动机立即停止。

5. 自动装药机控制，控制要求如下，分配I/O并设计梯形图程序。

(1) 按下按钮SB1、SB2或者SB3，可选择每瓶装入3、5片或者7片，通过指示灯HL1、HL2或者HL3表示当前每瓶的装药量。当选定要装入瓶中的药片数量后，按下启动按钮SB4，电动机M1驱动皮带机运转，通过药品检测限位SQ1，检测皮带机上的药瓶到达装瓶的位置，则皮带机停止运转。

(2) 当电磁阀YV1打开装有药片装置后，通过光电传感器SQ2，对进入到药瓶的药片进行记数，当药瓶的药片达到预先选定的数量后，电磁阀YV1关闭，皮带机重新自动启动，使药片装瓶过程自动连续地运行。

(3) 如果当前的装药过程正在运行时，需要改变药片装入数量（例如由7片改为5片），则只有在当前药瓶装满后，从下一个药瓶开始装入改变后的数量。

(4) 如果在装药的过程中按下停止按钮SB5，则在当前药瓶装满后，系统停止运行。

任务5 电动机运行的触摸屏控制

2.5.1 任务概述

按下启动按钮SB1或触摸屏上的虚拟启动按钮，三相异步电动机M1延时3s启动；按下停止按钮SB2或触摸屏上的虚拟停止按钮，M1停止运行。电动机的延时启动时间可以在触摸屏上修改。

2.5.2 任务资讯

1. 触摸屏和HMI组态软件简介

(1) 触摸屏简介。触摸屏又称为“触控屏”“触控面板”，是一种可接收触头等输入信号的感应式液晶显示装置，当接触了屏幕上的图形按钮时，屏幕上的触觉反馈系统可根据预先编程的程式驱动各种连接装置，可用以取代机械式的按钮面板，并借由液晶显示画面制造出生动的影音效果。西门子新型SMART系列的触摸屏功能完善，价格合理，通过RS-485/422接口或以太网接口将PC与SMART Panel连接。图2-58所示为SMART 700IE系列触摸屏。

(2) 西门子WinCC Flexible组态软件简介。WinCC Flexible，德国西门子公司工业全集成自动化（TIA）的子产品，是一款面向机器的自动化概念的HMI软件。WinCC Flexible用于组态用户界面以操作和监视机器与设备，提供了对面向解决方案概念的组态任务的支持。WinCC Flexible与WinCC十分类似，都是组态软件，而前者基于触摸屏，后者基于工控机。SIMATIC HMI提供了一个全集成的单源系统，用于各种形式的操作员监控任务。使用SIMATIC HMI，可以始终控制过程并使机器和设备持续运行。图2-59所示为WinCC Flexible2008的界面。

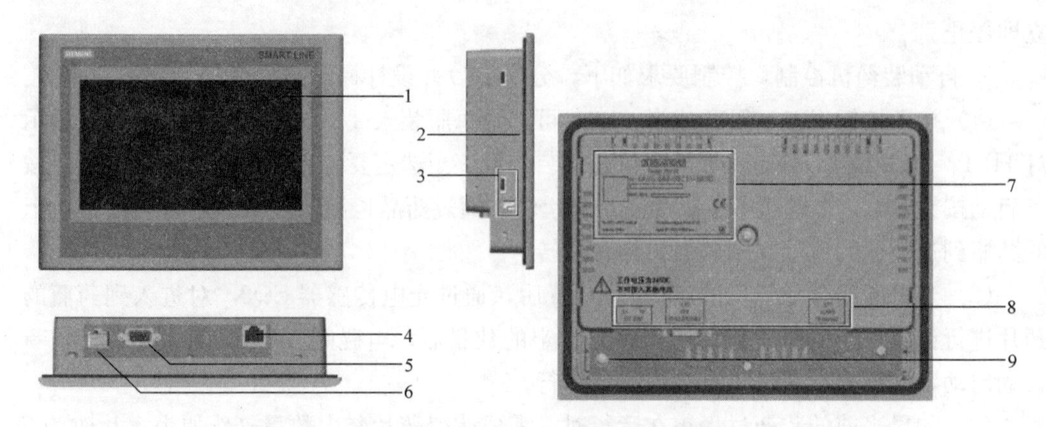

图 2-58　SMART 700IE 系列触摸屏

1—显示器/触摸屏；2—安装密封垫；3—安装卡钉的凹槽；4—以太网接口；

5—RS-485/422 接口；6—电源连接器；7—铭牌；8—接口名称；9—功能接地连接

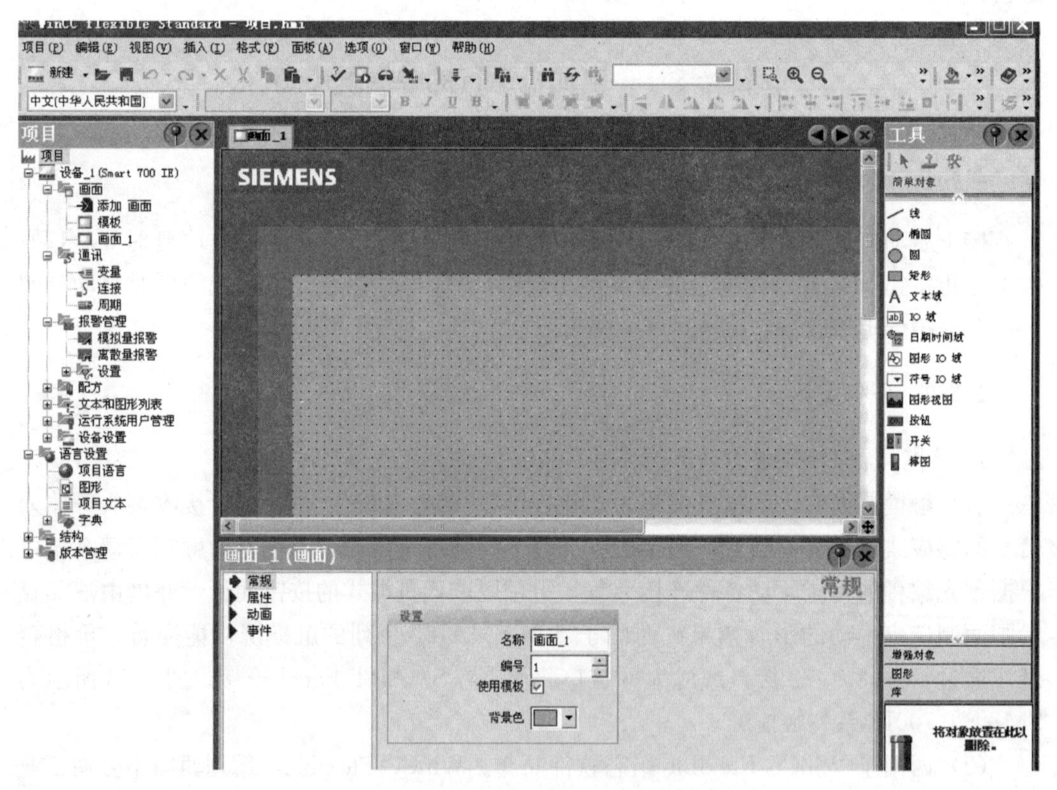

图 2-59　WinCC Flexible2008 界面

2. 变量存储器 V

变量存储器 V 用于存放全局变量、存放程序执行过程中控制逻辑操作的中间结果或其他相关的数据。全局有效，指同一个存储器可以被任何程序访问（主程序、子程序或中断程序）。变量存储器 V 的功能有些类似于位存储器 M，位存储器 M 通常是按位来用，而变量存储器则通常是按字节、字或双字来用，如图 2-60 所示。例如，VW0 是由字节 VB0 和 VB1 组成的一个字，其中 VB0 占据高字节，VB1 占据低字节。VD0 是由字 VW0 和 VW2 组成的一个双字，其中 VW0 占据高 16 位，VW2 占据低 16 位。

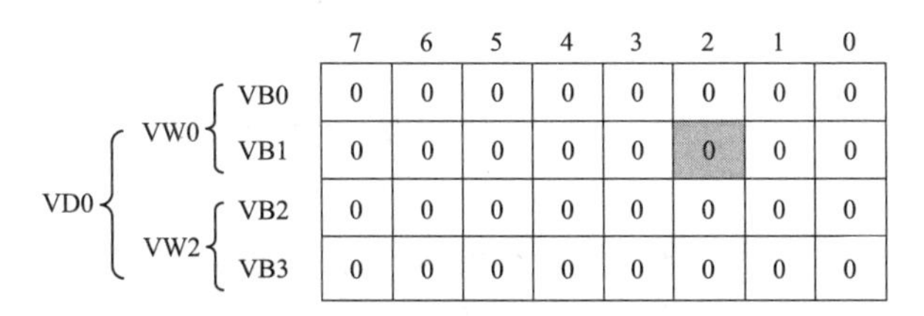

图 2-60 变量存储区

3. S7-200 SMART PLC 的数据类型

数据类型定义了数据的长度（位数）和数据范围。任何类型的数据都是以一定格式采用二进制的形式保存在存储器内。S7-200 SMART PLC 的基本数据类型及范围见表 2-13。

表 2-13 S7-200 SMART PLC 的数据类型及范围

基本数据类型	二进制位数	数值范围	变量举例
布尔型 BOOL	1	0 或 1	V0.0
字节型 Byte	8	0～255	VB0
字型 Word	16	0～65 535	VW0
双字型 Dword	32	0～（$2^{32}-1$）	VD0
整型 Int	16	−32 768～+32 767	VW2
双整型 Dint	32	-2^{31}～（$2^{31}-1$）	VD4
实数型 Real	32	IEEE 浮点数	VD8

4. STEP 7-MicroWIN SMART 编程软件中的数据块

通过 STEP 7-MicroWIN SMART 编程软件中的"数据块"可以向变量存储器 V 的特定位置（VB、VW、VD）分配常数（数字值或字符串），在下载程序时可以选择是否将"数据块"写入到 PLC 中。"数据块"窗口可以通过快速导航栏或"视图"菜单的"组件"中调出，如图 2-61 所示。

数据块

```
VB0    20              //将常数20赋值给字节VB0
VB1    20, 21, 22      //将常数20赋值给字节VB1
                       //将常数21赋值给字节VB2
                       //将常数22赋值给字节VB3
VW4    20000           //将常数20000给字VW4
VD8    3.5             //将常数3.5双字VD8
```

图 2-61 数据块

2.5.3 任务实施

1. I/O 分配和触摸屏变量定义

表 2-14 为电动机运行触摸屏控制的 I/O 分配表。

表 2-14　　电动机运行触摸屏控制 I/O 分配表

输入设备	文字符号	输入地址	输出设备	文字符号	输出地址
启动按钮	SB1	I0.0	电动机接触器	KM1	Q0.0
停止按钮	SB2	I0.1			

2. 硬件接线

图 2-62 所示为电动机运行触摸屏控制的电气原理图，与电动机长动电路基本相同，区别在于 S7-200 SMART PLC 通过以太网接口连接西门子触摸屏 SMART LINE 700IE，该触摸屏采用直流 24V 的工作电源。

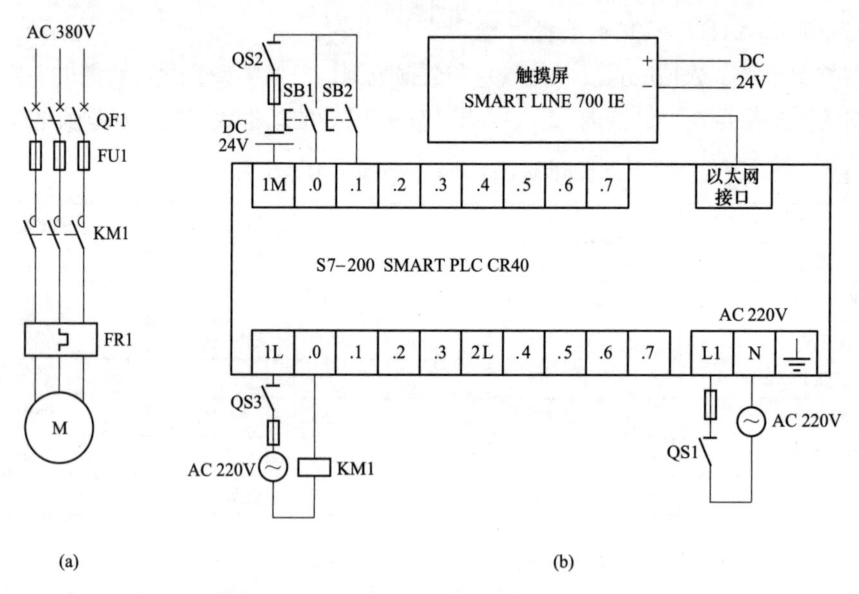

图 2-62　电动机运行触摸屏控制电气原理图

(a) 主电路；(b) PLC 控制电路

3. 触摸屏画面设计

(1) 新建触摸屏项目。打开 WinCC Flexible 2008，选择创建一个空项目，如图 2-63 所示。

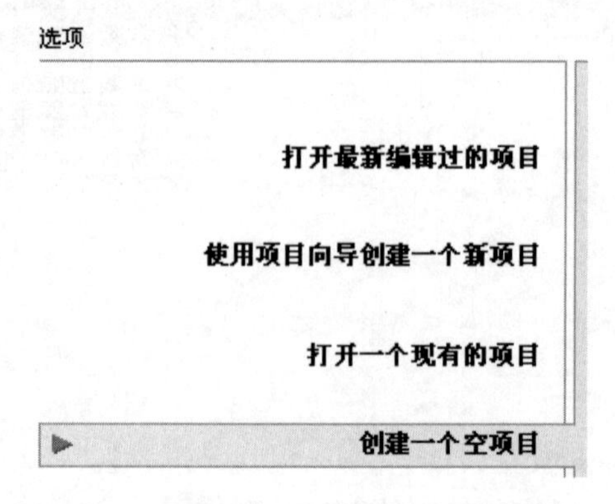

图 2-63　创建 WinCC Flexible 2008 新项目

（2）选择触摸屏型号。在设备选择对话框中选择触摸屏的型号，如图 2-64 所示。

（3）建立通信连接。在左侧项目树种双击“通信-连接”，在“连接”窗口中设置通信参数，通信驱动程序选择“SIMATIC S7 200 SMART”，通信接口选择以太网，然后正确设置 PLC 和触摸屏的 IP 地址，如图 2-65 所示。

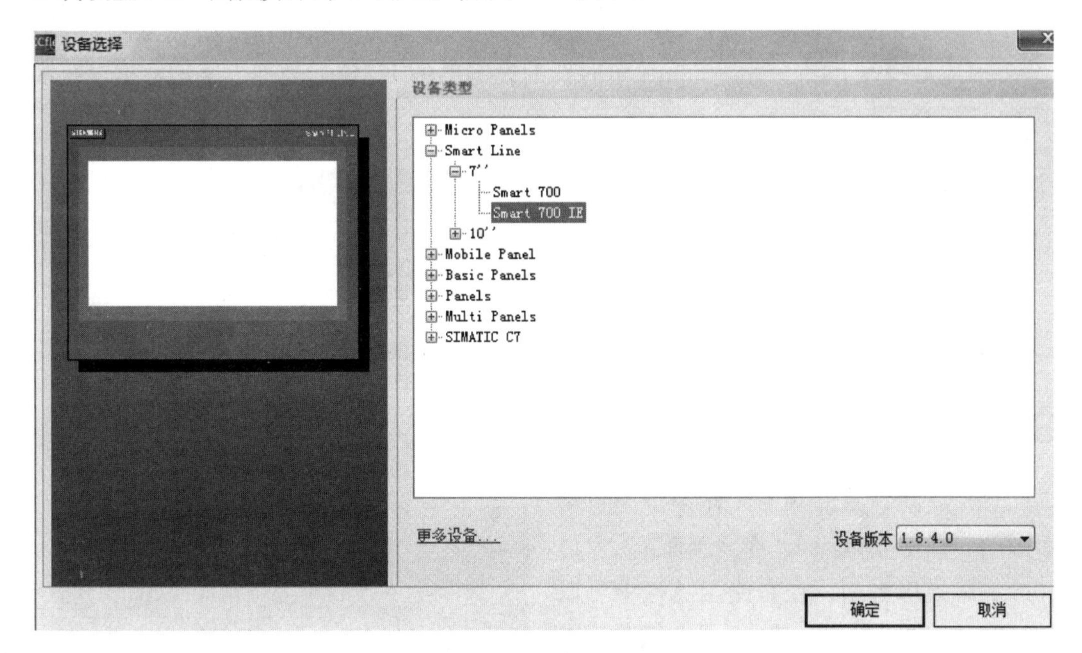

图 2-64　选择触摸屏型号

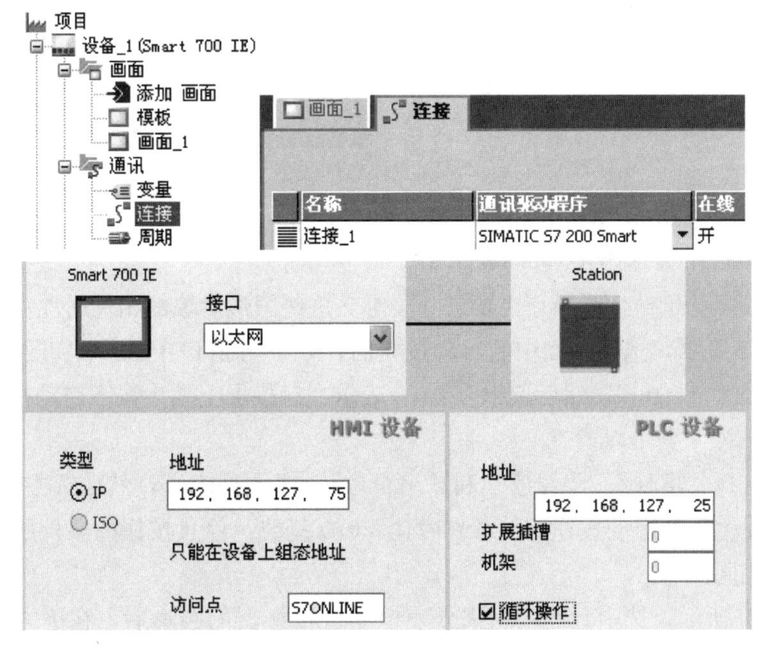

图 2-65　设置通信参数

（4）定义触摸屏变量。如图 2-66 所示，在左侧项目树种双击“通信-变量”，在“变量”窗口中定义触摸屏变量。触摸屏的变量分为内部变量和外部变量两类，前者与触摸屏外部设备无关，后者可以使触摸屏和 PLC 等外部设备进行数据交换。

本任务中需要建立 4 个外部变量，V0.0 和 V0.1 对应触摸屏虚拟的启动和停止按钮，类型为 Bool 型即开关量；Q0.0 对应触摸屏上虚拟的电动机，类型也为 Bool 型；VW2 对应触摸屏上用于设置 100ms 定时器的设定值的 IO 域，类型为字型数据（范围为 0～65 535）。

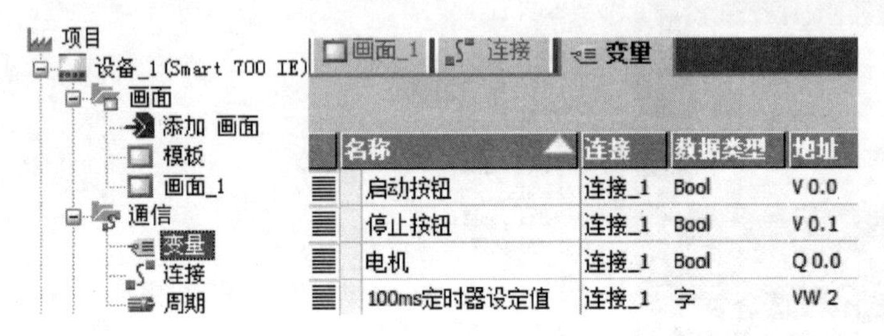

图 2-66　定义触摸屏变量

（5）绘制触摸屏画面。在左侧项目树种双击“画面-画面 1”，在“画面 1”窗口中绘制触摸屏画面，在右侧工具栏中可以选择直线、圆、按钮、开关、IO 域等基本的图形工具。如图 2-67 所示，在“画面 1”窗口中分别绘制两个按钮（代表启动和停止按钮）、一个圆（代表电动机接触器）和一个 IO 域（代表 100ms 定时器设定值），在圆和 IO 域左侧添加文本域进行文字说明。

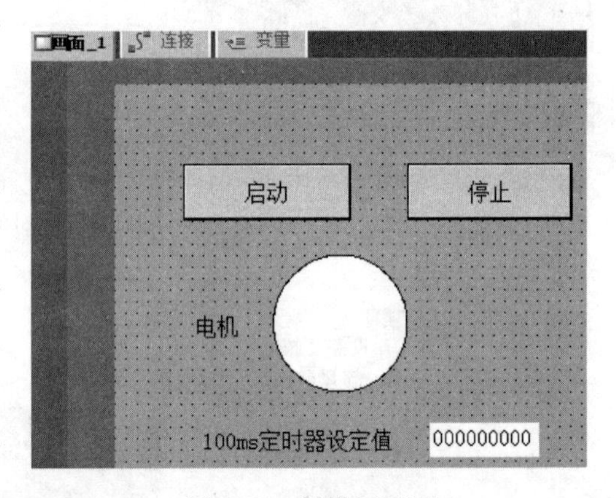

图 2-67　触摸屏画面

（6）定义图形对象的属性。图形对象绘制完后，要想让这些图形对象能够与之前定义的触摸屏变量产生联系还需要进一步定义这些图形对象的相关属性。

如图 2-68 所示，选中画面中的启动按钮后，在下方窗口中选择“事件”-“按下”和“编辑位”-“SetBit”，然后选中 V0.0，表示在触摸屏上发生按下启动按钮这一事件时让 V0.0 置位。

同理，选择“事件”-“释放”和“编辑位”-“ResetBit”，然后选中 V0.0，表示在触摸屏上发生松开启动按钮这一事件时让 V0.0 复位。停止按钮的事件属性定义方法与启动按钮相同。

如图 2-69 所示，选中画面中用来代表电动机接触器的圆形后，在下方窗口中选择“动画-外观”，然后选中变量 Q0.0，类型为位，在右侧的值设定该位为 0 时和 1 时的前景色及背景色，例如，Q0.0 为 1（即 PLC 程序中 Q0.0 得电时）前景色和背景色均为

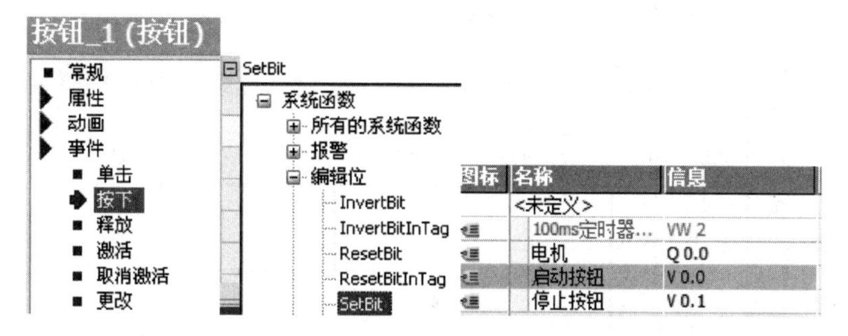

图 2-68　定义按钮图形的“按下”事件属性

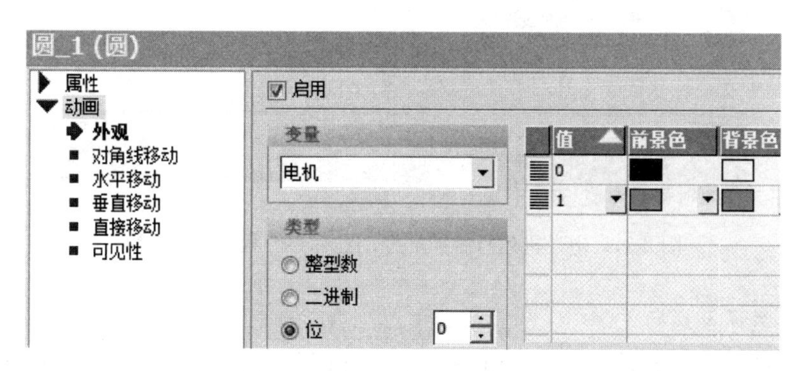

图 2-69　定义圆图形的动画属性

绿色。

如图 2-70 所示，选中画面中用来代表 100ms 定时器设定值的 IO 域后，在下方窗口中选择“常规”，然后模式选择为“输入/输出”，表示该 IO 域即可显示数值也可设定数值；过程变量选择 VW2，格式为十进制。

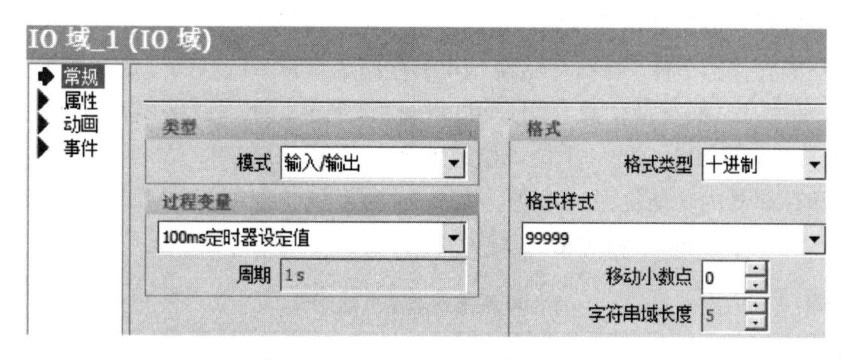

图 2-70　定义 IO 域的常规属性

4. 程序设计

电动机运行触摸屏控制的梯形图程序和数据块如图 2-71 所示。通过数据块将 VW2 的初始值设为 30，按下实际的启动按钮 SB1 或者触摸屏上的虚拟启动按钮时，M0.0 得电自锁，延时 3s 后电动机运行。按下实际的停止按钮 SB2 或者触摸屏上的虚拟停止按钮时，M0.0 失电，电动机停止运行。在触摸屏上点击代表 100ms 定时器 T37 设定值的

IO域，可以更改定时器的设定值，从而改变电动机启动的延时时间。

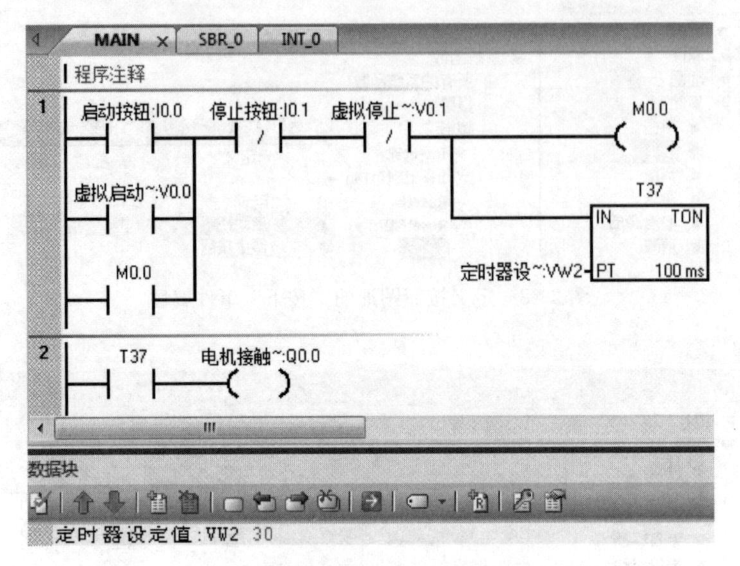

图 2-71　电动机运行触摸屏控制的梯形图程序和数据块

5. 项目编译及运行

将PLC程序和数据块下载到PLC中，将WinCC Flexible项目文件编译并下载到触摸屏中，就可以通过触摸屏控制电动机的运行。

2.5.4　任务思考

1. 如何在触摸屏上实现电动机运行时闪烁的效果

在本任务的控制要求中，如果希望电动机在运行时让触摸屏上代表电动机的圆形以1Hz的频率闪烁，应当如何实现？

（1）特殊存储器SM。特殊存储器SM中存储了大量系统状态变量和有关控制信息，用于CPU和用户之间交换信息。用户可以按位、字节、字、双字四种方式来存取，例如，SM0.1是字节SMB0的一个位，位地址为1。

各特殊存储器的功能见系统手册，表2-15为系统状态字节SMB0的状态位功能说明，其中SM0.0、SM0.1和SM0.5较为常用。

表 2-15　　SMB0系统状态字节功能表

SM地址	说　明
SM0.0	PLC运行时该位始终接通
SM0.1	该位在PLC由停止模式切换到运行模式的第一个扫描周期接通，然后断开
SM0.2	在以下操作后，该位会接通一个扫描周期：①重置为出厂通信命令；②重置为出厂存储卡评估；③评估程序传送卡（在此评估过程中，会从程序传送卡中加载新系统块）；④NAND闪存上保留的记录出现问题。该位可用作错误存储器位或用作调用特殊启动顺序的机制

续表

SM 地址	说　明
SM0.3	从上电或暖启动条件进入 RUN 模式时，该位接通一个扫描周期。该位可用于在开始操作之前给机器提供预热时间
SM0.4	该位提供时钟脉冲，该脉冲的周期时间为 1min，OFF（断开）30s，ON（接通）30s。该位可简单轻松地实现延时或 1min 时钟脉冲
SM0.5	该位提供时钟脉冲，该脉冲的周期时间为 1s，OFF（断开）0.5s，然后 ON（接通）0.5s。该位可简单轻松地实现延时或 1s 时钟脉冲
SM0.6	该位是扫描周期时钟，接通一个扫描周期，然后断开一个扫描周期，在后续扫描中交替接通和断开，该位可用作扫描计数器输入
SM0.7	如果实时时钟设备的时间被重置或在上电时丢失（导致系统时间丢失），则该位将接通一个扫描周期。该位可用作错误存储器位或用来调用特殊启动顺序

（2）程序设计。将图 2-66 中将代表电动机的触摸屏变量 Q0.0 换成 V0.2，然后将梯形图程序修改为图 2-72 的形式。

第 3 段程序中的 SM0.5 为特殊位存储器，其功能是在 PLC 运行时以 1Hz 的频率反复通断，通断的时间各为 0.5s。因此当电动机运行时，Q0.0 动合触点闭合，电动机闪烁信号 V0.2 的线圈会以 1Hz 的频率反复通断，触摸屏上代表电动机的圆形以 1Hz 的频率闪烁。

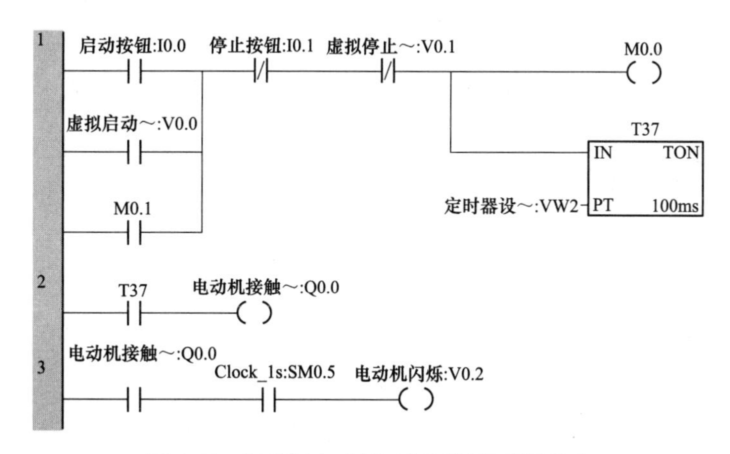

图 2-72　触摸屏电动机运行闪烁梯形图程序

2. 如何统计电动机运行的时间

（1）时间间隔定时器指令。时间间隔定时器指令包括开始间隔时间指令 BITIM 和计算间隔时间指令 CITIM 指令，开始间隔时间指令读取内置 1ms 计数器的当前值，并将该值存储在 OUT（双字）中，计算间隔时间指令计算当前时间与 IN 中提供的时间的时间差，然后将差值存储在 OUT（双字）中。

如图 2-73 所示，Q0.0 由断到通时，将当前时间值保存到 VD0 中，然后 Q0.0 接通的时长（ms）保存到 VD4 中。

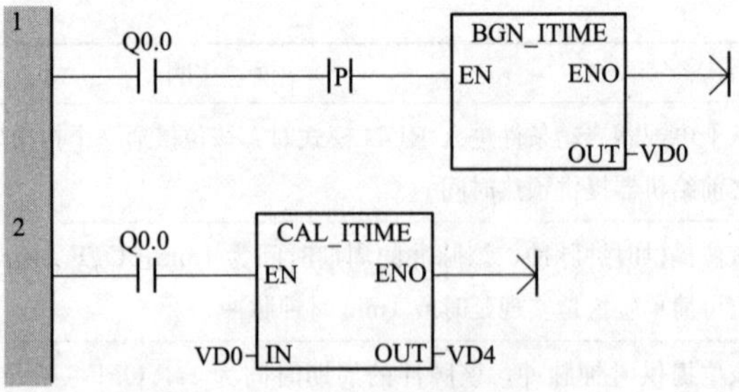

图 2-73　时间间隔定时器指令示例

（2）程序设计。在图 2-66 中增加 1 个触摸屏变量 VD8，数据类型为双字（Dword）。在触摸屏画面中增加 1 个 IO 域，文字说明为“电动机运行时间（ms）”，将该 IO 域对应的过程变量定义为 VD8，然后将梯形图程序修改如图 2-74 所示。

梯形图程序中，Q0.0 由断到通时，时间当前值保存到 VD4 中，然后再将电动机运行时长（ms）保存到 VD8 中。

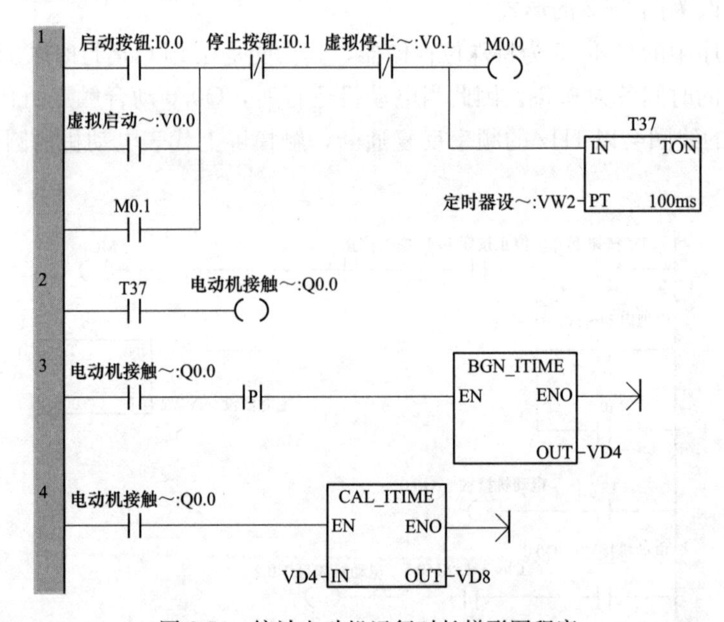

图 2-74　统计电动机运行时长梯形图程序

2.5.5　知识拓展

1. WinCC 与 WinCC Flexible 的区别

（1）WinCC Flexible 是西门子人机界面的组态软件，主要用于西门子触摸屏的组态；WinCC 主要用来组态上位计算机上的 SCADA（数据采集与监控）系统监控。

（2）WinCC 的开放性和可扩展性要比 WinCC Flexible 更强一些，可方便地与标准程序和用户程序组合在一起使用，能为各种工业领域提供完备的操作和监视功能，涵盖从简单的单用户系统，直到采用冗余服务器和远程 Web 客户端解决方案的分布式多用户系统。

（3）WinCC Flexible 是 protool 的后续产品，能够很方便地集成到 STEP7 项目中。

2. Smart 700 IE V3 触摸屏 IP 地址修改方法

接通 HMI 设备电源后，可以使用“Control Panel”按钮打开控制面板对设备进行参数配置，点击其中的“Ethernet”按钮可以设置以太网相关参数。

（1）按下“Ethernet”，打开“Ethernet Settings”对话框。

（2）选择通过“DHCP”自动分配地址或执行用户特定的地址分配。

（3）如果分配用户特定的地址，请使用屏幕键盘在“IP address”“Subnet mask”文本框中输入有效数值，如果适用，在“Default gateway”文本框中同样输入有效值。

习题

一、选择题

1. VW0 的高字节为（　　）。

A. VB0　　B. VB1　　C. V0. 0　　D. VD0

2. V0. 0 的数据类型属于（　　）。

A. BOOLV　　B. INT　　C. BYTE　　D. WORD

3. 下面（　　）不能通过编程软件中的“数据块”赋值。

A. V0. 0　　B. VB0　　C. VW0　　D. VD0

4. 通过（　　）图形对象可以在触摸屏上更改数值。

A. 按钮　　B. 文本域　　C. IO 域　　D. 圆

5. 西门子 Smart Line 700IE 触摸屏使用（　　）电源。

A. DC 24V　　B. AC 24V　　C. AC 220V　　D. AC 380V

6. （　　）在 PLC 由停止切换到运行模式的第一个扫描周期接通。

A. SM0. 0　　B. SM0. 1　　C. SM0. 2　　D. SM0. 5

二、判断题

1. 触摸屏可以实现生产设备或过程的远程监控。（　　）

2. 变量存储器 V 在大多数情况下可以和位存储器 M 通用。（　　）

3. 可以通过以太网接口将 S7-200 SMART PLC 与 SMART Line 700IE 触摸屏连接。（　　）

4. 通过 STEP 7-MicroWIN SMART 编程软件中的“数据块”可以向变量存储器 V 的特定位置分配常数。（　　）

5. 触摸屏的内部变量与外部设备无关。（　　）

三、问答题

1. 触摸屏的功能是什么？

2. WinCC Flexible2008 如何使用？

3. SMART 700IE 系列触摸屏如何连接电源？

四、设计题

1. 按下启动按钮后皮带 1 先启动，延时 2s 后皮带 2 启动，再延时 2s 皮带 3 启动；按下停止按钮后皮带 3 先停止，延时 3s 后皮带 2 停止，再延时 3s 皮带 1 停止。请完成 I/O 分配。绘制电气原理图、设计触摸屏组态画面并设计梯形图程序。

2. 运料小车在初始位置停在左边，左限位开关 SQ1 为 ON。按下启动按钮 SB1 后，小车开始前进，碰到右限位开关 SQ2 后停止，装料电磁阀 YV1 得电，装料斗开始装料，7s 后装料关闭小车自动后退，碰到左限位开关 SQ1 时停止，小车底门卸料电磁阀 YV2 得电，小车开始卸料，5s 后卸料结束小车自动右行进入下一个工作周期，按下停止按钮 SB2 则所有动作立即停止。请完成 I/O 分配、绘制电气原理图、设计触摸屏组态画面并设计梯形图程序。

S7-200 SMART PLC 功能指令应用

任务 1　抢答器的 PLC 控制

3.1.1　任务概述

用 PLC 实现一个 3 组优先抢答器的控制，要求在主持人按下开始按钮 SB1 后，开始抢答指示灯 HL1 点亮，3 组抢答按钮按下任意一个按钮后，主持人前面的数码管能实时显示该组的编号，同时锁住抢答器，使其他组按下抢答按钮无效。若主持人按下停止按钮，则指示灯 HL1 熄灭，选手不能进行抢答，且数码管显示 0。用 S7-200 SMART PLC 实现控制要求。

3.1.2　任务资讯

S7-200 SMART PLC 除了基本的位逻辑指令、定时器指令和计数器指令外，还有数量众多的功能指令，用于实现数据传送、比较、转换、移位、运算、子程序调用和中断等功能，利用好功能指令可以将部分复杂的程序变得简单。

1. 单一数据传送指令

数据传送指令用来完成各存储单元之间一个或多个数据的传送，传送的过程中数值保持不变。根据每次传送数据的多少，可分为单一数据传送指令和数据块传送指令，每种又根据传送数据的类型分为字节、字、双字或者实数等几种情况。

数据传送指令适用于存储单元的清零、程序初始化等场合。

单一数据传送指令的梯形图和语句表格式见表 3-1。

传送指令的功能是：使能端 EN（为 1）有效时，将一个输入 IN 的字节、字、双字或实数送到 OUT 指定的存储单元中，传送后存储器 IN 中的内容不变。

字节传送应用举例如图 3-1 所示，当 I0.0 接通时，执行字节传送指令，将常数 3 传

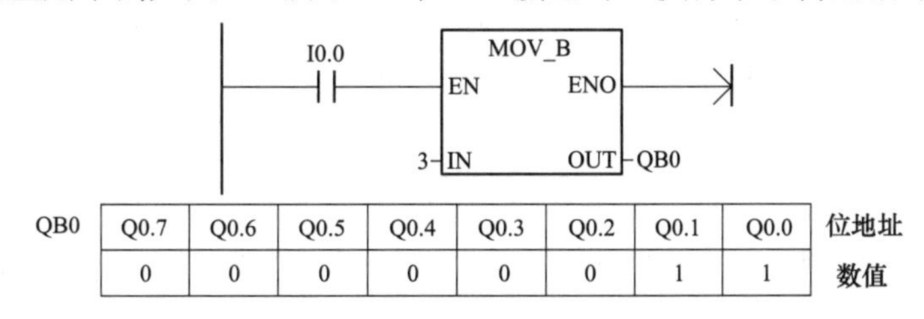

图 3-1　字节传送指令的应用

送到字节 QB0 中，使得 QB0 中的位 Q0.0 和 Q0.1 被置 1（即得电），其他位置 0。

表 3-1　　　　单一数据传送指令的格式及功能

LAD	STL	操作数及数据类型	功能
MOV_B EN　ENO IN　OUT	MOVB IN，OUT	操作数： IN：VB，IB，QB，MB，SB，SMB，LB，AC，常量； OUT：VB，IB，QB，MB，SB，SMB，LB，AC； 类型：字节	使能输入有效时，即 EN=1 时，将一个输入 IN 的字节、字/整数、双字/双整数或实数送到 OUT 指定的存储器输出。在传送过程中不改变数据的大小。传送后，输入存储器 IN 中的内容不变
MOV_W EN　ENO IN　OUT	MOVW IN，OUT	操作数： IN：VW，IW，QW，MW，SW，SMW，LW，T，C，AIW，常量，AC OUT：VW，T，C，IW，QW，SW，MW，SMW，LW，AC，AQW； 类型：字、整数	
MOV_DW EN　ENO IN　OUT	MOVD IN，OUT	操作数： IN：VD，ID，QD，MD，SD，SMD，LD，HC，AC，常量； OUT：VD，ID，QD，MD，SD，SMD，LD，AC； 类型：双字、双整数	
MOV_R EN　ENO IN　OUT	MOVR IN，OUT	操作数： IN：VD，ID，QD，MD，SD，SMD，LD，AC，常量； OUT：VD，ID，QD，MD，SD，SMD，LD，AC； 类型：实数	

字传送给应用举例如图 3-2 所示，当 I0.0 接通时，执行字传送指令，将常数 3 传送到字 QW0 中，实际上保存到 QW0 的低字节 QB1 中，将 Q1.0 和 Q1.1 置 1，其他位置 0。

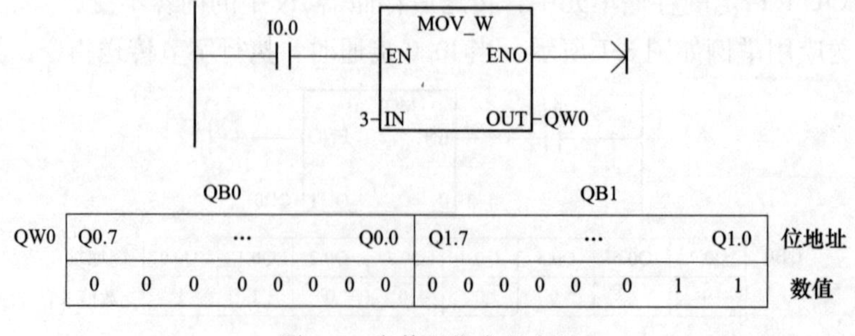

图 3-2　字传送指令的应用

2. 段码指令 SEG

七段数码显示器的 a、b、c、d、e、f、g 段分别对应于字节的第 0～第 6 位，字节的某位为 1 时，其对应的段亮；输出字节的某位为 0 时，其对应的段暗。将字节的第 7 位补 0，则构成与七段显示器相对应的 8 位编码，称为七段显示码。数字 0～9、字母 A～F 与七段显示码的对应如图 3-3 所示。

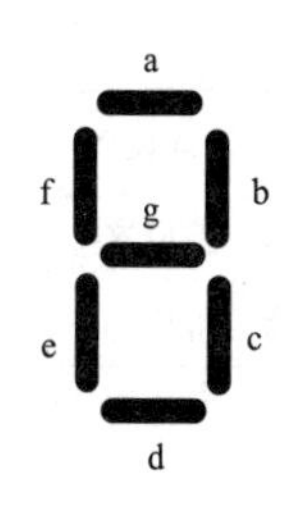

图 3-3　七段数码管

SEG (Segment)，七段码指令。使能输入有效时，将字节型输入数据 IN 的低 4 位有效十六进制数字（16#0～F）转换成点亮七段数码管各段的代码，并将其输出到 OUT 所指定的字节单元。

段码指令的梯形图和语句表格式见表 3-2。

表 3-2　段码指令的格式及功能

LAD	STL	功能及操作数
SEG EN　ENO IN　OUT	SEG IN，OUT	功能：将输入字节（IN）的低四位确定的十六进制数（16#0～F），产生相应的七段显示码，送入输出字节 OUT； IN：VB，IB，QB，MB，SB，SMB，LB，AC，常量； OUT：VB，IB，QB，MB，SMB，LB，AC； IN/OUT 的数据类型：字节

段码指令举例如图 3-4 所示，当 I0.0 由断到通时，Q0.0、Q0.2～Q0.6 接通，将常数 6 在 Q0.0～Q0.6 控制的七段数码管上显示出来。

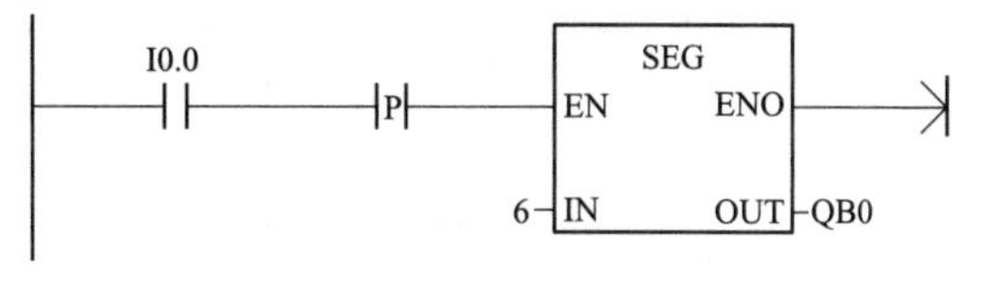

图 3-4　SEG 段码指令举例

3.1.3　任务实施

本任务中，输入设备主要有启动按钮 SB1、停止按钮 SB2、第一组抢答按钮 SB3、第二组抢答按钮 SB4、第三组抢答按钮 SB5，输出设备主要是七段数码管和抢答指示灯 HL1，它们的输入输出点分配见表 3-3。

1. I/O 分配

表 3-3　抢答器控制 I/O 分配表

输入设备	文字符号	输入地址	输出设备	文字符号	输出地址
启动按钮	SB1	I0.0	数码管 a 段	LED	Q0.0
停止按钮	SB2	I0.1	数码管 b 段		Q0.1

续表

输入设备	文字符号	输入地址	输出设备	文字符号	输出地址
第一组抢答按钮	SB3	I0.2	数码管 c 段	LED	Q0.2
第二组抢答按钮	SB4	I0.3	数码管 d 段		Q0.3
第三组抢答按钮	SB5	I0.4	数码管 e 段		Q0.4
			数码管 f 段		Q0.5
			数码管 g 段		Q0.6
			抢答指示灯	HL1	Q1.0

2. 硬件接线

图 3-5 所示为抢答器的电气原理图，其中输入回路采用外接 24V 直流电源，输出回路数码管电源为直流 24V，指示灯电源为交流 24V，另外需要注意要将 1L 和 2L 短接。

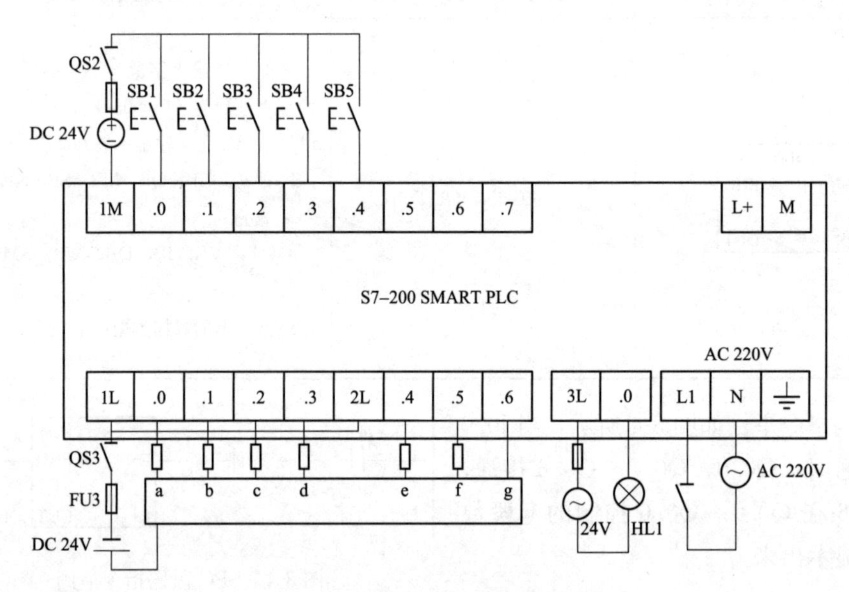

图 3-5　抢答器控制硬件原理图

3. 程序设计

图 3-6 所示为梯形图程序，程序原理如下：

（1）第 1 段程序：主持人按下启动按钮后抢答指示灯点亮，选手开始抢答，主持人按下停止按钮后抢答指示灯熄灭，停止抢答。

（2）第 2～4 段程序：抢答指示灯点亮后，三组选手中最早按下抢答按钮的视为抢答成功，用 M0.1～M0.3 分别代表 1～3 组选手抢答成功，通过互锁使得后抢答的小组抢答无效。

（3）第 5～8 段程序：三组选手中某一组选手抢答成功后，将该组对应的数字传送至字节 MB2，按下停止按钮后将 0 传送至字节 MB2。

（4）第9段程序：采用SEG七段数码显示指令显示抢答成功的组的编号。

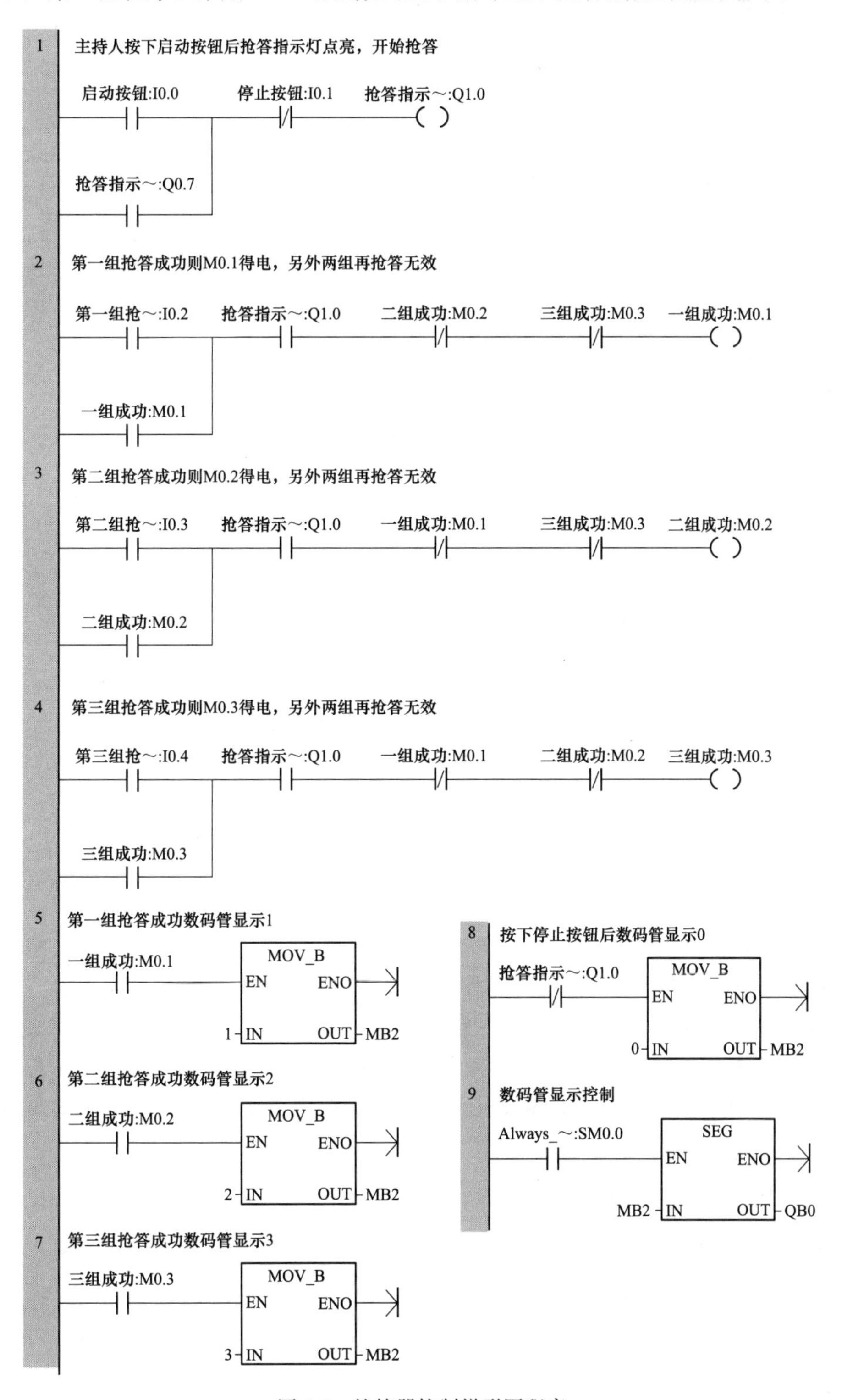

图3-6　抢答器控制梯形图程序

3.1.4 任务思考

1. 如何实现选手犯规控制

假设在本任务的基础上增加选手犯规的控制要求，即每组选手前有一个犯规指示灯，如果在主持人按下开始按钮之前按下抢答按钮则该组选手的犯规指示灯点亮，主持人按停止按钮才能熄灭。

假设用 Q1.1、Q1.2、Q1.3 三个输出点分别控制三组选手的犯规指示灯，则相应的犯规控制程序如图 3-7 所示，M0.0 动断触点闭合时说明主持人尚未按下启动按钮允许抢答，此时如果选手按下抢答按钮则该选手的犯规指示灯点亮。主持人按下停止按钮可以复位犯规指示灯。

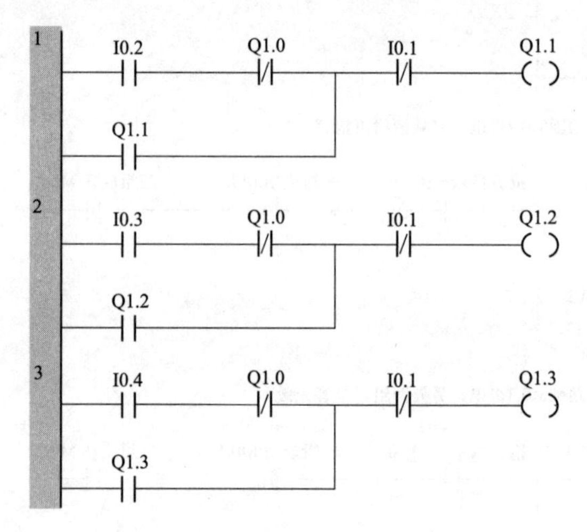

图 3-7　抢答器犯规控制梯形图程序

2. 如何实现无人抢答延时重新开始的控制

假设在本任务的基础上增加无人抢答延时重新开始的控制要求，即主持人按下开始按钮后的 3s 内若无人抢答则该轮抢答作废，选手即使再按下抢答按钮也无效，必须等主持人再次按下开始按钮才能开始下一轮抢答。

将图 3-6 的程序修改为图 3-8，主持人按下启动按钮后，M0.0 得电自锁，若 3s 内 3 组选手均无人抢答，则 T37 的动断触点切断 M0.0 线圈，Q1.0 同时失电，必须等主持

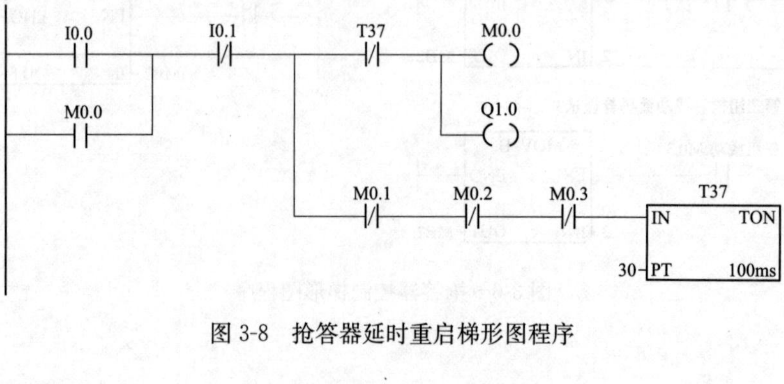

图 3-8　抢答器延时重启梯形图程序

人再次按下开始按钮才能开始下一轮抢答。

3.1.5 知识拓展

1. S7-200 SMART PLC 寻址方式

S7-200 SMART PLC 每条指令由两部分组成：一部分是操作码，另一部分是操作数。操作码指出指令的功能，操作数指明操作的对象。在执行程序的过程中，处理器根据指令中所给的地址信息来寻找操作数的存放地址的方式叫寻址方式。S7-200 SMART PLC 中，CPU 存储器的寻址方式分为立即寻址、直接寻址和间接寻址。

(1) 立即寻址。在一条指令中，指令直接给出操作数，在取出指令的同时也就取出了操作数，所以称为立即寻址，立即寻址方式可用来提供常数、设置初始值等。

如：MOVD 256，VD100。

指令的功能：将十进制常数 256 传送到 VD100 单元，这里 256 就是源操作数，直接跟在操作码后，不用再去寻找源操作数了，所以这个操作数称为立即数，这种寻址方式就是立即寻址方式。

(2) 直接寻址。指令直接使用存储器或寄存器的元件名称和地址编号，直接到指定的区域读取或写入数据。直接寻址有位、字节、字和双字等寻址格式。

位寻址的格式为：区域标识符、字节号、位号，如 I0.0，Q0.0，I1.2。字节、字、双字的寻址格式为：区域标识符、数据长度、起始字节地址，字节、字和双字的直接寻址格式如图 3-9 所示。

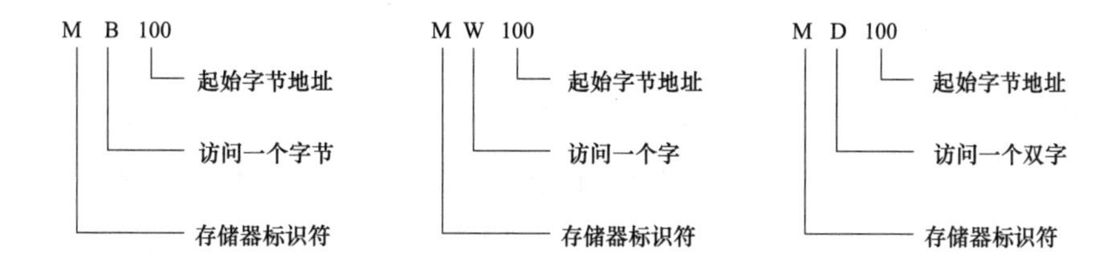

图 3-9 字节、字和双字的直接寻址

如：MOVB VB40 VB30。

该指令的功能是将 VB40 中的数据传给 VB30，指令中源操作数的数值在指令中并未给出，只给出了存储源操作数的地址 VB40，执行该指令时要到该地址 VB40 中寻找操作数，这种以给出操作数地址的形式的寻址方式就是直接寻址。

需要说明的是，位寻址的存储区域有 I、Q、V、M V、L、SM、S；字节、字、双字寻址的存储区域有 I、Q、V、M 、V、L、SM、S、AI、AQ。

(3) 间接寻址。所谓间接寻址方式，就是在存储单元中放置一个地址指针，按照这一地址找到的存储单元中的数据才是所要取的操作数，即指令给出的是存放操作数地址的存储单元的地址，我们把存储单元地址的地址称为地址指针，地址指针前加“*”。

如：MOVW　2009　＊VD40。

该指令中，＊VD40就是地址指针，在地址VD40中存放的是一个地址值，而该地址才是操作数2009应存储的地址。如果VD40中存放的是VW0，则该指令的功能是将数值2009传送到VW0地址中。

S7-200 SMART PLC的间接寻址方式适用的存储器是I、Q、V、M、S、T（限于当前值）、C（限于当前值）。

为了对某一存储器的某一地址进行间接访问，首先要为该地址建立指针。指针长度为双字，存放另一个存储器的地址。间接寻址的指针只能使用V、L、AC1、AC2、AC3作为指针。为了生成指针，必须使用双字传送指令（MOVD），将存储器某个位置的地址移入存储器的另一个位置或累加器中作为指针。指令的输入操作数必须使用"&"符号表示是某一位置的地址，而不是它的数值。

如：MOVD　&VB0，AC2。

该指令的功能是将VB0这个地址送入AC2中（不是把VB0中存储的数据送入AC2中），该指令执行后，AC2即是间接寻址的指针。

利用指针存取数据时，指令中的操作数前需加"＊"，表示该操作数作为指针，如"MOVW　＊AC1，AC0"指令，表示把AC1中的内容送入AC0中。

在间接寻址方式中，指针指示了当前存取数据的地址。当一个数据已经存入或取出，如果不及时修改指针会出现以后的存取仍使用已经用过的地址，为了使存取地址不重复，必须修改指针。因为指针为32位的值，所以使用双字指令来修改指针值。

2. 其他传送类指令

（1）块传送指令。使能输入EN有效时，把从IN开始的N个字节（字、双字）传送到从OUT开始的N个字节（字、双字）存储单元，数据块传送指令的格式及功能见表3-4所示。

表3-4　　数据块传送指令的格式及功能

LAD	STL	操作数及数据类型	功能
BLKMOV_B EN　ENO IN　OUT N	BMB　IN，OUT	IN：VB，IB，QB，MB，SB，SMB，LB； OUT：VB，IB，QB，MB，SB，SMB，LB； 数据类型：字节； N：VB，IB，QB，MB，SB，SMB，LB，AC，常量；数据类型：字节；数据范围：1～255	使能输入有效时，即EN=1时，把从输入IN开始的N个字节（字、双字）传送到以输出OUT开始的N个字节（字、双字）中

续表

LAD	STL	操作数及数据类型	功能
BLKMOV_W EN ENO IN OUT N	BMW IN，OUT	IN：VW，IW，QW，MW，SW，SMW，LW，T，C，AIW； OUT：VW，IW，QW，MW，SW，SMW，LW，T，C，AQW； 数据类型：字； N：VB，IB，QB，MB，SB，SMB，LB，AC，常量；数据类型：字节；数据范围：1～255	使能输入有效时，即EN=1时，把从输入IN开始的N个字节（字、双字）传送到以输出OUT开始的N个字节（字、双字）中
BLKMOV_D EN ENO IN OUT N	BMD IN，OUT	IN/ OUT：VD，ID，QD，MD，SD，SMD，LD； 数据类型：双字； N：VB，IB，QB，MB，SB，SMB，LB，AC，常量；数据类型：字节；数据范围：1～255	

（2）交换字节指令。字节交换指令（SWAP）用来交换输入字IN的最高位字节和最低位字节，即当使能输入EN有效时，将输入字IN的高字节与低字节交换，结果仍放在IN中。字节交换指令的指令格式见表3-5。

表3-5　　字节交换指令的格式及功能

LAD	STL	功能及说明
SWAP EN ENO IN	SWAP IN	功能：使能输入EN有效时，将输入字IN的高字节与低字节交换，结果仍放在IN中； IN：VW，IW，QW，MW，SW，SMW，T，C，LW，AC； 数据类型：字

一、选择题

1. 图3-10梯形图中I0.0接通时，（　　）得电。

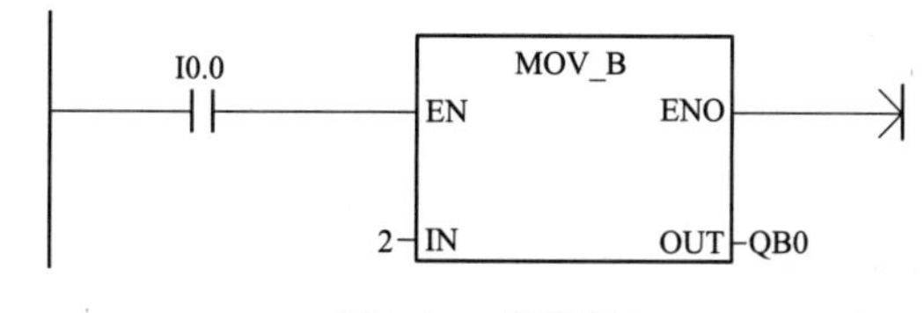

图3-10　梯形图

A. Q0.0　　B. Q0.1　　C. Q0.2　　D. Q0.3

2.（　）为字节传送指令。

A. MOV _ B　　B. MOV _ W　　C. MOV _ DW　　D. MOV _ R

3. 七段数码管显示数值“5”时，（　）两段不能接通。

A. a、b　　B. c、e　　C. b、e　　D. b、d

4.“MOVW　MW0，VW0”属于（　）寻址方式。

A. 立即　　B. 直接　　C. 间接　　D. 都不是

5. 若要将常数 20 保存到寄存器 MW0 中，而 MW0 保存在地址指针 VD0 中，则指令表达式应为（　）。

A. MOVW　20　&MW0　　B. MOVW　20　*MW0

C. MOVW　20　&VD0　　D. MOVW　20　*VD0

二、判断题

1. 可以使用 MOVB 指令将常数 20 传送至 VW2 中。（　）

2. 可以使用 MOVW 指令将常数 20 传送至 VB2 中。（　）

3. 可以使用 MOVDW 指令将常数 20 传送至 VD2 中。（　）

4. 所谓间接寻址方式，就是在存储单元中放置一个地址指针，按照这一地址找到的存储单元中的数据才是所要取的操作数。（　）

5. 字节交换指令（SWAP）用来交换输入字 IN 的最高位字节和最低位字节。（　）

三、问答题

1. 功能指令的使能输入 EN 有什么作用?

2. 指令“MOVD　&VB0，MD0”表达什么功能?

3. 直接寻址方式和间接寻址方式有什么区别?

四、设计题

1. 用传送指令实现电动机的正、反转控制。

2. 用传送指令实现电动机的星-三角减压启动控制。

任务 2　交通灯的 PLC 控制

3.2.1　任务概述

用 PLC 实现交通灯的控制，要求按下启动按钮后，东西方向绿灯亮 25s，闪烁 3s，黄灯亮 3s，红灯亮 31s；南北方向红灯亮 31s，绿灯亮 25s，闪烁 3s，黄灯亮 3s，如此循环。无论何时按下停止按钮，交通灯全部熄灭，时序图如图 3-11 所示。用 S7-200 SMART PLC 实现控制要求。

3.2.2　任务资讯

1. 定时器的当前值寄存器

定时器 T 在延时过程中，其当前值会在 0～32 767 之间变化，该当前值保存在与定

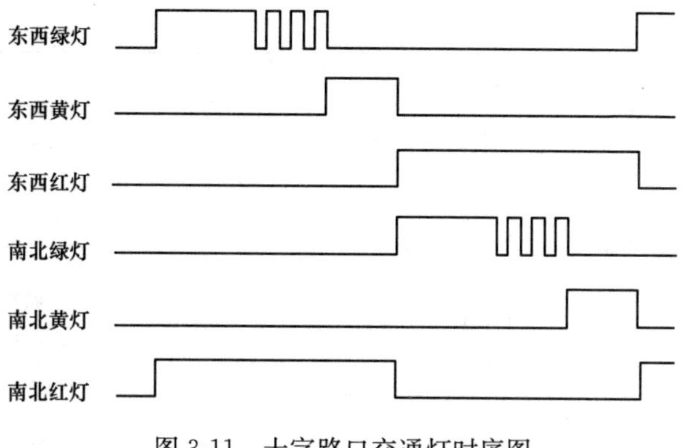

图 3-11　十字路口交通灯时序图

时器名称相同的当前值寄存器中，该寄存器可以作为传送、比较等指令的操作数。

2. 数值比较指令

比较指令是将两个数值或字符串按指定条件进行比较，当比较条件成立时，其触点就闭合，后面的电路接通，当比较条件不成立时，比较触点断开，后面的电路不接通。所以比较指令实际上也是一种位指令。

比较指令为实现上、下限控制以及数值条件判断提供了方便。

比较指令有 5 种类型：字节比较、整数（字）比较、双整数比较、实数比较和字符串比较。其中字节比较是无符号的，整数、双整数、实数的比较是有符号的。

比较指令的运算有：＝、＞＝、＜＝、＞、＜和＜＞（不等于）等 6 种。比较指令的类型有字节比较、整数比较、双整数比较和实数比较，其指令格式见表 3-6。

表 3-6　　比较指令的格式及功能

指令类型	LAD	数据类型	功　能
字节比较指令	IN1 ┤==B├ IN2	字节	操作数 IN1 等于 IN2 时触点接通
	IN1 ┤<>B├ IN2	字节	操作数 IN1 不等于 IN2 时触点接通
	IN1 ┤>=B├ IN2	字节	操作数 IN1 大于等于 IN2 时触点接通
	IN1 ┤<=B├ IN2	字节	操作数 IN1 小于等于 IN2 时触点接通
	IN1 ┤>B├ IN2	字节	操作数 IN1 大于 IN2 时触点接通
	IN1 ┤<B├ IN2	字节	操作数 IN1 小于 IN2 时触点接通

续表

指令类型	LAD	数据类型	功　能
整数比较指令	IN1 ┤==I├ IN2	字或整型	操作数 IN1 等于 IN2 时触点接通
	IN1 ┤<>I├ IN2	字或整型	操作数 IN1 不等于 IN2 时触点接通
	IN1 ┤>=I├ IN2	字或整型	操作数 IN1 大于等于 IN2 时触点接通
	IN1 ┤<=I├ IN2	字或整型	操作数 IN1 小于等于 IN2 时触点接通
	IN1 ┤>I├ IN2	字或整型	操作数 IN1 大于 IN2 时触点接通
	IN1 ┤<I├ IN2	字或整型	操作数 IN1 小于 IN2 时触点接通
实数比较指令	IN1 ┤==R├ IN2	实型	操作数 IN1 等于 IN2 时触点接通
	IN1 ┤<>R├ IN2	实型	操作数 IN1 不等于 IN2 时触点接通
	IN1 ┤>=R├ IN2	实型	操作数 IN1 大于等于 IN2 时触点接通
	IN1 ┤<=R├ IN2	实型	操作数 IN1 小于等于 IN2 时触点接通
	IN1 ┤>R├ IN2	实型	操作数 IN1 大于 IN2 时触点接通
	IN1 ┤<R├ IN2	实型	操作数 IN1 小于 IN2 时触点接通

续表

指令类型	LAD	数据类型	功　能
双整数比较指令	IN1 ┤==D├ IN2	双整型	操作数 IN1 等于 IN2 时触点接通
	IN1 ┤<>D├ IN2	双整型	操作数 IN1 不等于 IN2 时触点接通
	IN1 ┤>=D├ IN2	双整型	操作数 IN1 大于等于 IN2 时触点接通
	IN1 ┤<=D├ IN2	双整型	操作数 IN1 小于等于 IN2 时触点接通
	IN1 ┤>D├ IN2	双整型	操作数 IN1 大于 IN2 时触点接通
	IN1 ┤<D├ IN2	双整型	操作数 IN1 小于 IN2 时触点接通

比较指令举例如图 3-12 所示。程序功能分析：第 1 段程序段的功能是当 I0. 0 得电或字节 VB1 中的值大于 VB2 中的值时，Q0. 1 的线圈接通。第 2 段程序段的功能是当 I0. 1 得电并且 VD4 中的数值小于实数 80. 5 时，Q0. 2 的线圈接通。

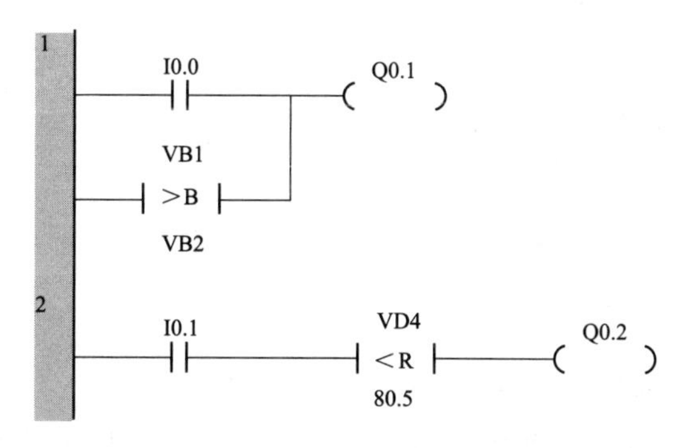

图 3-12　比较指令的应用示例

3. 2. 3　任务实施

1. I/O 分配

本任务中，输入设备主要有启动按钮 SB1、停止按钮 SB2，输出设备主要是东西绿灯 HL1、东西黄灯 HL2、东西红灯 HL3、南北绿灯 HL4、南北黄灯 HL5、南北红灯 HL6，输入/输出点分配见表 3-7。

表 3-7　　交通灯控制 I/O 分配表

输入设备	文字符号	输入地址	输出设备	文字符号	输出地址
启动按钮	SB1	I0.0	东西绿灯	HL1	Q0.0
停止按钮	SB2	I0.1	东西黄灯	HL2	Q0.1
			东西红灯	HL3	Q0.2
			南北绿灯	HL4	Q0.3
			南北黄灯	HL5	Q0.4
			南北红灯	HL6	Q0.5

2. 硬件接线

图 3-13 所示为交通灯的电气原理图，其中输入回路采用外接 24V 直流电源，输出回路交通灯的电源为交流 24V，另外需要注意要将 1L 和 2L 短接。

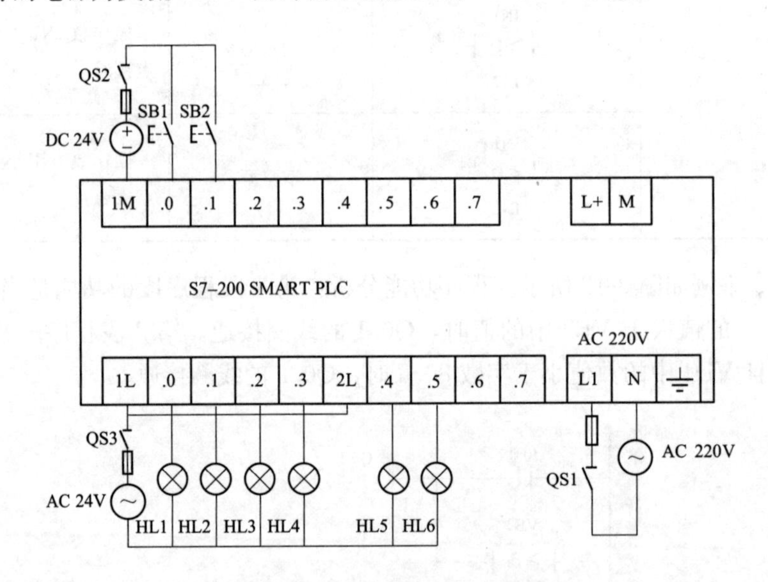

图 3-13　交通灯控制电气原理图

3. 程序设计

图 3-14 所示为交通灯控制的梯形图程序，程序原理如下：

(1) 第 1 段程序：按下启动按钮后 M0.0 得电，定时器 T37 开始延时，延时 62s 后 T37 的动断触点将 T37 线圈切断使得 T37 重新开始延时，如此循环往复，直到按下停止按钮。这一段程序设计的目的在于让定时器 T37 的当前值在 0～620 之间循环变化，正好对应交通灯的一个周期 62s（定时器 T37 为 100ms 定时器），然后通过将 T37 的当前值与第 0、第 25、第 28s 等一些时间节点进行比较，从而得到需要的控制结果。

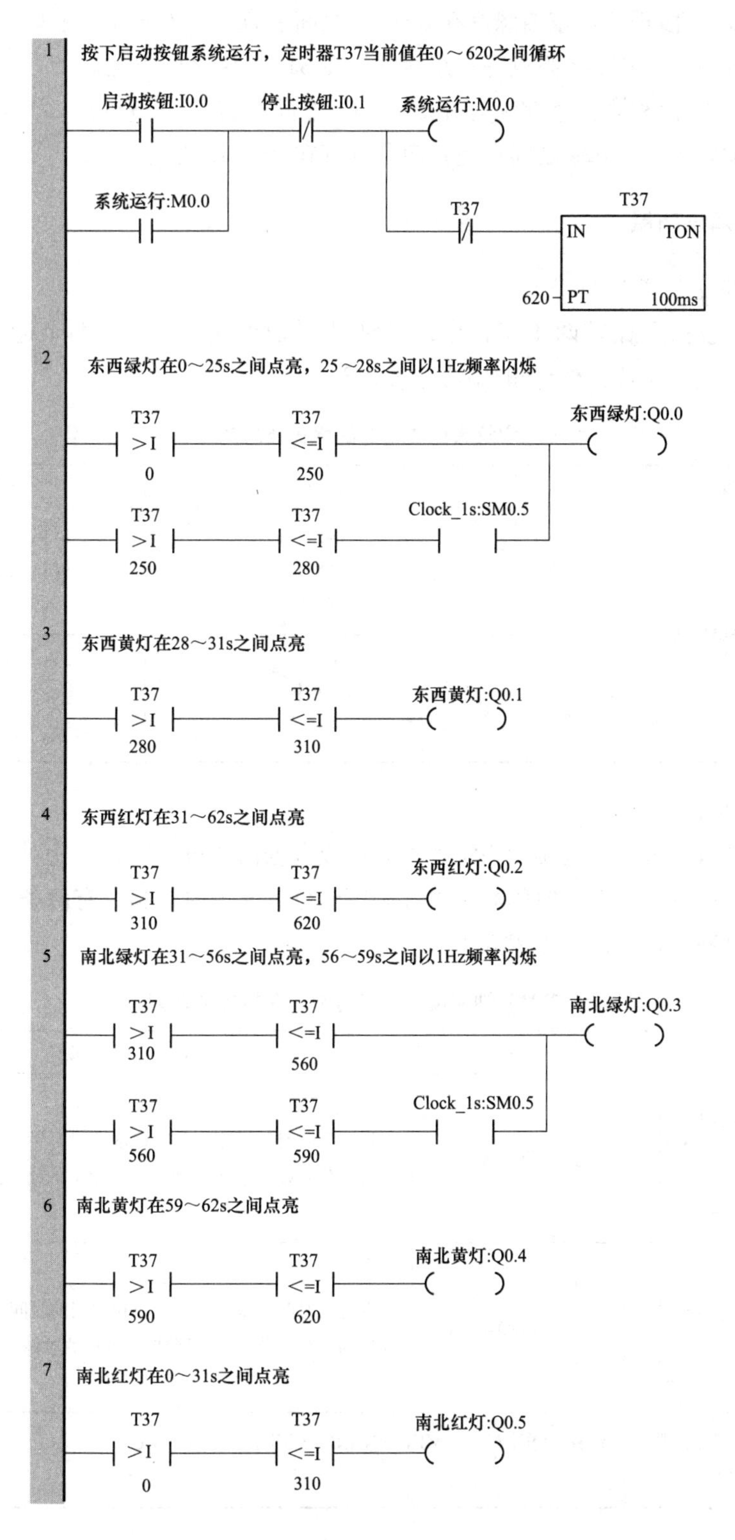

图 3-14　交通灯控制梯形图程序

（2）第2～4段程序：东西绿灯在0～25s之间一直亮，25～28s之间以1Hz频率闪烁；东西黄灯在28～31s之间点亮；东西红灯在31～62s之间点亮。

（3）第5～7段程序：南北绿灯在31～56s之间一直亮，56～59s之间以1Hz频率闪烁；南北黄灯在59～62s之间点亮；南北红灯在0～31s之间点亮。

3.2.4 知识拓展

1. 字符串比较指令

字符串比较指令比较两个字符串的ASCII码是否相等，只有两个运算符“等于”和“不等于”，字符串比较指令的用法见表3-8。

表3-8　字符串比较指令的格式及功能

指令类型	LAD	STL
字符串比较指令	IN1 ┤==S├ IN2	LDS=IN1，IN2 AS= IN1，IN2 OS= IN1，IN2
	IN1 ┤<>S├ IN2	LDS<>IN1，IN2 AS<> IN1，IN2 OS<> IN1，IN2

2. 时钟指令

利用时钟指令可以实现调用系统实时时钟或根据需要设定时钟，这对控制系统运行的监视、运行记录及和实时时间有关的控制等十分方便。时钟指令有两条：读实时时钟和设定实时时钟。指令格式见表3-9。

表3-9　读实时时钟和设定实时时钟指令格式及功能

LAD	STL	功能说明
READ_RTC EN　END T	TODR　T	读取实时时钟指令：系统读取实时时钟当前时间和日期，并将其载入以地址T起始的8个字节的缓冲区
SET_RTC EN　END T	TODW　T	设定实时时钟指令：系统将包含当前时间和日期以地址T起始的8个字节的缓冲区装入PLC的时钟
输入/输出T的操作数：VB，IB，QB，MB，SMB，SB，LB，*VD，*AC，*LD； 数据类型：字节		

读实时时钟指令READ _ RTC功能：当EN=1时，读当前时间和日期，并把它装载到一个8字节，起始地址为T的时间缓冲区中。

设置实时时钟指令 SET _ RTC 功能：当 EN=1 时，设定实时时钟指令把时间和日期写入系统时钟。

指令使用说明如下：

(1) 当前时钟存储在以地址 T 开始的 8 字节时间缓冲区中。8 个字节缓冲区（T）的格式见表 3-10。所有日期和时间值必须采用 BCD 码表示，例如，对于年仅使用年份最低的两个数字，16#05 代表 2005 年；对于星期，1 代表星期日，2 代表星期一，7 代表星期六，0 表示禁用星期。

表 3-10　8 字节缓冲区的格式

地址	T	T+1	T+2	T+3	T+4	T+5	T+6	T+7
含义	年	月	日	h	min	s	0	星期
范围	00～99	01～12	01～31	00～23	00～59	00～59	0	0～7

(2) S7-200 SMART CPU 不根据日期核实星期是否正确，不检查无效日期，例如，2 月 31 日为无效日期，但可以被系统接受，所以必须确保输入正确的日期。

(3) 不能同时在主程序和中断程序中使用 TODR/TODW 指令，否则，将产生非致命错误（0007），SM4.3 置 1。

(4) 对于没有使用过时钟指令或长时间断电或内存丢失后的 PLC，在使用时钟指令前，要通过 STEP-7 软件“PLC”菜单对 PLC 时钟进行设定，然后才能开始使用时钟指令。时钟可以设定成与 PC 系统时间一致，也可用 TODW 指令自由设定。

时钟指令的应用举例如图 3-15 所示，通过常通标志位 SM0.0 读取实时时钟保存在 VB0 开始的 8 个字节中，其中 VB3 保存的是小时。当 VB3 大于等于 6 且小于等于 18 时 Q0.0 接通，若 Q0.0 驱动的是电动机接触器的线圈，则可以电动机在每天的早 6 点到晚 6 点之间运行。

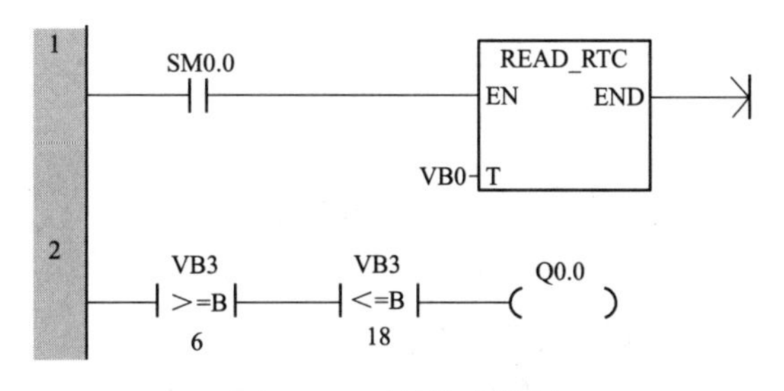

图 3-15　时钟指令举例

习题

一、选择题

1. 比较 VB0 和常数 20 大小时应使用（　　）指令。

A. 字节比较　　B. 整数比较指令　　C. 双整数比较指令　D. 实数比较指令

2.（　　）不能作为整数比较指令的操作数。

A. Q0.0　　B. T37　　C. C0　　D. MW0

3.（　　）不能作为双整数比较指令的操作数。

A. T37　　B. MD0　　C. VD0　　D. QD0

4. 图 3-16 梯形图中，I0.0 接通（　　）s 后 Q0.0 接通。

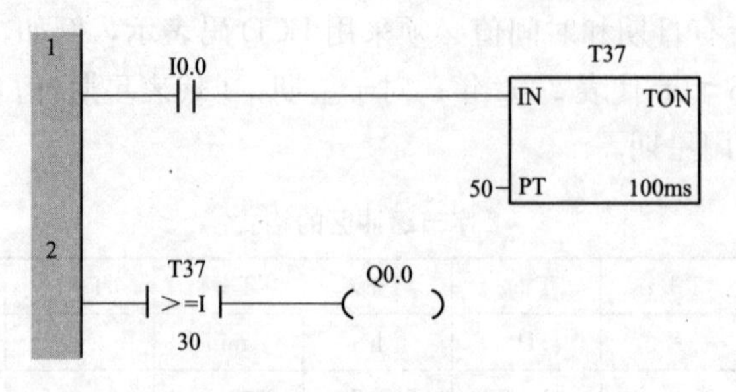

图 3-16　题 4 梯形图

A. 3　　B. 5　　C. 30　　D. 50

5. 图 3-17 梯形图中，I0.0 接通（　　）次后 Q0.0 接通。

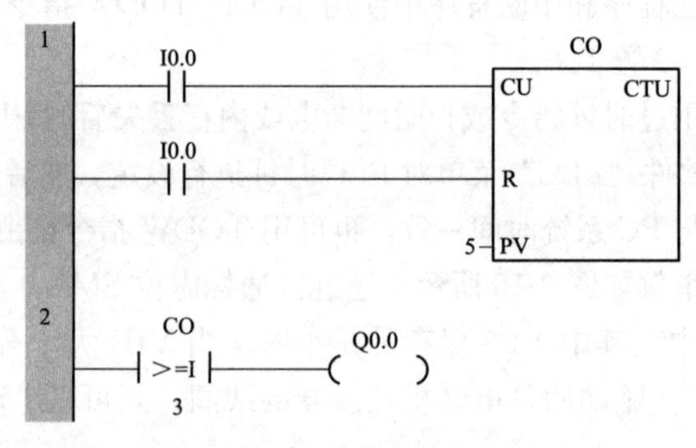

图 3-17　题 5 梯形图

A. 1　　B. 3　　C. 5　　D. 15

二、判断题

1. 定时器的设定值可以作为字节比较指令的操作数。（　　）

2. 计数器的设定值可以作为字节比较指令的操作数。（　　）

3. MW0 可以作为实数比较指令的操作数。（　　）

4. 字符串比较指令比较两个字符串的 ASCII 码是否相等。（　　）

5. 利用时钟指令可以实现调用系统实时时钟或根据需要设定时钟。（　　）

三、设计题

1. 利用比较指令实现以下控制：按下启动按钮后，指示灯 HL1 和 HL2 亮 2s，然后 HL2 和 HL3 亮 3s，最后 HL1 和 HL3 亮 1s，如此循环，直至按下停止按钮 SB2 后全部熄灭。

2. 利用比较指令实现 HL1、HL2、HL3 三只彩灯的控制：

（1）按下启动按钮 SB1 后，HL1 单独闪烁 3 次，之后 HL2 单独闪烁 3 次，之后

HL3 单独闪烁 3 次，如此循环（闪烁频率均为 1Hz）。

（2）按下停止按钮 SB2 后 ，三只彩灯一起亮 3s 后熄灭。

任务3　8 位彩灯追灯的 PLC 控制

3.3.1　任务概述

如图 3-18 所示，PLC 上电运行后指示灯 HL1 点亮，按下按钮 SB1 后按照 HL1-HL2-HL3-HL4-HL5-HL6-HL7-HL8-HL1 的顺序间隔 1s 循环点亮相应的指示灯，按下按钮 SB2 后则按相反的顺序间隔 1s 循环点亮相应的指示灯，任何时候只有一盏指示灯点亮。按下停止按钮 SB3 后，指示灯 HL1 点亮，等待再次循环。用 S7-200 SMART PLC 实现控制要求。

图 3-18　循环移位指令应用举例

3.3.2　任务资讯

1. 累加器 AC

累加器是可以像存储器那样使用的读/写单元，CPU 提供了 4 个 32 位累加器（AC0～AC3），可以按字节、字和双字来存取累加器中的数据。按字节、字只能存取累加器的低 8 位或低 16 位，按双字能存取全部的 32 位，存取的数据长度由指令决定。

2. 循环移位指令

S7-200 SMART PLC 循环移位指令的操作数可以是字节型、字型或双字型。循环移位指令的梯形图和语句表格式见表 3-11。

表 3-11　循环移位指令的格式及功能

LAD	STL	操作数及数据类型	功能
ROL_B EN　END IN　OUT N ROR_B EN　END IN　OUT N	RLB　OUT，N RRB　OUT，N	IN：VB，IB，QB，MB，SB，SMB，LB，AC，常量； OUT：VB，IB，QB，MB，SB，SMB，LB，AC， 数据类型：字节； N：VB，IB，QB，MB，SB，SMB，LB，AC，常量； 数据类型：字节	ROL：字节、字、双字循环左移 N 位； ROR：字节、字、双字循环右移 N 位

续表

<table>
<tr><th>LAD</th><th>STL</th><th>操作数及数据类型</th><th>功能</th></tr>
<tr><td>ROL_W
EN END
IN OUT
N

ROR_W
EN END
IN OUT
N</td><td>RLW OUT，N
RRW OUT，N</td><td>IN：VW，IW，QW，MW，SW，SMW，LW，T，C，AIW，AC，常量；
OUT：VW，IW，QW，MW，SW，SMW，LW，T，C，AC；
数据类型：字；
N：VB，IB，QB，MB，SB，SMB，LB，AC，常量；
数据类型：字节</td><td rowspan="2">ROL：字节、字、双字循环左移 N 位；
ROR：字节、字、双字循环右移 N 位</td></tr>
<tr><td>ROL_DW
EN END
IN OUT
N

ROR_DW
EN END
IN OUT
N</td><td>RLD OUT，N
RRD OUT，N</td><td>IN：VD，ID，QD，MD，SD，SMD，LD，AC，HC，常量；
OUT：VD，ID，QD，MD，SD，SMD，LD，AC；
数据类型：双字；
N：VB，IB，QB，MB，SB，SMB，LB，AC，常量；
数据类型：字节</td></tr>
</table>

循环移位指令分为两种，分别为循环左移指令和循环右移指令。该指令功能是在满足使能条件的情况下，每个扫描周期将输入 IN 中各位的值向右或向左循环移动 N 位后，送给输出 OUT 指定的地址。循环移位是环形的，移位时，被移出来的位将返回到另一端空出来的位置，循环左移一位后，移出的最高位填入最低位，循环右移一位后，移出的最低位填入最高位，移出的最后一位的数值存放在溢出标志位 SM1. 1。

如果移动的位数 N 大于允许值，则执行循环移位前先将 N 除以最大允许值后取其余数。字节型移位的最大允许值为 8，字型移位的最大允许值为 16，双字节型移位的最大允许值为 32。

移位类指令在使用时一般在 EN 端的使能条件要加上升沿检测指令，否则当条件满足时将每个扫描周期都执行一次指令，出现不可控的现象。

【例 3-1】 如图 3-19 所示，当 I0. 0 由断到通后，将累加器 AC0 低 16 位循环右移 4 位，移位后的数据仍存入原来的存储单元，并分析移位后的结果。

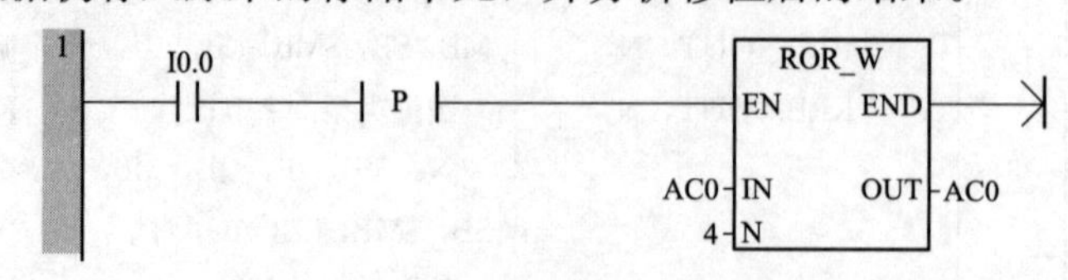

图 3-19 循环移位指令应用举例

程序分析：当 I0.0 由断到通后，执行一次循环右移指令，指令执行后 AC0 中的内容如图 3-20 所示。

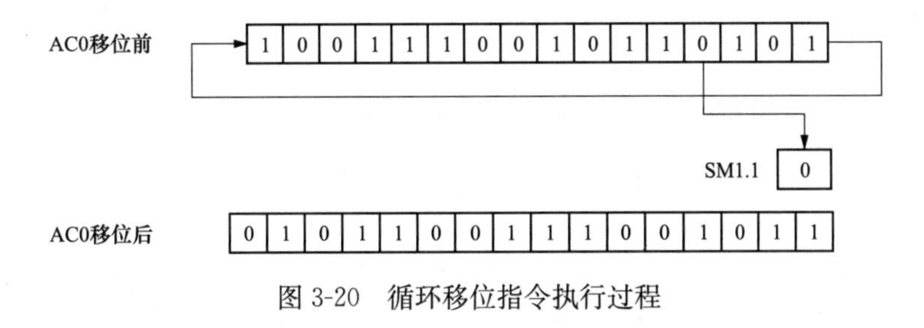

图 3-20　循环移位指令执行过程

3.3.3　任务实施

1. I/O 分配

本任务中，输入设备主要有左移按钮 SB1、右移按钮 SB2 和停止按钮 SB3，输出设备主要是指示灯 HL1～HL8，它们的 I/O 点分配见表 3-12。

表 3-12　　8 位彩灯追灯控制 I/O 分配表

输入设备	文字符号	输入地址	输出设备	文字符号	输出地址
左移按钮	SB1	I0.0	指示灯 1	HL1	Q0.0
右移按钮	SB2	I0.1	指示灯 2	HL2	Q0.1
停止按钮	SB3	I0.2	指示灯 3	HL3	Q0.2
			指示灯 4	HL4	Q0.3
			指示灯 5	HL5	Q0.4
			指示灯 6	HL6	Q0.5
			指示灯 7	HL7	Q0.6
			指示灯 8	HL8	Q0.7

2. 硬件接线

图 3-21 所示为 8 位彩灯追灯控制的电气原理图，其中输入回路采用外接 24V 直流电源，输出回路彩灯电源均为交流 24V，另外需要注意要将 1L 和 2L 短接。

3. 程序设计

8 位彩灯追灯控制，可以用字节的循环移位指令。首先应置彩灯的初始状态为 QB0=1（Q0.0 接通），即第一盏灯亮；接着灯从右到左以 1s 的速度依次点亮，即要求字节 QB0 中的“1”用循环左移位指令每 1s 向左移动一位，因此须在 ROL _ B 指令的 EN 端接一个 1s 的移位脉冲，相反顺序的控制可用 ROR _ B 指令来实现。

图 3-22 所示为 8 位彩灯追灯控制的梯形图程序，程序原理如下：

（1）PLC 上电或按下停止按钮 SB3 时，只有 Q0.0 得电，指示灯 HL1 点亮。

（2）按下按钮 SB1 时，M0.0 得电自锁，定时器 T37 每隔 1s 自复位一次同时使 QB0 循环左移位一次，指示灯将按照 1-2-3-4-5-6-7-8-1 的顺序循环点亮。

（3）按下按钮 SB2 时，M0.1 得电自锁，定时器 T38 每隔 1s 自复位一次同时使 QB0 循环右移位一次，指示灯将按照 8-7-6-5-4-3-2-1 的顺序循环点亮。

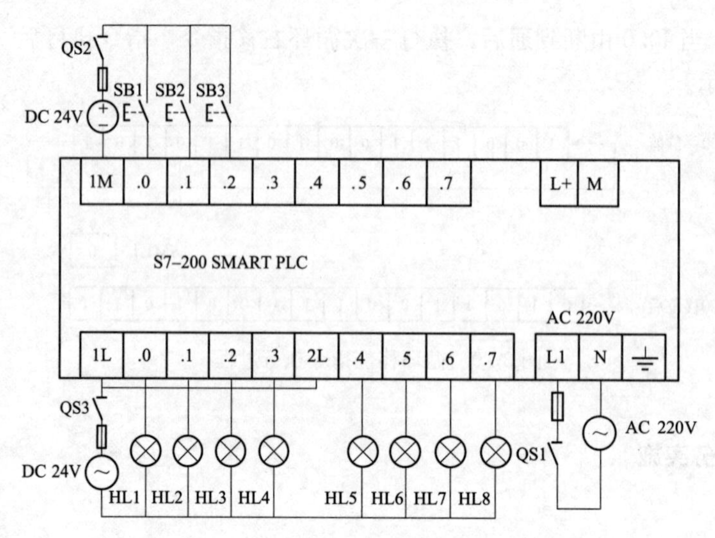

图 3-21　位彩灯追灯控制电气原理图

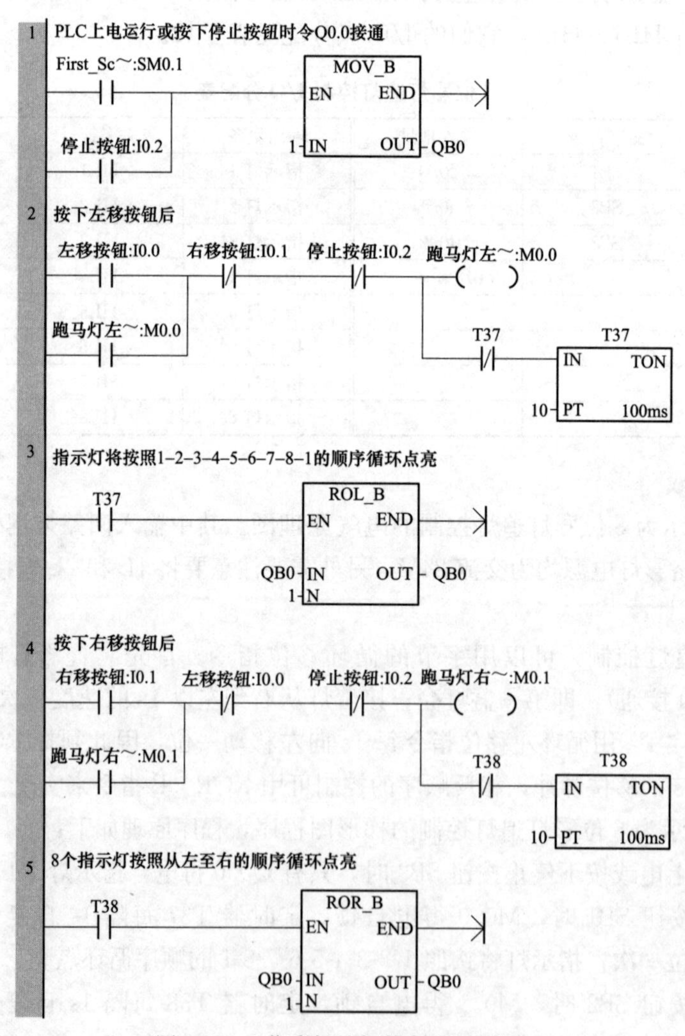

图 3-22　8 位彩灯追灯控制 PLC 程序

3.3.4 知识拓展

1. 移位指令

移位指令包括左移指令和右移指令，按移位数据的长度又分字节型、字型、双字型 3 种。指令格式见表 3-13。

表 3-13　　移位指令的格式及功能

LAD	STL	操作数及数据类型	功能
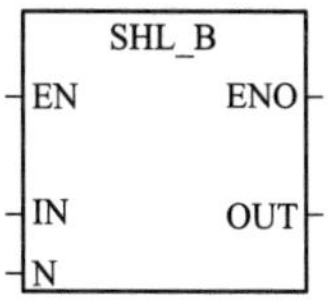 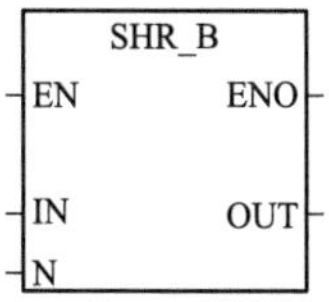 SHL_B EN ENO IN OUT N SHR_B EN ENO IN OUT N	SLB　OUT，N SRB　OUT，N	IN：VB，IB，QB，MB，SB，SMB，LB，AC，常量； OUT：VB，IB，QB，MB，SB，SMB，LB，AC； 数据类型：字节； N：VB，IB，QB，MB，SB，SMB，LB，AC，常量； 数据类型：字节； 数据范围：N≤数据类型（B、W、D）对应的位数	SHL：字节、字、双字左移 N 位；SHR：字节、字、双字右移 N 位
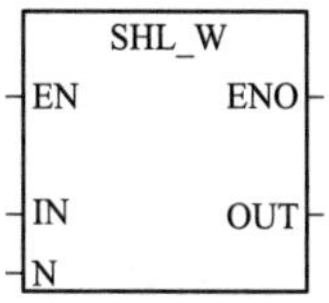 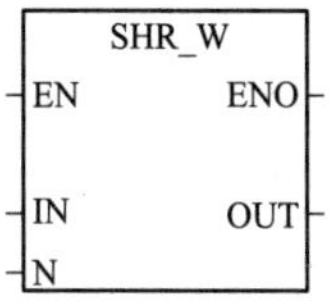 SHL_W EN ENO IN OUT N SHR_W EN ENO IN OUT N	SLW　OUT，N SRW　OUT，N	IN：VW，IW，QW，MW，SW，SMW，LW，T，C，AIW，AC，常量； OUT：VW，IW，QW，MW，SW，SMW，LW，T，C，AC； 数据类型：字； N：VB，IB，QB，MB，SB，SMB，LB，AC，常量； 数据类型：字节； 数据范围：N≤数据类型（B、W、D）对应的位数	
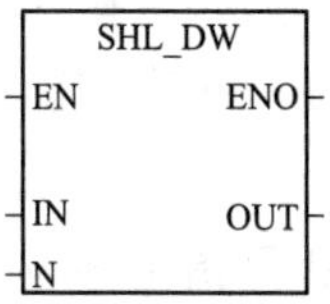 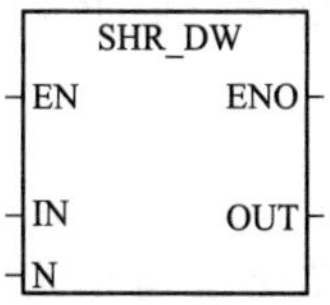 SHL_DW EN ENO IN OUT N SHR_DW EN ENO IN OUT N	SLD　OUT，N SRD　OUT，N	IN：VD，ID，QD，MD，SD，SMD，LD，AC，HC，常量； OUT：VD，ID，QD，MD，SD，SMD，LD，AC； 数据类型：双字； N：VB，IB，QB，MB，SB，SMB，LB，AC，常量； 数据类型：字节； 数据范围：N≤数据类型（B、W、D）对应的位数	

指令功能是：当使能输入有效时，在每个扫描周期内移位指令将输入 IN 中的各位数值向左或向右移动 N 位后，将结果输出到 OUT 所指定的存储单元中。移位指令对移

出的位自动补 0，如果移位位数大于 0，最后一次移出位保存在“溢出”存储器位 SM1.1。如果移位结果为 0，零标志位 SM1.0 置 1，移位指令应用举例如图 3-23 所示，相应的指令执行过程如图 3-24 所示，当 I0.0 由断到通时，AC0 中的数据向右移 4 位，左边空出的 4 为用 0 填充。

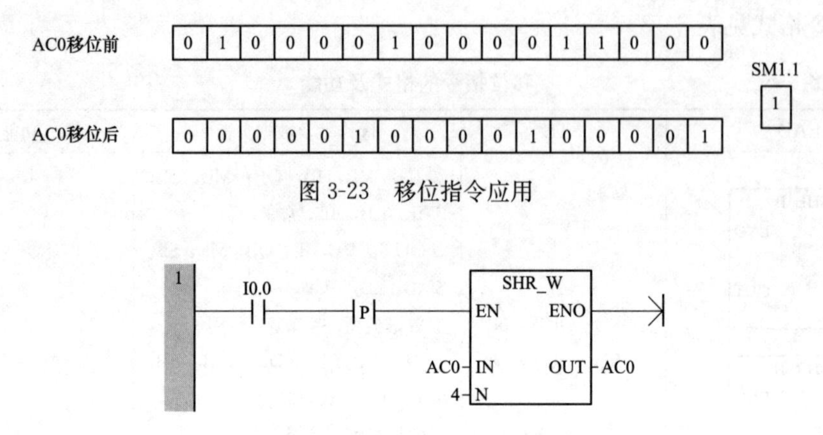

图 3-23　移位指令应用

图 3-24　循环移位指令应用举例

2. 移位寄存器指令

移位寄存器指令（SHRB）是可以指定移位寄存器的长度和移位方向的移位指令。其指令格式见表 3-14。

表 3-14　　移位寄存器指令格式及功能

LAD	STL	指令名称
SHRB EN　ENO DATA S_BIT N	SHRB　OUT，S_BIT，N	移位寄存器指令

该指令在梯形图中有 3 个数据输入端：DATA 为数值输入，将该位的值移入移位寄存器；S_BIT 为移位寄存器的最低位端；N 指定移位寄存器的长度。每次使能输入有效时，整个移位寄存器移动 1 位。

指令功能为：把输入的 DATA 数值移入移位寄存器。其中，S_BIT 指定移位寄存器的最低位，N 指定移位寄存器的长度和移位方向，N 为正，则正向移位，数据从最低位移入，最高位移出；N 为负，则反向移位。

移位寄存器移位特点如下：

（1）移位寄存器长度在指令中指定，没有字节型、字型、双字型之分。可指定的最大长度为 64 位，可正也可负。

（2）移位数据存储单元的移出端与 SM1.1（溢出）相连，所以最后被移出的位被放到 SM1.1 位存储单元。

（3）移位时，移出位进入 SM1.1，另一端自动补以 DATA 移入位的值。

（4）正向移位时长度 N 为正值，移位是从最低字节的最低位 S_BIT 移入，从最高字节的最高位 MSB.b 移出；反向移位时，长度 N 为负值，移位是从最高字节的最高位移入，从最低字节的最低位 S_BIT 移出。

移位寄存器指令应用举例，如图 3-25 所示。字节 VB100 的低 4 位移位前为 2＃0101，当 I0.2 第一次由断到通时，执行一次移位寄存器指令 SHRB，I0.3＝1，移入 VB100 的最低位 V100.0，字节 VB100 的低 4 位移位后为 1011；当 I0.2 第二次由断到通时，执行一次移位寄存器指令 SHRB，此时 I0.3＝0，移入 VB100 的最低位 V100.0，字节 VB100 的低 4 位移位后为 0110。

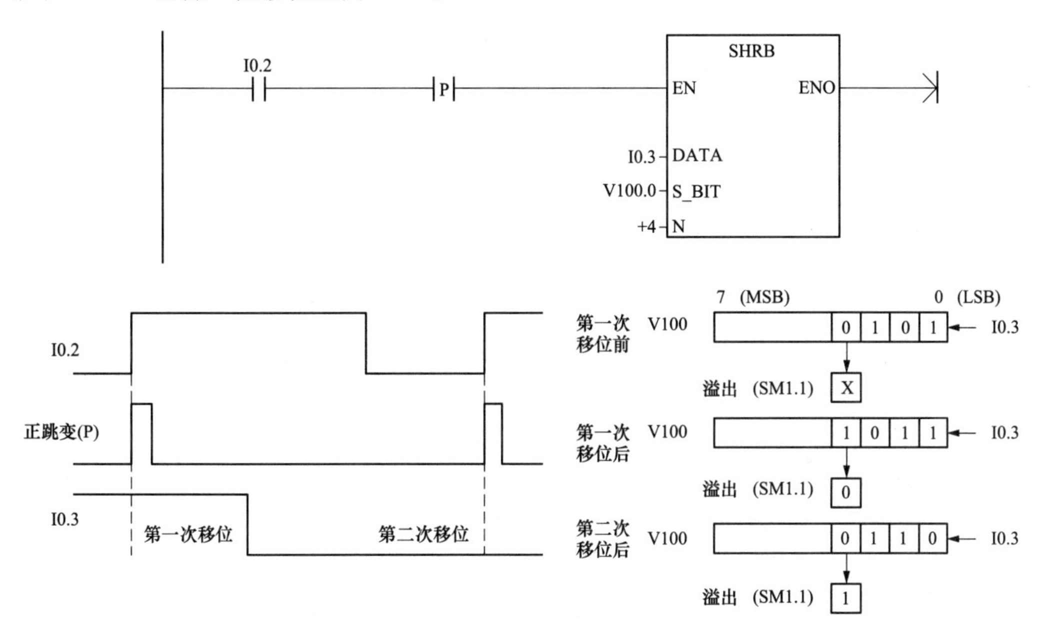

图 3-25　移位寄存器指令应用

习题

一、选择题

1. 累加器 AC0 有（　　）个位。

A. 8　　B. 16　　C. 32　　D. 64

2. 累加器 AC0 不能按（　　）存取。

A. 位　　B. 字节　　C. 字　　D. 双字

3. 循环移位指令移出的最后一位的数值存放在溢出标志位（　　）。

A. SM1.0　　B. SM1.1　　C. SM1.2　　D. SM1.3

4. 图 3-26 梯形图中，I0.0 接通后（　　）接通。

A. Q0.1　　B. Q0.2　　C. Q0.3　　D. Q0.4

5. 图 3-27 梯形图中，I0.0 接通后累加器 AC0 中的数值为（　　）。

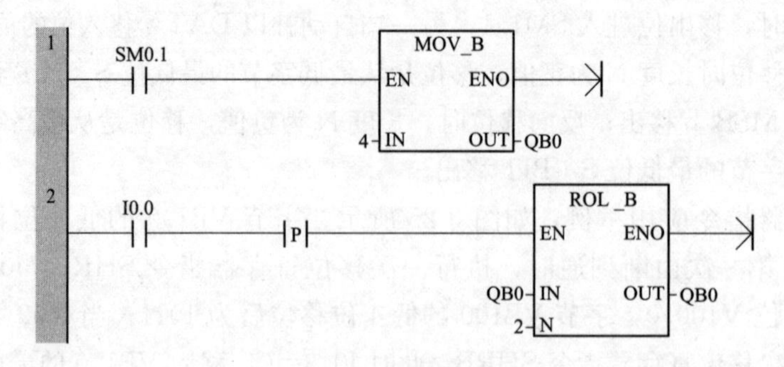

图 3-26　题 4 梯形图

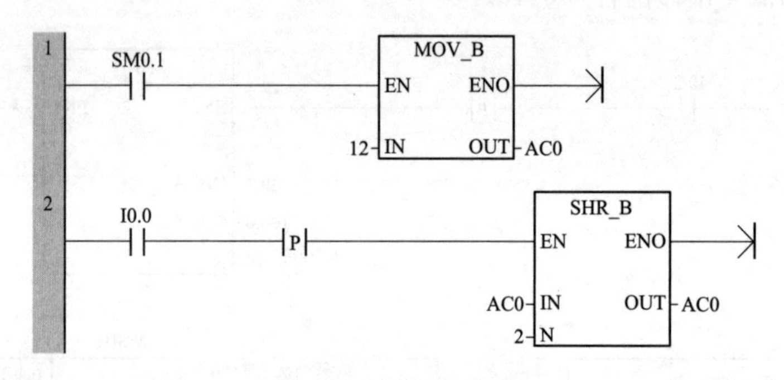

图 3-27　题 5 梯形图

A. 12　　B. 14　　C. 10　　D. 3

二、判断题

1. 累加器按字节、字只能存取累加器的高 8 位或高 16 位。（　）
2. 累加器存取的数据长度由指令决定。（　）
3. 循环移位指令移出的最后一位的数值存放在溢出标志位 SM1. 1。（　）
4. 循环移位指令的“OUT”操作数可以是常数。（　）
5. 移位指令 SHL/SHR 对移出的位自动补 0。（　）

三、设计题

1. 利用循环移位指令实现 8 个指示灯从左到右循环依次闪亮的控制程序，每个指示灯闪亮时间为 3s。

2. 利用移位指令实现图 3-10 的十字路口交通灯控制。

任务 4　倒计时的 PLC 控制

3. 4. 1　任务概述

按下启动按钮 SB1 后，指示灯 HL1 点亮，数码管显示 9，然后按秒递减，减到 0 时停止，指示灯 HL1 熄灭。按下停止按钮 SB2，数码管显示 9，再次按下启动按钮 SB1 后，数码管重新从数字 9 开始递减。

3.4.2 任务资讯

1. 加法和减法指令

(1) 加法运算指令。加法指令是对有符号数进行相加操作。包括：整数加法、双整数加法和实数加法。使能输入有效时，将 IN1 和 IN2 的数据相加，结果输出到 OUT 中，其指令格式见表 3-15。

表 3-15　　加法指令格式及功能

LAD	STL	指令名称
ADD_I: EN ENO / IN1 OUT / IN2	+I IN1，OUT	整数加法指令
ADD_DI: EN ENO / IN1 OUT / IN2	+D IN1，OUT	双整数加法指令
ADD_R: EN ENO / IN1 OUT / IN2	+R IN1，OUT	实数加法指令

(2) 减法运算指令。减法指令是对有符号数进行相减操作。包括：整数减法、双整数减法和实数减法。使能输入有效时，将 IN1 和 IN2 的数据相减，结果输出到 OUT 中，其指令格式见表 3-16。

表 3-16　　减法指令格式及功能

LAD	STL	指令名称
SUB_I: EN ENO / IN1 OUT / IN2	−I IN1，OUT	整数减法指令
SUB_DI: EN ENO / IN1 OUT / IN2	−D IN1，OUT	双整数减法指令
SUB_R: EN ENO / IN1 OUT / IN2	−R IN1，OUT	实数减法指令

加法和减法指令应用举例如图 3-28 所示。程序功能分析：I0.0 接通时，先执行加法指令，将变量寄存器 VW0 内的数值加 20 保存到 VW2 中，然后执行减法指令，将 VW2 内的数值减去 10，得到的结果存入 VW4 中。

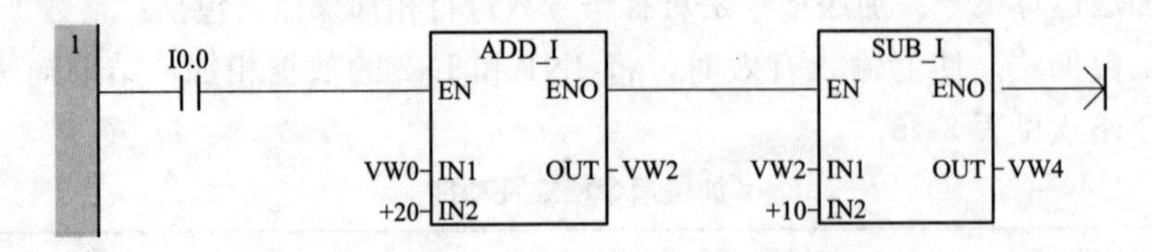

图 3-28　加法和减法指令应用

2. 乘法和除法指令

(1) 乘法运算指令。乘法运算指令是对有符号数进行相乘运算。包括：整数乘法、整数乘法产生双整数、双整数乘法和实数乘法，其指令格式见表 3-17。

表 3-17　乘法指令格式及功能

LAD	STL	指令名称
MUL_I EN ENO IN1 OUT IN2	*I　IN1，OUT	整数乘法指令
MUL_DI EN ENO IN1 OUT IN2	*D　IN1，OUT	双整数乘法指令
MUL_R EN ENO IN1 OUT IN2	*R　IN1，OUT	实数乘法指令
MUL EN ENO IN1 OUT IN2	MUL　IN1，OUT	整数乘法产生双整数指令

(2) 除法运算指令。除法运算指令是对有符号数进行相除操作。包括：整数除法、带余数的整数除法、双整数除法和实数除法，其指令格式见表 3-18。

表 3-18　　除法指令格式及功能

LAD	STL	指令名称
DIV_I EN ENO IN1 OUT IN2	/I　IN1，　OUT	整数除法指令
DIV_DI EN ENO IN1 OUT IN2	/D　IN1，OUT	双整数除法指令
DIV_R EN ENO IN1 OUT IN2	/R　IN1，OUT	实数除法指令
DIV EN ENO IN1 OUT IN2	DIV　IN1，OUT	带余数的整数除法指令

乘法和除法指令应用举例如图 3-29 所示。程序功能分析：当 I0.0 接通时，先执行整数乘法指令，VW0 的值乘以 2，乘积保存到 VW2 中，再执行整数除法指令，VW4 的值除以 VW2 的值，商保存到 VW6 中。当 I0.1 接通时，先执行整数乘法产生双整数指令，MW10 的值乘以 10 000，乘积保存在双字 MD12 中，再执行带余数的整数除法指令，商保存到 MW22 中，余数保存到 MW24 中。

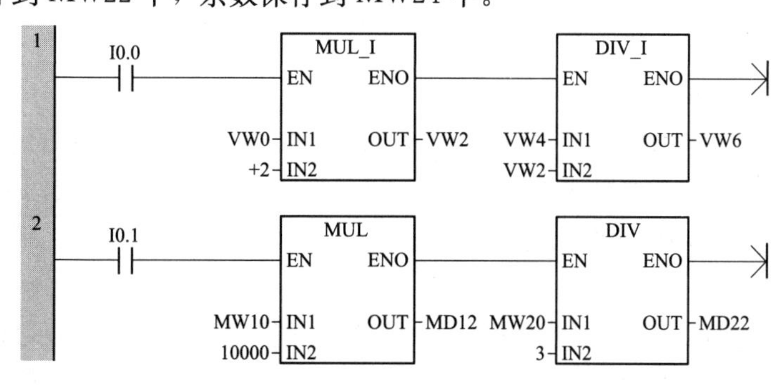

图 3-29　乘法指令和除法指令应用

3.4.3　任务实施

1. I/O 分配

本任务中，输入设备主要有启动按钮 SB1、停止按钮 SB2，输出设备主要是七段数码管和指示灯 HL1，它们的输入输出点分配见表 3-19。

表 3-19　　倒计时控制 I/O 分配表

输入设备	文字符号	输入地址	输出设备	文字符号	输出地址
启动按钮	SB1	I0.0	数码管	LED	Q0.0～Q0.6
停止按钮	SB2	I0.1	指示灯	HL1	Q1.0

2. 硬件接线

图 3-30 所示为倒计时控制的电气原理图，其中输入回路采用外接 24V 直流电源，输出回路数码管电源为直流 24V，指示灯电源为交流 24V，另外需要注意要将 1L 和 2L 短接。

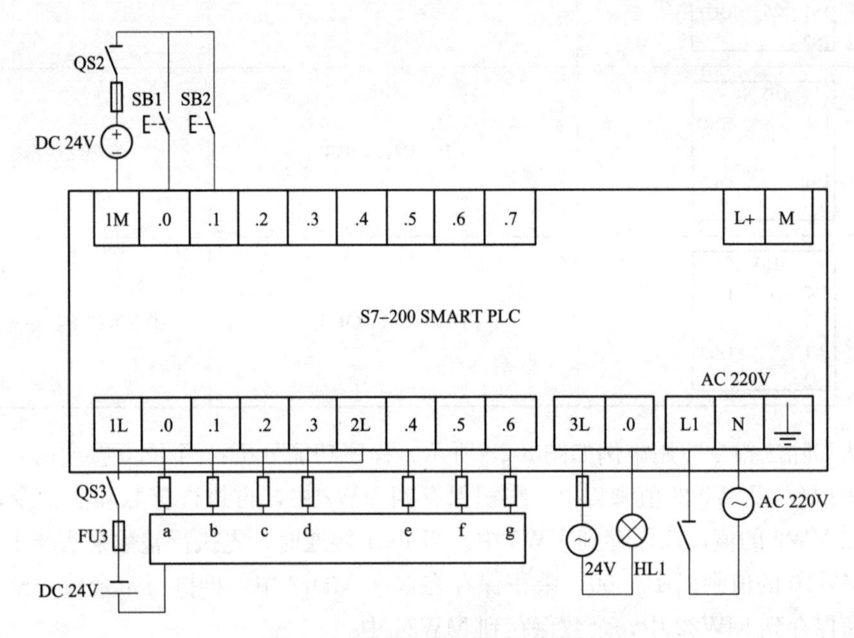

图 3-30　倒计时控制电气原理图

3. 程序设计

用定时器 T37 来实现 1s 的循环定时，用计数器 C0 对 T0 来进行秒计数，每隔 1s 计数器加 1，用 SUB _ I 指令将 9 减去计数器 C0 当前值并将差通过 SEG 段码指令在数码管上显示。参考程序如图 3-31 所示。

程序原理如下：

（1）第 1 段程序：按下启动按钮 SB1 时，M0.0 和 Q1.0 置位，指示灯 HL1 点亮。

（2）第 2 段程序：系统运行后，定时器 T37 每隔 1s 自复位一次，直至计数器 C0 动断触点断开。

（3）第 3 段程序：系统运行后，每隔 1s 计数器 C0 当前值加 1，按下停止按钮后复位。

（4）第 4 段程序：系统运行后或按下停止按钮时，用常数 9 减去计数器 C0 的当前值，差保存到寄存器 VW0 的低字节 VB1 中。

（5）第 5 段程序：通过七段译码指令 SEG 将字节 VB1 中的数值在 QB0 控制的七段

数码管上显示相应的数值。该数值在按下启动按钮后会从9开始每秒减1，当计数器当前值等于设定值9时，C0动断触点断开，C0当前值保持9不变，七段数码管一直显示0。按下停止按钮时，计数器C0被复位。

（6）第6段程序：按下停止按钮SB2时，M0.0复位，指示灯熄灭，计数器C0复位，其当前值清0，执行减法指令后VB1中的数值为9，因此七段数码管显示9。再次按下启动按钮后，M0.0得电，再次从9开始递减。

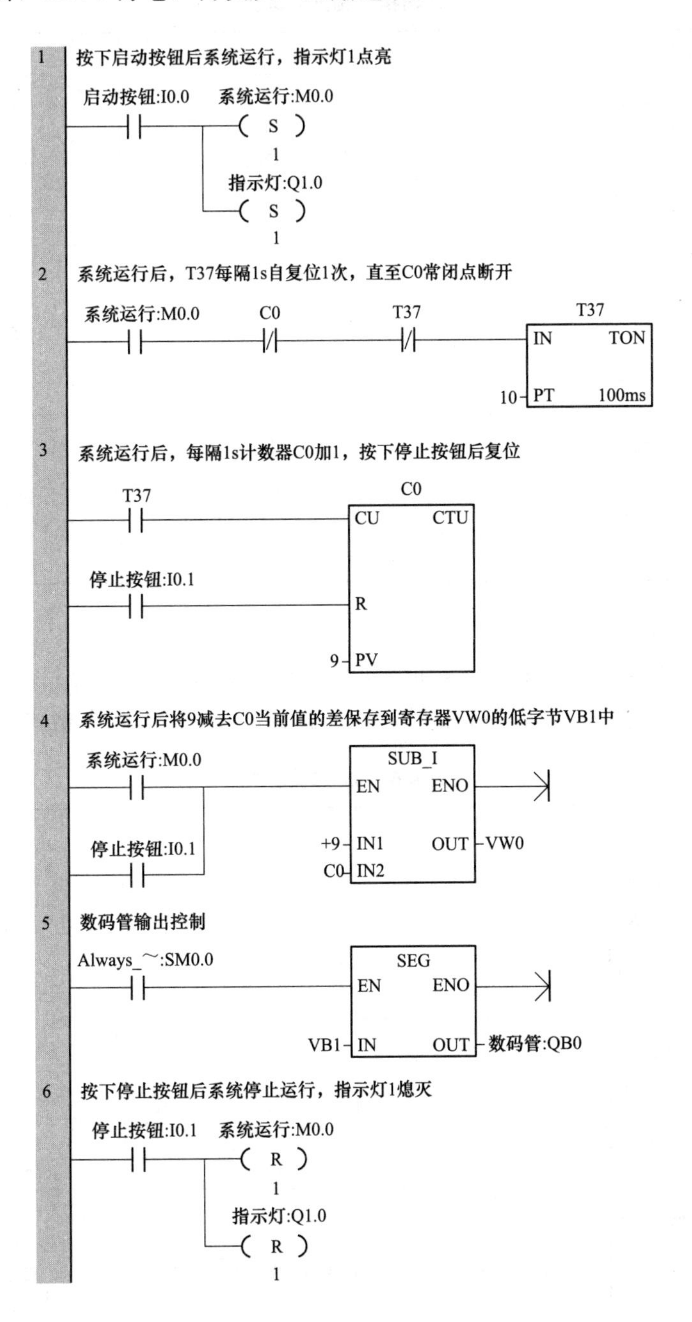

图3-31　倒计时控制梯形图程序

3.4.4 知识拓展

1. 递增指令 INC

指令功能：当使能输入有效时，把 IN 的输入数加 1，结果输出到 OUT 单元中。其中字节递增操作是无符号的，整数和双整数的递增是有符号的，其指令格式见表 3-20。

表 3-20　递增指令格式及功能

LAD	STL	指令名称
INC_B: EN ENO; IN OUT	INCB　IN	字节加 1 指令
INC_W: EN ENO; IN OUT	INCW　IN	字加 1 指令
INC_DW: EN ENO; IN OUT	INCD　IN	双字加 1 指令

2. 递减指令 DEC

指令功能：当使能输入有效时，把 IN 的输入数减 1，结果输出到 OUT 单元中。字节递减操作是无符号的，整数和双整数的递减是有符号的，其指令格式见表 3-21。

表 3-21　递减指令格式及功能

LAD	STL	指令名称
DEC_B: EN ENO; IN OUT	DECB　IN	字节减 1 指令
DEC_W: EN ENO; IN OUT	DECW　IN	字减 1 指令
INC_DW: EN ENO; IN OUT	DECD　IN	双字减 1 指令

加 1 和减 1 指令在使用时一般在 EN 端的使能条件要加上升沿检测指令，否则当条件满足时将每个扫描周期都执行一次指令，出现不可控的现象。

递增和递减指令应用举例如图 3-32 所示。程序功能分析：当 I0.0 由断到通时，执行字节递增指令，VB0 的值加 1；I0.1 由断到通时，执行字节递减指令，VB1 的值减 1。

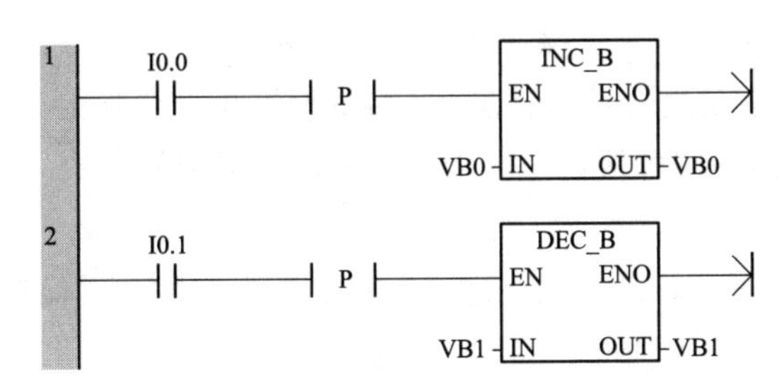

图 3-32　递增和递减指令应用示例程序

习题

一、选择题

1. 双整数加法指令为（　　）。

A. ADD _ I　　B. ADD _ DI　　C. ADD _ DW　　D. ADD _ R

2. 整数减法指令为（　　）。

A. SUB _ I　　B. SUB _ DI　　C. SUB _ W　　D. SUB _ R

3. 整数乘法产生双整数指令为（　　）。

A. MUL　　B. MUL _ I　　C. MUL _ DI　　D. MUL _ R

4. 图 3-33 的梯形图中，I0.0 接通后 VW0 的值除以 5 后余数保存在（　　）。

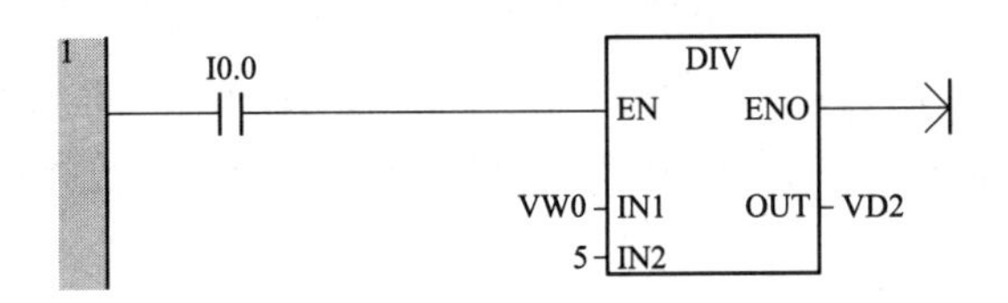

图 3-33　题 4 梯形图

A. VW0　　B. VW2　　C. VW4　　D. VD0

5. 图 3-34 梯形图中，I0.0 接通后累加器 AC0 中的数值为（　　）。

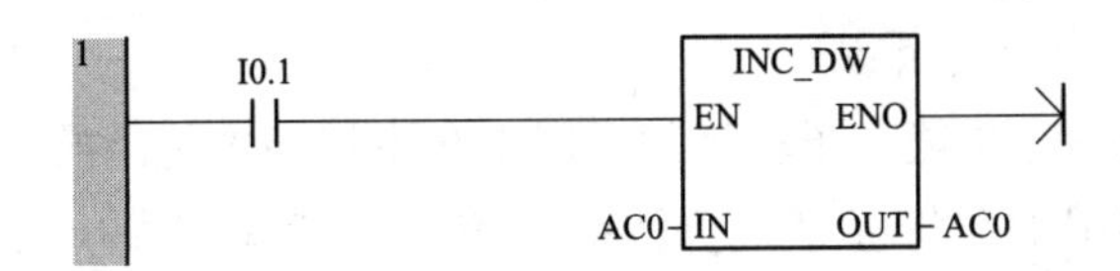

图 3-34　题 5 梯形图

A. 0　　　　　B. 1　　　　　C. 32 767　　　　　D. 不可控

二、判断题

1. 加减乘除指令的“OUT”操作数可以是常数。（　）

2. 整数乘法指令 MUL_I 将两个 16 位整数相乘，产生一个 32 位结果。（　）

3. 整数除法指令 DIV_I 将两个 16 位整数相除，不保留余数。（　）

4. 实数加法指令的“OUT”操作数可以是 VW0。（　）

5. 递增和递减指令在使用时一般在 EN 端的使能条件要加上升沿检测指令，否则当条件满足时将每个扫描周期都执行一次指令，出现不可控的现象。（　）

三、设计题

1. 当 I0.0 接通时，计算从 1 加 2 加 3 一直加到 100 的和，保存到 VW100 中。

2. 利用递减指令实现本任务的倒计时控制。

任务 5　电动机手动/自动切换的 PLC 控制

3.5.1　任务概述

转换开关 SA1 打至右侧 ON 位置时为自动模式，按下启动按钮 SB1，KM1 得电，电动机 1 启动，延时 3s 后 KM2 得电，电动机 2 启动，按下停止按钮 SB2，两台电动机全部停止；转换开关 SA1 打至右侧 OFF 位置时为手动模式，按下按钮 SB1，电动机 1 点动运行，按下按钮 SB2，电动机 2 点动运行。

3.5.2　任务资讯

1. 子程序的功能和优点

S7-200 SMART PLC 的程序主要分为主程序、子程序和中断程序三类。其中，主程序是程序的主体，是不可缺少的部分；子程序指的是能被主程序或其他子程序调用，在实现某种功能后能自动返回到调用程序去的程序；中断程序是指用来响应中断事件的程序。

子程序常用于需要多次反复执行相同任务的地方，只需要写一次子程序，当别的程序需要时可以调用它，而无须重新编写程序。

子程序调用是有条件的，未调用时不会执行子程序中的指令，因此使用子程序可以减少程序扫描时间，使程序结构更加简单清晰，易于调试、检查错误和维修，因此在编写复杂程序时，建议将全部功能划分为几个符合控制工艺的子程序块。

2. 子程序调用指令的使用方法

(1) 子程序调用指令功能。子程序的调用由在主程序内使用的调用指令完成。当子程序调用允许时，调用指令将程序执行转移到相应的子程序并执行子程序中的全部指令，直至满足条件才返回，或者执行到子程序末尾而返回。子程序返回时，返回到原程序调用子程序的下一条指令处，继续往下扫描程序。

S7-200 SMART PLC 还提供了条件返回指令（RET），该指令用在子程序的内部，根据条件选择是否提前返回调用它的程序。条件返回指令在指令树的“程序控制”分支中，其指令格式见表 3-22。

表 3-22　子程序调用及返回指令格式及功能

LAD	STL	指令名称
SBR_0 EN	CALL　SBR 0：SBR	子程序调用指令
-(RET)	CRET	从子程序有条件返回指令

（2）子程序调用使用注意事项。

1）如果在子程序的内部又对另一个程序执行调用指令，则这种调用称为子程序的嵌套。子程序嵌套的深度最多为 8 级。

2）停止调用子程序时，如果子程序中的定时器正在定时，100ms 定时器将停止定时，当前值保持不变，重新调用时继续定时；1、10ms 定时器继续定时，定时时间到时，其动合触点可以在子程序之外起作用。

3）右键单击程序编辑区上方的子程序标签，选择“属性”可以自定义子程序的名称，选择“插入”可以插入新的子程序。

图 3-35 所示为子程序调用的使用举例。在子程序中使用了条件返回指令 RET，若条件满足则提前从子程序返回，否则应执行到子程序末尾再返回。

程序的功能如下：主程序，当 I0.1 接通时调用子程序 SBR _ 0；子程序，当 M0.1 接通时，则从子程序中提前返回，不执行后面的指令，若 M0.1 未接通，则将数据 0 传递给 VW0。

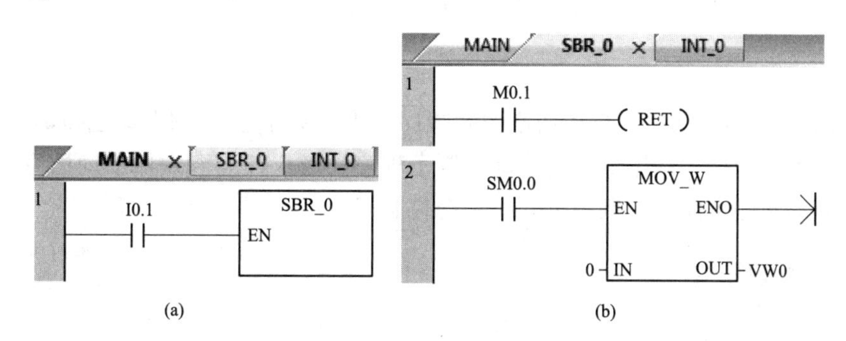

图 3-35　子程序调用指令使用举例

（a）主程序（MAIN）；（b）子程序（SBR _ 0）

3.5.3　任务实施

1. I/O 分配

表 3-23 为电动机手动/自动切换控制的 I/O 分配表，其中 SA1 用动合触点连接输入

端子 I0.0，当 SA1 打到自动挡位时，其动合触点闭合。

表 3-23　　电动机手自动切换控制 I/O 分配表

输入设备	文字符号	输入地址	输出设备	文字符号	输出地址
转换开关	SA1	I0.0	电动机 1 接触器	KM1	Q0.0
启动按钮	SB1	I0.1	电动机 2 接触器	KM2	Q0.1
停止按钮	SB2	I0.2			

2. 硬件接线

图 3-36 所示为电动机手自动切换控制的 PLC 外部接线图，其主电路省略。其中输入回路采用外接 24V 直流电源，输出回路接触器电源为交流 220V。

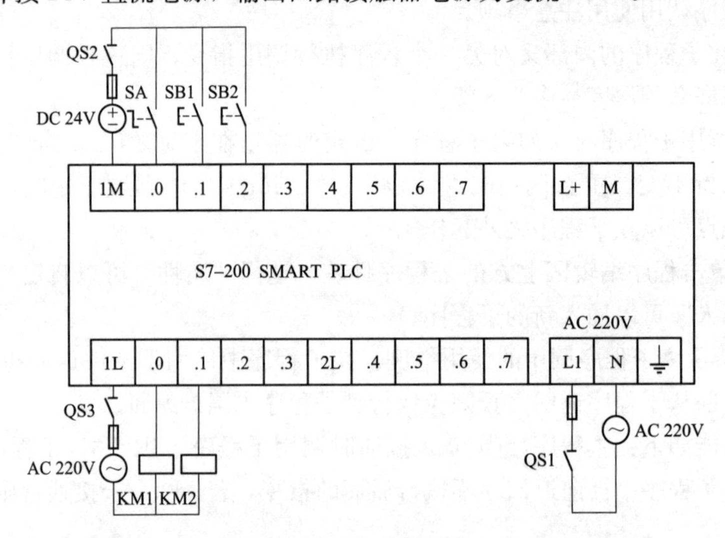

图 3-36　电动机手动/自动切换控制的 PLC 外部接线图

3. 程序设计

图 3-37 所示为电动机手自动切换控制程序，当 SA1 打到右侧自动挡位时，I0.0 得电，其动合触点闭合，调用电动机自动控制子程序；当 SA1 打到左侧手动挡位时，I0.0 不得电，其动断触点闭合，调用电动机手动控制子程序。

3.5.4　知识拓展

1. 局部变量存储器 L

L 存放局部变量，作暂时存储器或为子程序传递参数。局部变量存储器是局部有效，局部有效是指某一局部存储器和特定的程序（如子程序）相关联；程序运行时，根据需要动态分配局部存储器，在执行主程序时，分配给子程序或中断程序的局部存储器是不存在的；只有当子程序调用或出现中断时，才为之分配局部存储器。为子程序传递参数（调用时，参数复制到子程序的 L 中，当子程序完成时，从 L 复制出参数到指定的地址），常用于带参数的子程序调用过程中；可将局部变量用作将要传递给子程序的

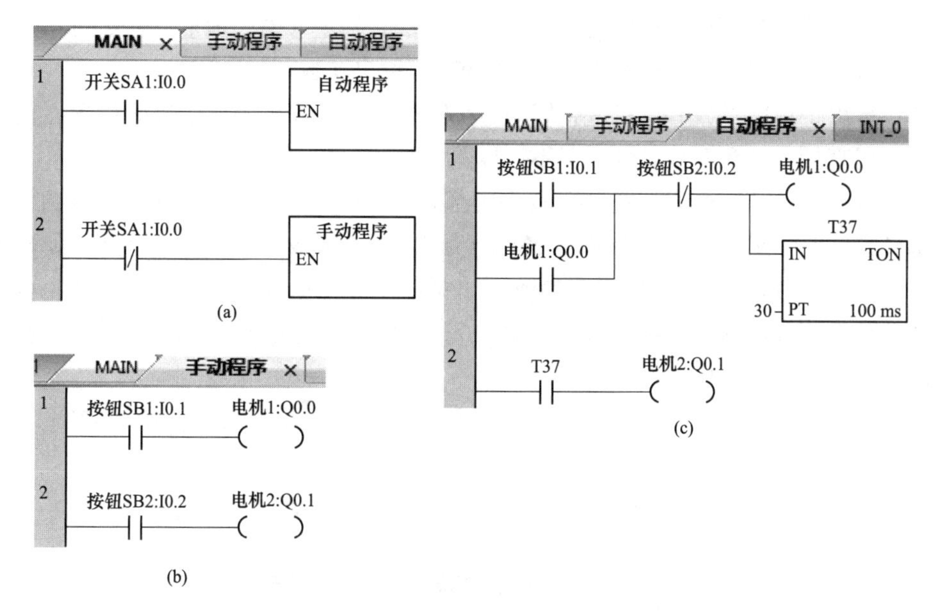

图 3-37　电动机手自动切换控制程序

（a）电动机手自动切换控制的主程序；（b）电动机手动控制子程序；（c）电动机自动控制子程序

参数，从而增加了子程序的可移植性或可重复使用性。如：几段程序都要调用子程序SBR，作用基本一样，但是有些参数不一样，于是带参数调用。

2. 带形式参数的子程序

子程序中可以有参变量，带参数的子程序调用扩大了子程序的使用范围，增加了调用的灵活性。子程序的调用过程如果存在数据的传递，则在调用指令中应包含相应的参数。

子程序的参数在子程序的局部变量表中加以定义。子程序的局部变量表如图 3-38 所示，参数包含的信息有地址、变量名（符号）、变量类型和数据类型。子程序最多可以传递 16 个参数。

变量表

	地址	符号	变量类型	数据类型	注释
1		EN	IN	BOOL	
2			IN		
3			IN_OUT		
4			OUT		
5			TEMP		

图 3-38　子程序的局部变量表

局部变量表中的变量类型区定义的变量有：

（1）传入子程序参数 IN。IN 可以是直接寻址数据（如：VB10）、间接寻址数据（如：＊AC1）、常数（如：16＃1234）或地址（如：&VB100）。

（2）传入/传出子程序参数 IN/OUT。调用子程序时，将指定参数位置的值传到子程序，子程序返回时，从子程序得到的结果被返回到指定参数的地址。参数可采用直接寻址和间接寻址，但常数和地址不允许作为输入/输出参数。

（3）传出子程序参数 OUT。将从子程序来的结果返回到指定参数的位置。输出参数可以采用直接寻址和间接寻址，但不可以是常数或地址。

（4）暂时变量 TEMP。只能在子程序内部暂时存储数据，不能用来传递参数。

定义参数时必须指定参数的符号名称（最多 23 个英文字符）、变量类型和数据类型。一个子程序最多可以传递 16 个参数。如要在局部变量表中加入一个参数，首先根据变量类型选择合适的行，在符号格中输入符号名称，在数据类型格中鼠标左键单击，在弹出的数据类型选项栏中选择即可。

【例 3-2】 带参数调用的子程序。编辑完成的子程序及其局部变量表如图 3-39 所示，图 3-40 是其主程序。

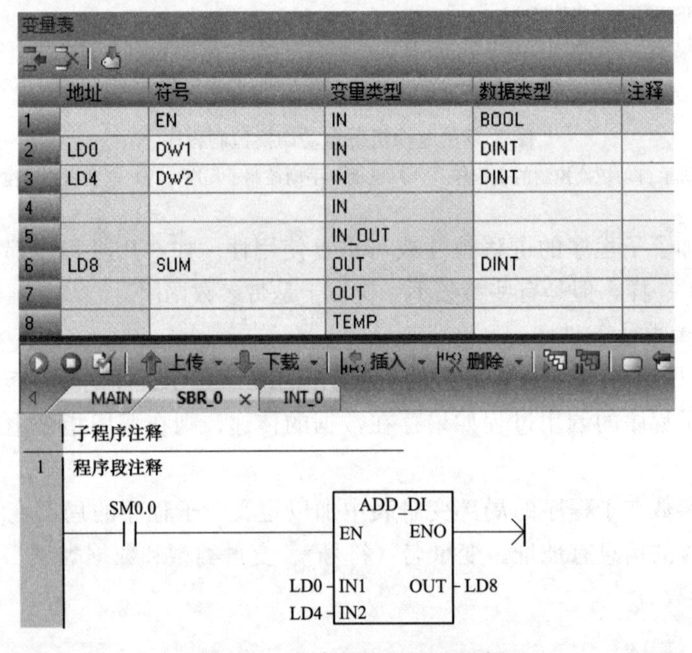

图 3-39　带参数调用的子程序

图 3-39 中的子程序完成两个双字类型的整数相加功能。主程序将进行相加的实际数据分别传送给子程序的两个参数 DW1 和 DW2，并将二者的和保存在从 VD238 开始

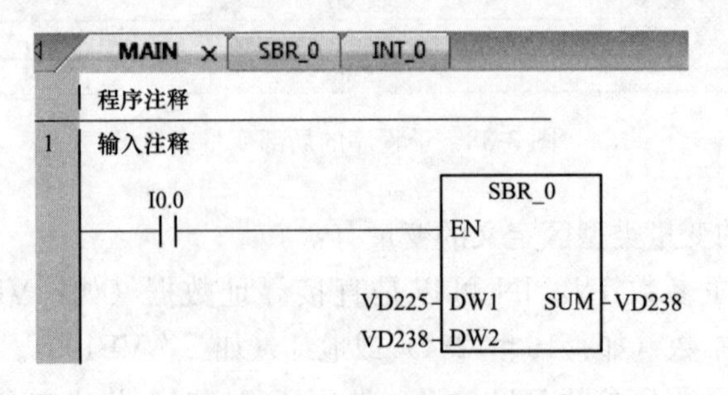

图 3-40　主程序

的 4 个字节中。

子程序中定义了 3 个变量 DW1、DW2 和 SUM，这些变量也称为子程序的参数。子程序的参数必须在子程序的局部变量表中定义。

按照子程序指令的调用顺序，参数值分配给局部变量存储器（L 存储器），编程时，系统对每个变量自动分配局部存储器地址。如局部变量表中的 LD0、LD4 和 LD8 等。

子程序的参数是形式参数，并不是具体的数值或者变量地址，而是以符号定义的参数。这些参数在调用子程序时被实际的数据代替。

子程序中变量符号名称前的“#”号，表示该变量是局部符号变量。

子程序可以被多次调用，带参数的子程序在每次调用时可以对不同的变量、数据进行相同的运算、处理，以提高程序编辑和执行的效率，节省程序存储空间。

习题

一、选择题

1. 一个 PLC 程序中（　　）是必不可少的。

A. 主程序　　B. 子程序　　C. 中断程序　　D. 自动程序

2. 子程序嵌套的深度最多为（　　）级。

A. 4　　B. 8　　C. 16　　D. 32

3. 子程序条件返回指令为（　　）。

A. RET　　B. END　　C. CALL　　D. SBR

4. 停止调用子程序时，如果子程序中的 100ms 定时器正在定时，则该定时器将（　　）。

A. 继续定时　　B. 停止定时　　C. 状态不确定　　D. 以上都不对

5. 局部存储器的标识符为（　　）。

A. V　　B. L　　C. M　　D. D

二、判断题

1. 子程序指的是能被主程序或其他子程序调用，在实现某种功能后能自动返回到调用程序去的程序。（　　）

2. 子程序调用是有条件的，未调用时不会执行子程序中的指令。（　　）

3. 条件返回指令（RET）满足时将提前返回调用它的程序。（　　）

4. 局部变量存储器 L 是局部有效，和特定的程序（如子程序）相关联。（　　）

5. 子程序中可以有参变量，即形式参数。（　　）

三、设计题

1. 使用位存储器 M 实现本任务中电动机手动/自动切换的控制。

2. 用子程序调用指令实现三台电动机的顺序启动和停止。开关 SA1 打至左侧时为自动模式：按下按钮 SB1，电动机按照 1、2、3 的顺序依次延时 3s 启动，按下停止按钮 SB2，电动机按照 3、2、1 的顺序依次延时 3s 停止；开关 SA1 打至右侧时为手动模式：三台电动机每台都有自己的手动启动和停止按钮进行手动的启动和停止。

任务6 定时中断的PLC控制

3.6.1 任务概述

使用定时中断完成下面的任务：按下启动按钮SB1，指示灯HL1亮2s灭2s闪烁，按下停止按钮，指示灯熄灭。使用定时中断功能实现控制要求。

3.6.2 任务资讯

1. 中断事件和中断程序

（1）中断概述。PLC采用的循环扫描的工作方式，使突发事件或意外情况不能得到及时的处理和响应，为了解决此问题，PLC提供了中断这种工作方式。所谓中断，是当控制系统执行正常程序时，系统中出现了某些急需处理的异常情况或特殊请求，这时系统暂时中断当前程序，转去对随机发生的紧迫事件进行处理（执行中断服务程序），当该事件处理完毕后，系统自动回到原来被中断的程序继续执行。中断功能用于实时控制、通信控制和高速处理的场合。

（2）中断事件。所谓中断事件是指能够用中断功能处理的特定事件。S7-200 SMART PLC为每个中断事件规定了一个中断事件号，不同的中断事件具有不同的优先级。

例如，“定时中断0”，中断事件号为10，优先级低于通信中断和I/O中断事件。可使用“定时中断0”中断事件指定循环执行的操作，在SMB34中写入循环时间，循环时间位于1～255ms之间，按增量为1ms进行设置。当使用中断指令将该中断事件与相应的中断程序连接在一起后，每隔一定时间（由SMB34指定）就会执行一次中断程序，直至通过中断指令将中断事件与中断程序分离为止。

（3）中断程序。中断程序是为了处理中断事件，而由用户事先编制好的程序，它不由用户调用，而是由操作系统调用，因此它与用户程序执行的时序无关。把中断事件和中断服务程序关联起来才能执行中断处理功能，若要关闭某中断事件则需要取消中断事件与中断程序之间的联系，这些功能在PLC中可以使用相关的中断指令来完成。

中断程序提对特殊（或紧急）内部事件和外部事件的快速响应。中断程序应尽量短小、简单，以减少中断程序的执行时间，减少对其他处理的延迟。中断程序在执行完某项特定任务后，应立即返回主程序，否则可能引起主程序控制的设备操作异常。

在编程软件的程序编辑区域上方右键单击可以选择插入新的中断程序，中断程序的名称可以通过点击“属性”进行修改。

2. S7-200 SMART PLC中断指令

中断指令包括中断允许指令、中断禁止指令、中断连接指令、中断分离指令、清除中断事件指令、中断返回指令和有条件返回指令，其指令格式见表3-24。

（1）中断允许指令ENI（Enable Interrupt）：全局地允许所有被连接的中断事件。

（2）中断禁止指令 DISI（Disable Interrupt）：全局地禁止处理所有中断事件。允许中断事件排队等候，但不允许执行中断服务程序，直到用全局中断允许指令 ENI 重新允许中断。

当进入 RUN 模式时，中断被自动禁止。在 RUN 模式执行全局中断允许指令后，各中断事件发生时是否会执行中断程序，取决于是否执行了该中断事件的中断连接指令。

（3）中断连接指令 ATCH（Attach Interrupt）：将中断事件 EVNT 与中断程序号 INT 相关联，并使能该中断事件。也就是说，执行 ATCH 后，该中断程序在事件发生时被自动启动。因此，在启动中断程序之前，应在中断事件和该事件发生时希望执行的中断程序之间，用 ATCH 指令建立联系。

（4）中断分离指令 DTCH（Detach Interrupt）：用来断开中断事件 EVNT 与中断程序 INT 之间的联系，从而禁止单个中断事件。

（5）中断条件返回指令 CRETI（Conditional Return from Interrupt）：用于根据前面的逻辑操作的条件，从中断服务程序中返回，编程软件自动为各中断程序添加无条件返回指令。

（6）清除中断事件指令 CEVNT（Clear Event）：从中断队列中清除所有的中断事件，该指令可以用来消除不需要的中断事件。如果用来清除假的中断事件，首先应分离事件。否则，在执行该指令之后，新的事件将增加到队列中。

在中断程序中不能使用 DISI、ENI、HDEF、LSCR 和 END 指令。

表 3-24　　中断指令格式及功能

LAD	STL	指令名称	LAD	STL	指令名称
-(ENI)	ENI	中断允许	ATCH: EN ENO, INT, EVNT	ATCH INT, EVNT	中断连接
-(DISI)	DISI	中断禁止	DTCH: EN ENO, EVNT	DTCH INT, EVNT	中断分离
-(RETI)	CRETI	有条件返回	CLR_EVNT: EN ENO, EVNT	CEVENT EVNT	清除中断事件

3.6.3　任务实施

1. I/O 分配

本任务中，输入设备为启动按钮和停止按钮，输出设备是指示灯 HL1，I/O 点分配见表 3-25。

表 3-25　　定时中断 PLC 控制 I/O 分配表

输入设备	文字符号	输入地址	输出设备	文字符号	输出地址
启动按钮	SB1	I0.0	指示灯	HL1	Q0.0
停止按钮	SB2	I0.1			

2. 硬件接线

图 3-41 所示为定时中断控制的 PLC 外部接线图。

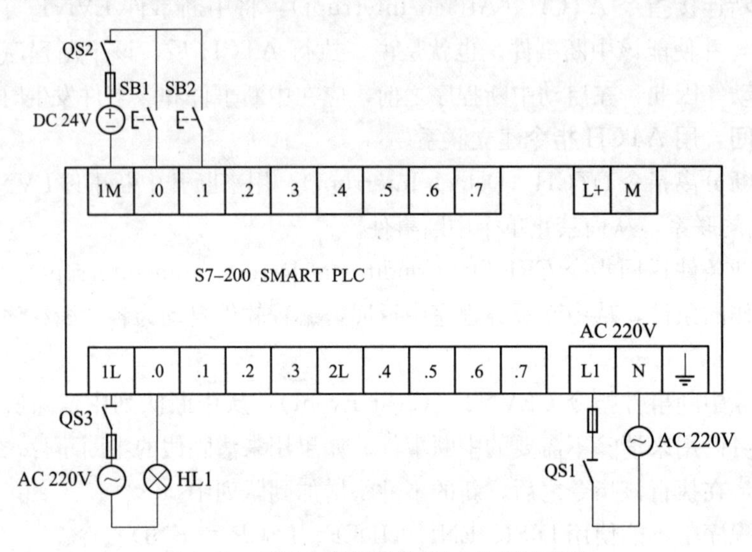

图 3-41　定时中断控制的 PLC 外部接线图

3. 程序设计

定时中断控制的主程序如图 3-42 所示，中断程序如图 3-43 所示。

程序的工作原理是：按下启动按钮 SB1，将中断次数计数器 VB0 清 0，设置定时中断 0 的中断时间间隔为 250ms，指定产生定时中断 0 时执行 10 号中断程序，允许全局中断。每隔 250ms 中断一次，中断次数计数器 VB0 加 1，如果中断了 8 次，即计时到 2s，将中断次数计数器清 0，并对存储器 VB10 求反，V10.0 为 1，Q0.0 得电，指示灯 HL1 点亮；再中断 8 次后，即 2s 时间到后，VB10 求反，V10.0 为 0，Q0.0 失电，指示灯 HL1 熄灭，如此往复。

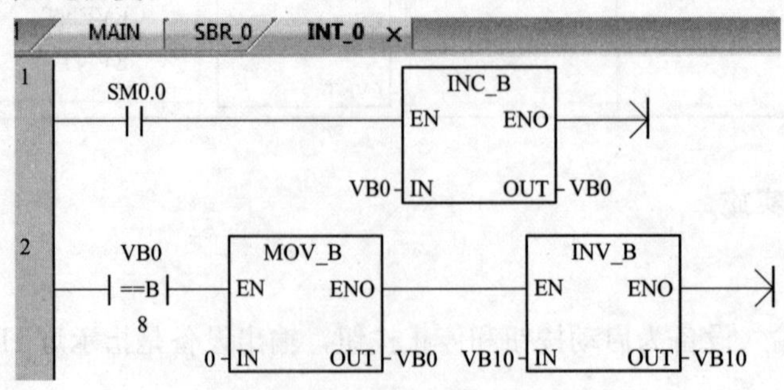

图 3-42　中断程序

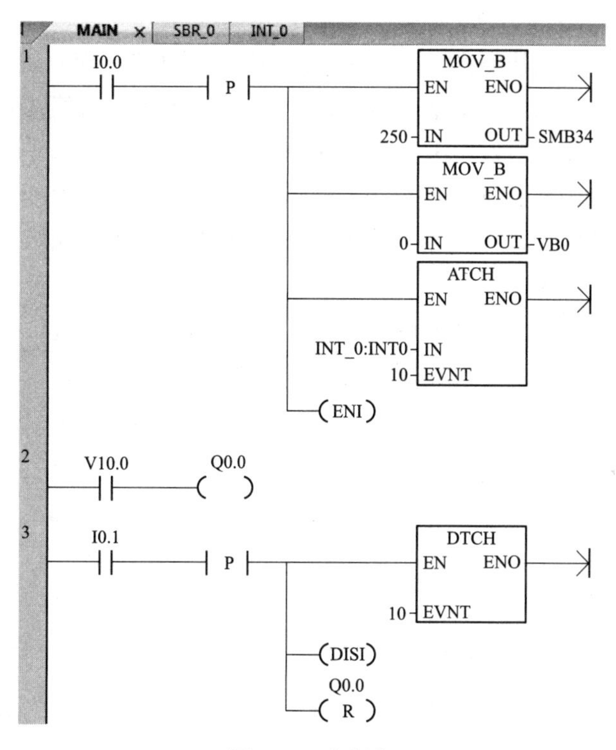

图 3-43　主程序

3.6.4　思考与拓展

1. S7-200 SMART　PLC 的中断事件类型

S7-200 SMART　PLC 支持三类中断事件：通信中断、I/O 中断、时基（定时）中断。其中通信中断优先级最高，定时中断优先级最低。中断优先级、中断事件编号及其意义，见表 3-26。其中优先级是指中断同发生时，有先后顺序。

（1）通信端口中断。可用程序控制 S7-200 SMART PLC 的串行通信端口。此种操作通信端口的模式被称作自由端口模式。在自由端口模式中，程序定义波特率、每个字符的位、奇偶校验和协议。可提供“接收”和“传输”中断，进行程序控制的通信。

（2）I/O 中断。I/O 中断包括上升/下降边缘中断和高速计数器中断。S7-200 SMART PLC 可生成输入（I0.0、I0.1、I0.2 或 I0.3）上升或下降边缘中断。可为每个此类输入点捕获上升边缘和下降边缘事件。这些上升或下降边缘事件可用于表示在事件发生时必须立即处理的状况。

（3）时基中断。时基中断包括定时中断和定时器 T32/T96 中断。

定时器 T32/T96 中断：T32/T9 当前值＝预置值中断可使用定时中断指定循环执行的操作。可以 1ms 为增量设置周期时间，其范围是 1～255ms。

定时中断：对于定时中断 0，必须在 SMB34 中写入周期时间，对于定时中断 1，必须在 SMB35 中写入周期时间。

2. 中断程序与子程序有什么区别

子程序是完成一定功能的指令，它必须被主程序（或子程序）调用是才执行，它不可打断其他指令的执行顺序，多个子程序并存时，按被调用的先后顺序执行。

中断程序则是中断源出发中断，向 CPU 发出中断请求，被允许后，CPU 中止正在执行的程序，响应该中断要做的事情，完成后返回，CPU 从被中断指令继续执行下面的指令。多中断源同时发出中断请求时，必须规定各中断的优先级，优先级高者先执行，不需被其他程序调用。

表 3-26　　中断优先级、中断事件编号及其意义

优先级分组	中断事件号	中断描述	优先级分组	中断事件号	中断描述
通信（最高）	8	端口 0 接收字符	I/O（中等）	7	I0.3 下降沿
	9	端口 0 发送字符		36 *	信号板输入 0 下降沿
	23	端口 0 接收信息完成		38 *	信号板输入 1 下降沿
	24 *	端口 1 接收信息完成		12	HSC0 当前值=预置值
	25 *	端口 1 接收字符		27	HSC0 输入方向改变
	26 *	端口 1 发送字符		28	HSC0 外部复位
I/O（中等）	0	I0.0 上升沿		13	HSC1 当前值=预置值
	2	I0.1 上升沿		16	HSC2 当前值=预置值
	4	I0.2 上升沿		17	HSC2 输入方向改变
	6	I0.3 上升沿		18	HSC2 外部复位
	35 *	信号板输入 0 上升沿		32	HSC3 当前值=预置值
	37 *	信号板输入 1 上升沿	基于时间（最低）	10	定时中断 0（SB34）
	1	I0.0 下降沿		11	定时中断 1（SB35）
	3	I0.1 下降沿		21	T32 当前值=预置值
	5	I0.2 下降沿		22	T96 当前值=预置值

习题

一、选择题

1. 定时中断 0 使用（　　）保存循环时间。

A. SMB34　　B. SMB35　　C. T32　　D. T96

2. 定时中断 0 的设定时间增量为（　　）。

A. 1ms　　B. 10ms　　C. 100ms　　D. 1s

3. 中断允许指令为（　　）。

A. ENI　　B. DISI　　C. ATCH　　D. DTCH

4. 图 3-44 中 I0.0 上升沿对应的中断事件号为（　　）。

A. 0　　B. 1　　C. 2　　D. 10

5. 图 3-45 中中断连接指令为（　　）。

A. ENI　　B. DISI　　C. ATCH　　D. DTCH

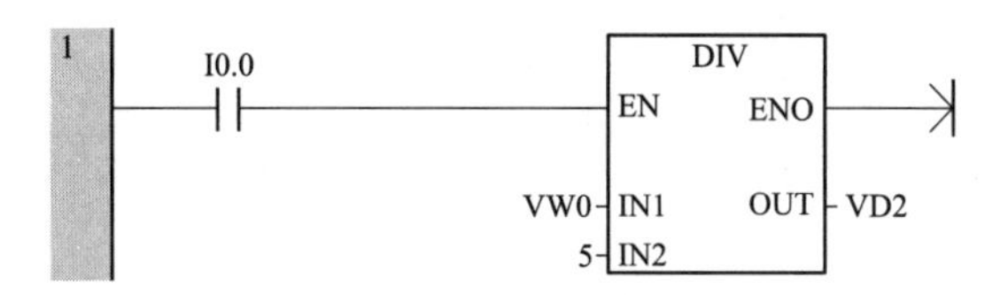

图 3-44　题 4 梯形图

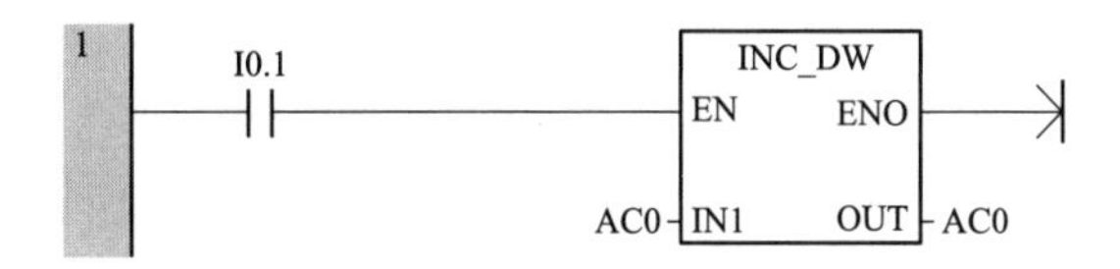

图 3-45　题 5 梯形图

二、判断题

1. 所谓中断事件是指能够用中断功能处理的特定事件。（　　）
2. 中断程序是被用户程序调用的。（　　）
3. 把中断事件和中断服务程序关联起来才能执行中断处理功能。（　　）
4. 中断程序应尽量短小、简单，以减少中断程序的执行时间。（　　）
5. 定时中断 0 的中断优先级要高于通信中断。（　　）

三、设计题

1. 使用 T32 当前值＝预置值的中断（中断事件号为 21）实现本任务的控制要求。

2. 使用 I/O 中断实现电动机的急停控制（启动按钮 I0.0，停止按钮 I0.1，急停按钮 I0.2，接触器线圈 Q0.0）。

顺序控制系统的PLC控制

任务1　机床液压滑台的PLC控制

4.1.1　任务概述

某组合机床液压滑台进给运动过程如图4-1所示，滑台初始位置在限位SQ1处。按下启动按钮后，滑台快进，电磁阀YV1得电。快进碰到限位SQ2后滑台转为工进，电磁阀YV1和YV2得电。工进碰到限位SQ3后滑台转为快退，电磁阀YV3得电，碰到限位SQ1后停止。在滑台运行过程中按下停止按钮后，滑台立即停止。

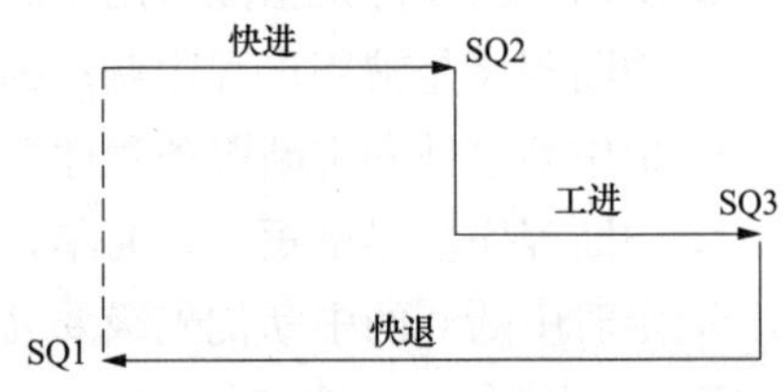

图4-1　组合机床液压滑台运动示意图

4.1.2　任务资讯

1. 顺序控制设计法概述

如果一个控制系统可以分解成几个独立的控制动作，且这些动作必须严格按照一定的先后次序执行才能保证生产过程的正常运行，这样的控制系统称为顺序控制系统，也称为步进控制系统。其控制总是一步一步按顺序进行。在工业控制领域中，顺序控制系统的应用很广，尤其在机械行业，经常利用顺序控制来实现加工的自动循环。

所谓顺序控制设计法就是针对顺序控制系统的一种专门的设计方法。这种设计方法很容易被初学者接受，对于有经验的工程师，也会提高设计的效率，程序的调试、修改和阅读也很方便。PLC的设计者们为顺序控制系统的程序编制提供了大量通用和专用的编程元件，开发了专门供编制顺序控制程序用的功能表图，使这种先进的设计方法成为当前PLC程序设计的主要方法。

2. 顺序功能图的组成

使用顺序控制设计法设计顺序控制系统的程序首先需要绘制顺序功能图，如图4-2所示，顺序控制功能图主要由步、转换条件、有向线段、动作几部分构成。

（1）步。图4-2中的线框代表顺序功能图的“步”。“步”对应于工业生产工艺流程中的工步，是控制系统中一个相对稳定的状态，通常有初始步和工作步之分。初始步对应于控制系统工作之前的状态，是运行的起点，用双线框表示。初始步可以没有任何输出，但是必不可少。工作步对应于系统正常运行时的状态，用单线框表示。可以用位存储器 M 或者状态继电器 S 表示各步的序号，如 M0.0 或 S0.1 等。

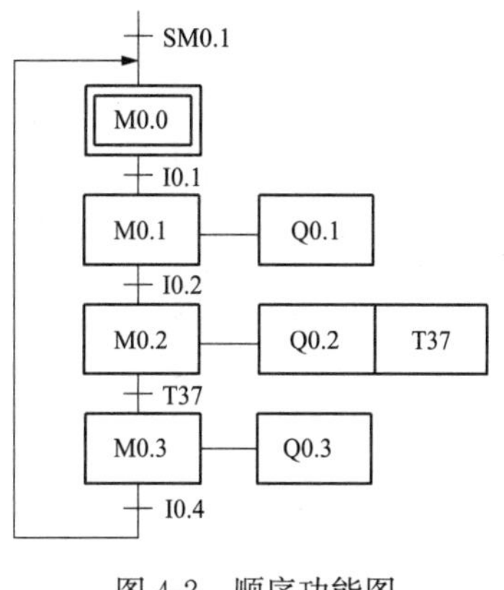

图 4-2　顺序功能图

根据步的运行状态，又可以将"步"分为活动步和静止步。系统正工作于某一步时，相应的工作被执行，该步称为活动步。只有前级步为活动步，同时满足相应的转换条件时，才能激活当前步，同时停止前级步。SM0.1 为初始化脉冲，在 PLC 由 STOP 变为 RUN 的瞬间，SM0.1 接通一个扫描周期，用于激活初始步。否则，由于没有活动步，程序不能被执行。

（2）转换条件。转换用有向连线上与有向连线垂直的短划线来表示，将相邻两步分隔开。步的活动状态的进展是由转换的实现来完成的，并与控制过程的发展相对应。

使系统由当前步进入下一步的信号称为转换条件，转换条件可以是外部的输入信号，也可以是 PLC 内部产生的信号，转换条件还可以是若干个信号的与、或、非逻辑组合。转换条件标注在表示转换的短线的旁边，例如，图 4-2 中 M0.0 这一步转移至 M0.1 这一步的转换条件是 I0.1 得电。如果在转换条件上面加一道横杠，表示转换条件为该信号的动断触点接通；如果在转换条件旁边加一个↑，表示转换条件为该信号由断到通的上升沿脉冲；如果在转换条件上面加一个↓，表示转换条件为该信由通到断的下降沿脉冲。

步与步之间的状态转换需满足两个条件：一是前级步必须是活动步；二是对应的转换条件要成立。满足上述两个条件就可以实现步与步之间的转换。值得注意的是，一旦后续步转换成功成为活动步，前级步就要复位成为非活动步。这样，状态转移图的分析就变得条理十分清楚，无须考虑状态时间的繁杂联锁关系。另外，这也方便程序的阅读理解，使程序的试运行、调试、故障检查与排除变得非常容易，这就是步进顺控设计法的优点。

（3）有向线段。在画顺序功能图时，将代表各步的方框按它们成为活动步的先后次序顺序排列，并用有向连线将它们连接起来。步的活动状态习惯的进展方向是从上到下或从左至右，在这两个方向有向连线上的箭头可以省略。如果不是上述的方向，则应在有向连线上用箭头注明进展方向。

（4）动作。可以将一个控制系统划分为被控系统和施控系统。对于被控系统，在某一步中要完成某些"动作"；对于施控系统，在某一步中则要向被控系统发出某些"命令"。为了叙述方便，下面将命令或动作统称为动作，并用矩形方框中的文字或符号表示，该矩形框应与它所在的步对应的方框相连，例如，图 4-2 中 M0.2 这一步的动作是 Q0.2 得电且 T37 开始延时。

如果某一步有几个动作，可以用两种画法来表示多个动作，如图 4-2 中的步 M0.2 和 M0.3，但并不隐含这些动作之间的任何顺序。

3. 顺序功能图的类型

顺序功能图主要用三种类型：单序列、选择序列和并行序列，如图 4-3 所示。

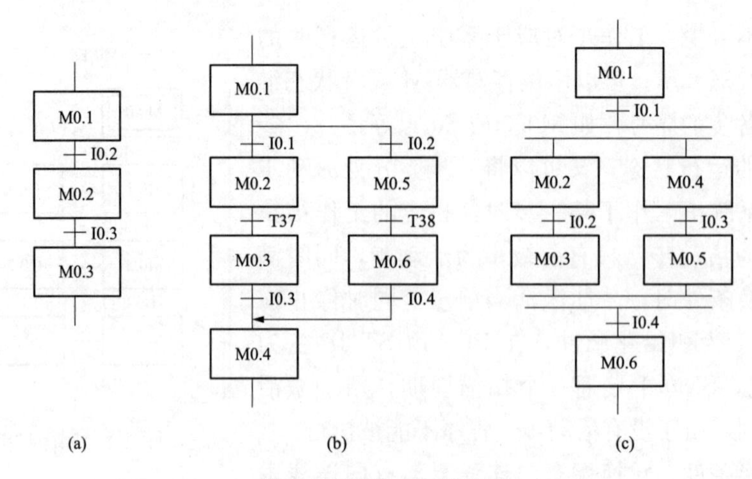

图 4-3 顺序功能图类型

(a) 单序列；(b) 选择序列；(c) 并行序列

(1) 单序列。单序列由一系列相继激活的步组成，每一步的后面仅有一个转换，每一个转换的后面只有一个步，单序列的特点是没有分支与合并。

(2) 选择序列。选择序列的开始称为分支，转换符号只能标在水平连线之下。步 M0.1 后有两个转换 I0.1 和 I0.2 所引导的两个选择序列，如果步 M0.1 是活动步，并且转换条件 I0.1 为 ON，则步 M0.2 被触发；如果步 M0.1 是活动步，并且转换条件 I0.2 为 ON，则步 M0.5 被触发。一般只允许选择一个序列。

选择序列的结束称为合并，几个选择序列合并到一个公共序列，用需要重新组合的序列相同数量的转换符号和水平连线来表示，转换符号只允许标在水平连线之上。如果步 M0.3 是活动步，并且转换条件 I0.3 为 ON，则步 M0.4 被触发；如果步 M0.6 是活动步，并且转换条件 I0.4 为 ON，则步 M0.4 被触发。

(3) 并行序列。并行序列用来表示系统同时工作的几个独立部分的工作情况。当转换的实现导致几个序列同时激活时，这些序列被称为并行序列，并行序列的开始称为分支。当步 M0.1 是活动步，并且转换条件 I0.1 为 ON，步 M0.2 和步 M0.4 同时变为活动步，同时步 M0.1 变为不活动步。为了强调转换的同步实现，水平连线用双线表示。在水平双线之上，只允许有一个转换符号。

并行序列的结束称为合并，在水平双线之下，只允许有一个转换符号。步 M0.3 和步 M0.5 都处于活动状态，并且转换条件 I0.4 为 ON 时，才会发生步 M0.3 和步 M0.5 到步 M0.6 的进展，即步 M0.6 变为活动步，步 M0.3 和步 M0.5 同时变为不活动步。

4. 顺序功能图的绘制原则

绘制顺序功能图应注意以下几点：

(1) 步与步不能直接相连，要用转换隔开；

(2) 转换也不能直接相连，要用步隔开；

(3) 初始步描述的是系统等待起动命令的初始状态，通常在这一步里没有任何动作，但初始步是不能不画的；

（4）顺序功能图应是一个闭环。

5. 顺序功能图的绘制步骤

（1）根据工艺流程要求划分“步”，并确定每步的输出。

（2）确定步与步之间的转换条件。

（3）画出步序图。

（4）将步序图转换为顺序功能图。

（5）将步序图中的“步”用相应状态继电器 S 或辅助继电器 M 代替，并画出每步驱动的线圈。将转换条件用字符或逻辑语言描述出来。

6. 启-保-停顺序控制设计法基本思路

启-保-停顺序控制设计法是采用启-保-停电路实现顺序控制的一种编程方法。

编程时用位存储器 M 来代表步。某一步为活动步时，对应的位存储器为“1”状态，转换实现时，该转换的后续步变为活动步。如图 4-4 所示 M_{i-1}、M_i 和 M_{i+1}是功能表图中顺序相连的 3 步，X_{i-1}、X_i 和 X_{i+1}是相应步之前的转换条件。

编程的关键是找出它的起动条件和停止条件。根据转换实现的基本规则，转换实现的条件是它的前级步为活动步，并且满足相应的转换条件，所以步 M_i 变为活动步的条件是 M_{i-1}为活动步，并且转换条件 $X_i=1$，在梯形图中则应将 M_{i-1}和 X_i 的动合触点串联后作为控制 M_i 的启动信号。当 M_i 和 X_{i+1}均为“1”状态时，步 M_{i+1}变为活动步，这时步 M_i 应变为不活动步，因此可以将 $M_{i+1}=1$ 作为使 M_i 变为“0”状态的停止条件，即将 M_{i+1}的动断触点与 M_i 的线圈串联。

在使用启保停顺序控制设计法实现了整个序列步与步的转换后，再设计每一步要实现的动作程序，这里要注意不能出现双线圈的现象。

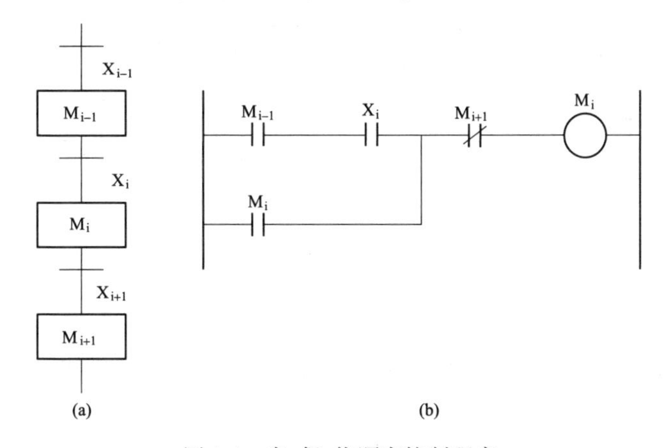

图 4-4　启-保-停顺序控制程序

（a）顺序功能图；（b）梯形图

4.1.3　任务实施

1. I/O 分配

本任务中，输入设备主要有启动按钮 SB1、停止按钮 SB2、左限位开关 SQ1、中限位开关 SQ2 和右限位开关 SQ3，输出设备主要是三个电磁阀的线圈，它们的输入输出点分配见表 4-1。

表 4-1　　液压滑台 I/O 分配表

输入设备	文字符号	输入地址	输出设备	文字符号	输出地址
启动按钮	SB1	I0.0	电磁阀线圈	YV1	Q0.0
停止按钮	SB2	I0.1	电磁阀线圈	YV2	Q0.1
左限位	SQ1	I0.2	电磁阀线圈	YV3	Q0.2
中限位	SQ2	I0.3			
右限位	SQ3	I0.4			

2. 硬件接线

图 4-5 所示为液压滑台的 PLC 控制电路。

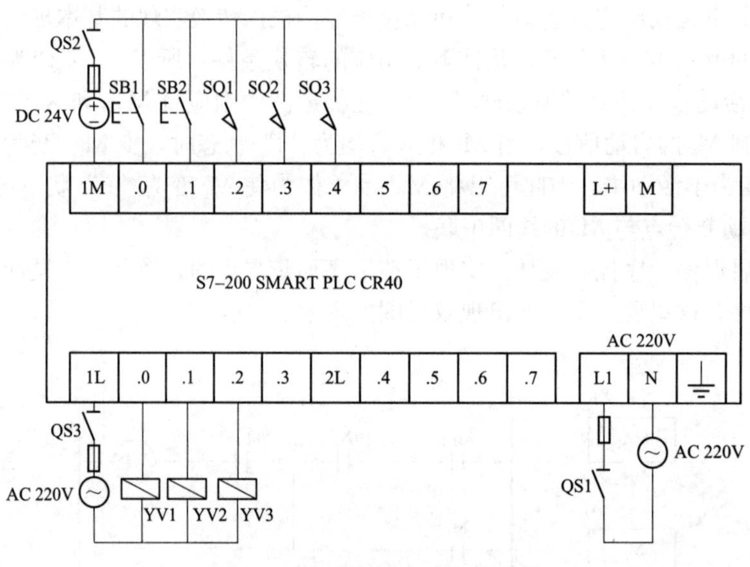

图 4-5　液压滑台 PLC 控制电路

3. 程序设计

根据要求，画出液压滑台的顺序功能图，如图 4-6 所示。

使用启保停顺序控制设计法编写梯形图程序，如图 4-7 所示。程序原理如下：

（1）用 M0.0 代表初始步，用 M0.1～M0.3 代表滑台快进、工进和快退 3 个工作步，用 SM0.1 的动合触点在 PLC 上电运行时将初始步 M0.0 预置为活动步。

（2）第 1～4 段程序为通过起保停顺序控制设计法实现初始步以及 3 个工作步的顺序切换。

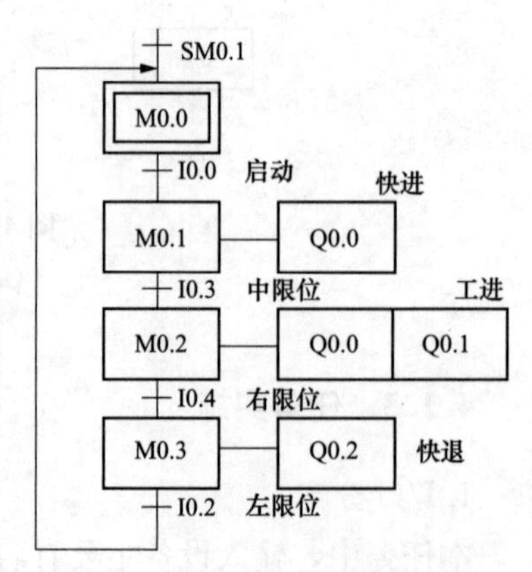

图 4-6　液压滑台的顺序功能图

(3) 第5～7段程序通过代表3个工作步的位存储器M0.1～M0.3控制实际输出点。

(4) 第8段程序目的在于按下停止按钮时复位M0.1～M0.3并置位初始步M0.0。

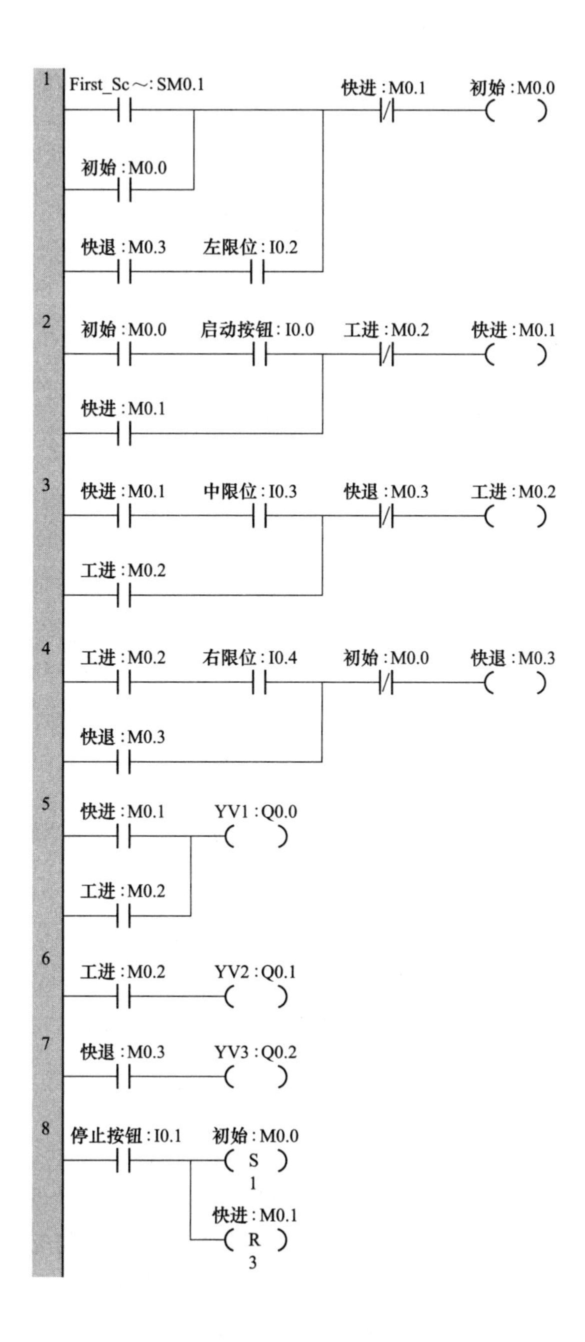

图4-7　液压滑台控制梯形图程序

4.1.4 知识拓展

1. 连续循环运行方式的实现方法

在图 4-7 所示的程序中，本完成一次循环则回到初始状态等待再一次按下停止按钮才能开始下一个循环，这种方式称为单周期运行方式。如果将其中第 1～4 段程序改成图 4-8 所示的程序，则可以实现连续循环运行方式，即快退结束后无需按启动按钮即可再次快进。

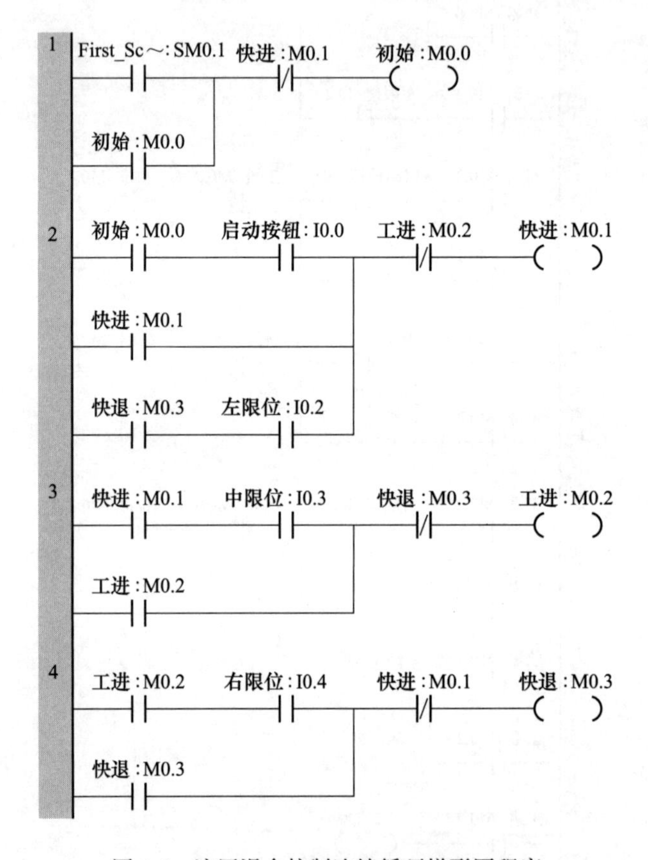

图 4-8　液压滑台控制连续循环梯形图程序

2. 回原点停止的实现方法

在图 4-8 所示的程序中，按下停止按钮则液压滑台当前无论处于什么工作步都会立即停止动作。在实际工作中还有一种停止方式为回原点停止，即按下停止按钮后并不立即停止，而是等本周期剩余动作完成后回到初始状态等待。如图 4-9 所示，将图 4-7 中第 1～4 段程序进行了修改在开始增加了一段停止记忆程序，任何时刻按下停止按钮，停止记忆信号 M1.0 得电。当快退工作步结束时，如果 M1.0 得电，则从快退状态返回到初始步；如果 M1.0 不得电，则继续循环运行。

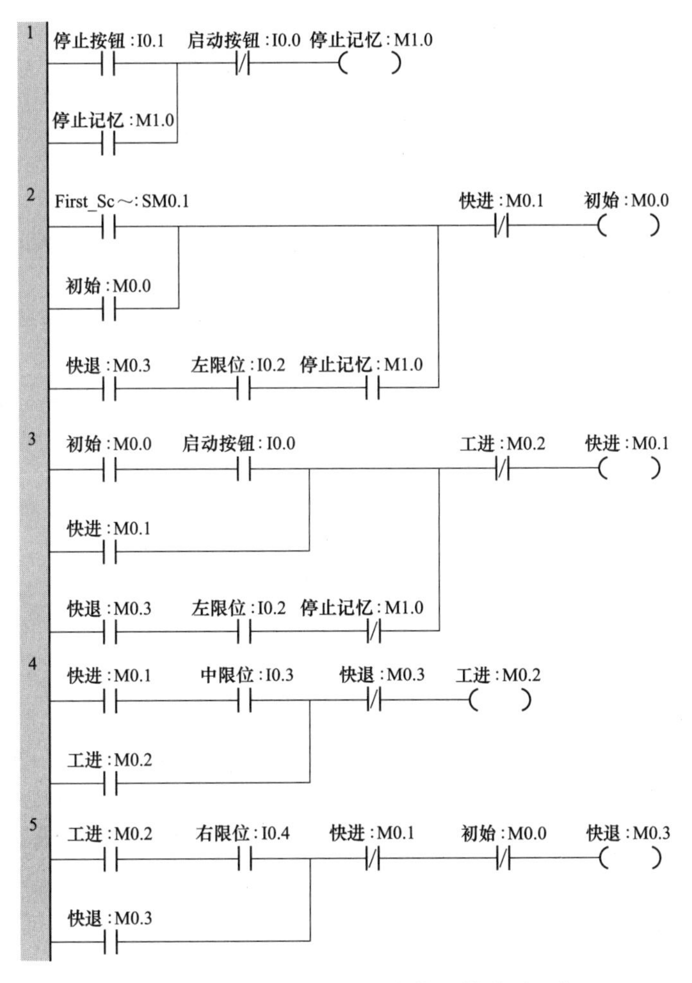

图4-9 液压滑台控制回原点停止梯形图程序

习题

一、选择题

1. PLC 顺序控制设计法中将顺序控制系统中的每一阶段称为（　　）。

A. 步　　B. 转换条件　　C. 有向连线　　D. 动作

2. PLC 顺序控制设计法中将顺序控制系统中方向的转换用（　　）表示。

A. 步　　B. 转换条件　　C. 有向连线　　D. 动作

3. PLC 顺序控制设计法中将顺序控制系统中当前步进入下一步的信号称为（　　）。

A. 步　　B. 转换条件　　C. 有向连线　　D. 动作

4. PLC 顺序功能图的结构中不包括（　　）。

A. 步　　B. 转换条件　　C. 有向连线　　D. 动作

5. 顺序功能图中一般用（　　）置位初始步。

A. SM0.0　　B. SM0.1　　C. SM0.4　　D. SM0.5

二、判断题

1. 所谓顺序控制设计法就是针对顺序控制系统的一种专门的设计方法。 (　　)
2. 在顺序功能图中步与步不能相连，必须用转换分开。 (　　)
3. 在顺序功能图中转换与转换不能相连，必须用步分开。 (　　)
4. 在顺序功能图中 一个流程图至少要有一个初始步。 (　　)
5. 在顺序功能图中每步后只能有一个转换，每个转换后也只能连接着一个步。 (　　)

三、设计题

1. 根据图 4-10 时序图画出顺序功能图并用启保停顺序控制设计法设计程序。

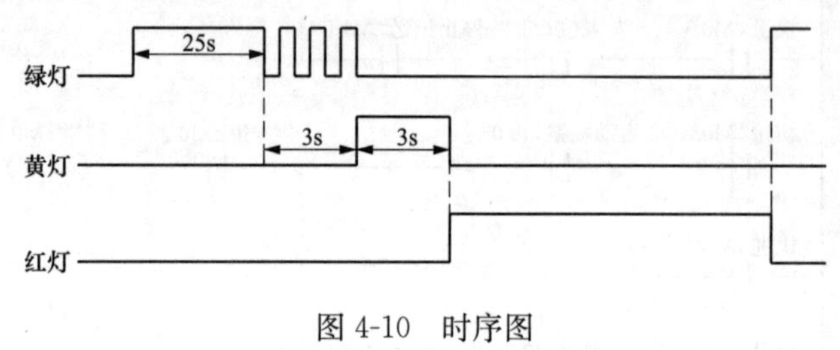

图 4-10　时序图

2. 某三地运料小车，启动按钮 SB1 后小车先在原点（左限位 SQ1 处）装料（YV1）10s，然后小车右行至中限位 SQ2 处停止并卸料（YV2）4s，卸料完毕后小车再次右行至右限位 SQ3 处停止卸料（YV2）6s，卸料完毕后小车左行退回原点位置开始下一个循环。请画出顺序功能图并用启保停顺序控制设计法设计程序。

3. 有红、黄、绿三只彩灯，控制要求如下，请画出顺序功能图并用启保停顺序控制设计法设计程序。

（1）按下启动按钮 SB1 后，红灯单独闪烁 3 次，之后黄灯单独闪烁 3 次，之后蓝灯单独闪烁 3 次。

（2）按下停止按钮 SB2 后 ，三只彩灯一起亮 3s 后熄灭。

任务 2　剪板机的 PLC 控制

4.2.1　任务概述

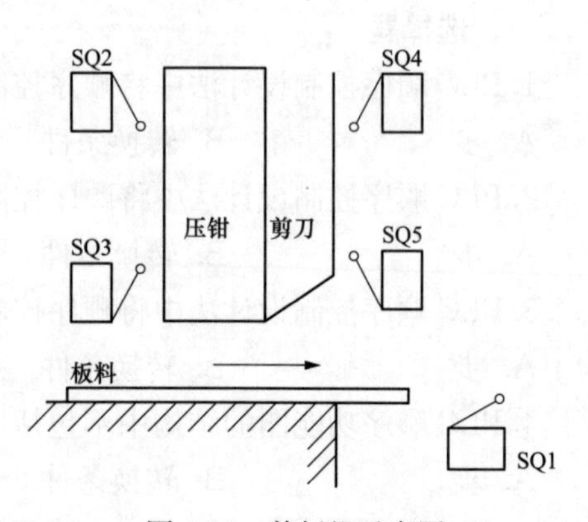

图 4-11　剪板机示意图

图 4-11 所示为某剪板机的示意图。原始状态时，压钳和剪刀均在上方原位，并压合 SQ2 和 SQ4。按下启动按钮，送板料车开始启动，当板料送到位（SQ1 动作）后，送板料车停止，压钳下压，碰到 SQ3 后停止下压，剪刀下行，剪断板料，SQ5 状态变为 ON，剪刀停止下行，延时 1s 后压钳退回，SQ2 动作后剪刀退回，碰到 SQ4 停止，完成一个工作周

期，剪完 3 块板料后停止循环。循环过程中如按下停止按钮，则完成本周期剩余动作后回到原位等待。

4.2.2 任务资讯

1. S、R 指令顺序控制设计法思路

图 4-12 所示为以转换为中心的编程方式设计的梯形图与功能表图的对应关系。图中要实现 X_i对应的转换必须同时满足两个条件：前级步为活动步（$M_{i-1}=1$）和转换条件满足（$X_i=1$），所以用 M_{i-1}和 X_i的动合触点串联组成的电路来表示上述条件。

两个条件同时满足时，该电路接通时，此时应完成两个操作：将后续步变为活动步（用置位指令 S 将 M_i置位）和将前级步变为不活动步（用复位指令 R 将 M_{i-1}复位）。这种编程方式与转换实现的基本规则之间有着严格的对应关系，用它编制复杂的功能表图的梯形图时，更能显示出它的优越性。

2. 单序列 S/R 指令顺序控制编程方法

图 4-13 所示为单序列的顺序功能图，图 4-14 所示为转换后的步进梯形图程序。第 1～4 段程序为通过 S、R 指令实现从 M0.0 到 M0.2 的顺序转换，第 5、6 段程序为输出继电器的控制。

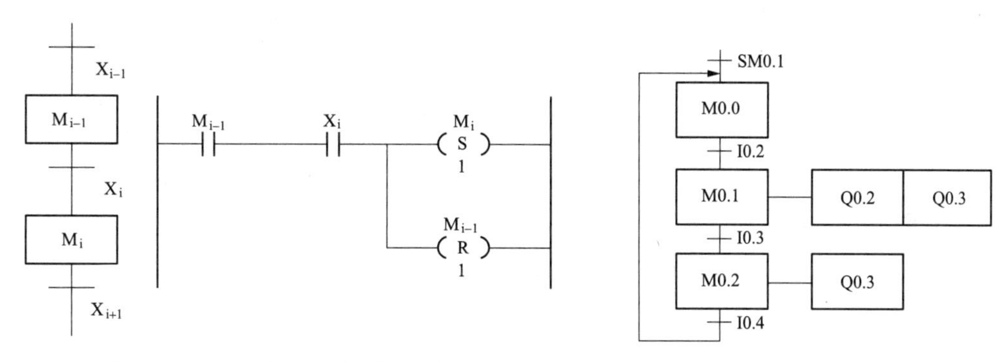

图 4-12 S、R 指令设计法基本思路

图 4-13 单序列顺序功能图

使用这种编程方法时，不能将输出位的线圈与置位指令和复位指令并联，这是因为控制置位、复位的串联电路接通的时间只有一个扫描周期。所以要用代表步的位存储器位的动合触点或它们的并联电路来驱动输出位的线圈。

4.2.3 任务实施

1. I/O 分配

本任务中，输入设备主要有启动按钮 SB1、停止按钮 SB2、板料右限位开关 SQ1、压钳上限位开关 SQ2、压钳下限位开关 SQ3、剪刀上限位开关 SQ4 和剪刀下限位开关 SQ5，输出设备主要是板料右行接触器 KM1 的线圈、剪刀下行接触器 KM2 的线圈、剪刀上行接触器 KM3 的线圈、压钳下行电磁阀 YV1 的线圈和压钳上行电磁阀 YV2 的线圈，它们的 I/O 点分配见表 4-2。

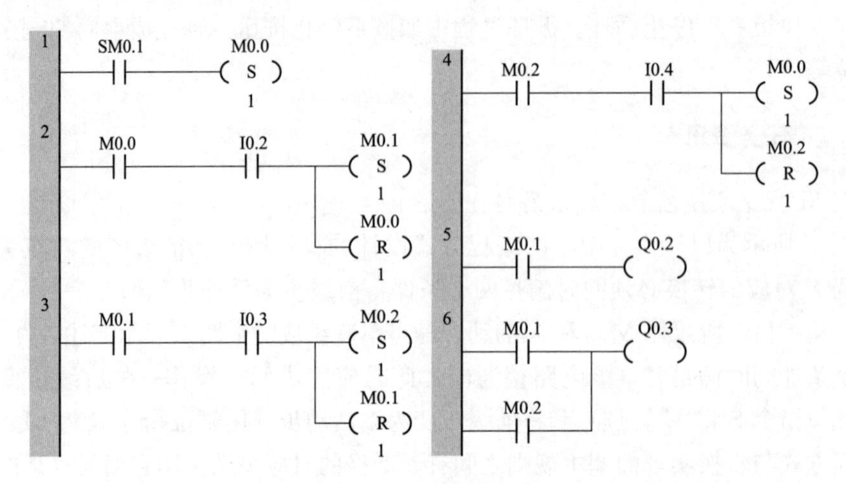

图 4-14　单序列步进梯形图程序

表 4-2　　剪板机 PLC 控制 I/O 分配表

输入设备	文字符号	输入地址	输出设备	文字符号	输出地址
启动按钮	SB1	I0.0	板料右行接触器	KM1	Q0.0
停止按钮	SB2	I0.1	剪刀下行接触器	KM2	Q0.1
板料右限位开关	SQ1	I0.2	剪刀上行接触器	KM3	Q0.2
压钳上限位开关	SQ2	I0.3	压钳下行电磁阀	YV1	Q0.4
压钳下限位开关	SQ3	I0.4	压钳上行电磁阀	YV2	Q0.5
剪刀上限位开关	SQ4	I0.5			
剪刀下限位开关	SQ5	I0.6			

2. 硬件接线

图 4-15 所示为剪板机的 PLC 接线图，其中输入回路采用外接 24V 直流电源，接触器线圈采用交流 220V 电源，电磁阀线圈采用直流 24V 电源，剪刀上行、下行接触器要有硬件互锁，板料电动机主电路和剪刀、压钳的液压回路略。

3. 程序设计

根据要求，画出剪板机系统的顺序功能图，如图 4-16 所示，并使用置位复位指令法编写梯形图程序，如图 4-17 所示。程序原理如下：

（1）第 1 段程序，PLC 上电后启动初始步，用 SM0.1 的动合触点将初始步 M0.0 预置为活动步，将 M0.1 至 M0.6 全部复位。

（2）第 2 段程序，初始状态下按下启动按钮板料右行，用 M0.0、I0.3、I0.5 和 I0.0 的动合触点串联电路将步 M0.1 置位，同时将步 M0.0 复位。

（3）第 3 段程序，板料右行到位后压钳开始下行，用 M0.1 和 I0.2 的动合触点串联电路将 M0.2 置位，同时将 M0.1 复位。

（4）第 4 段程序，压钳下行到位后剪刀开始下行并剪料，用 M0.2 和 I0.4 的动合触

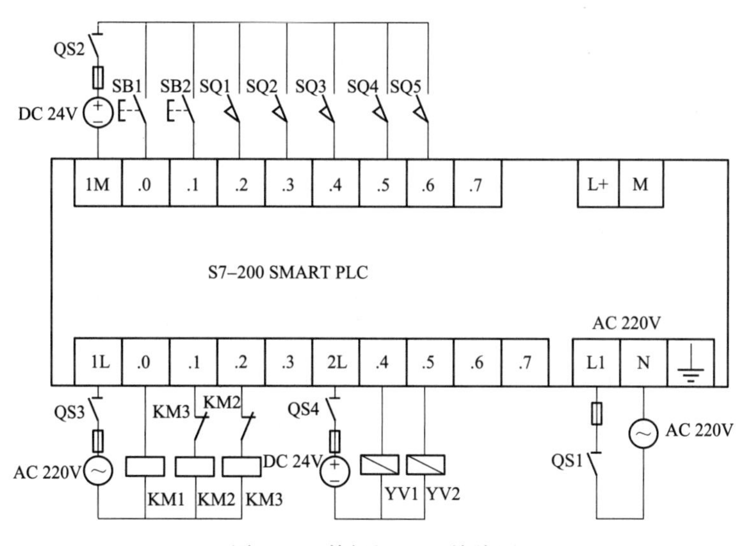

图 4-15　剪板机 PLC 接线图

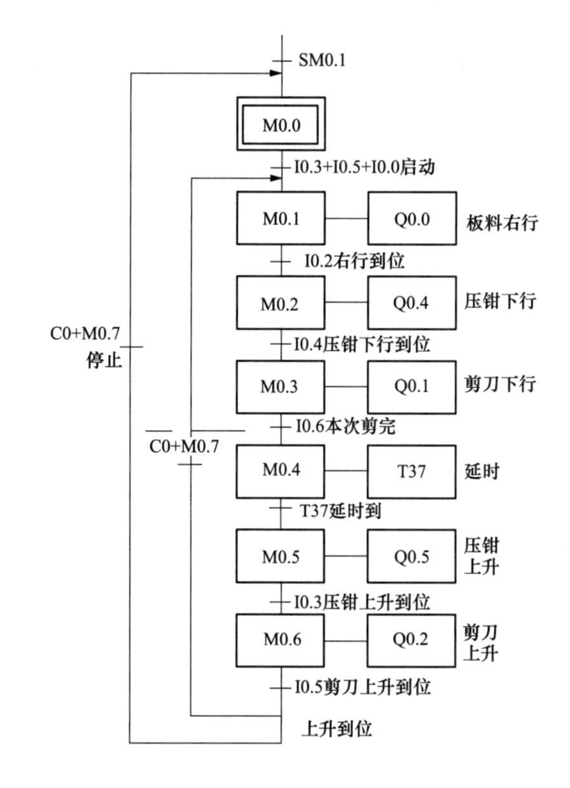

图 4-16　剪板机顺序功能图

点串联电路将 M0.3 置位，同时将 M0.2 复位。

（5）第 5 段程序，剪刀下限位动作后剪刀停止下行并延时 1s，用 M0.3 的动合触点将 M0.4 置位启动延时步，同时将 M0.3 复位。

（6）第 6 段程序，1s 延时时间到后压钳上行，用 M0.4 和 T37 的动合触点将 M0.5

置位，同时将 M0.4 复位。

（7）第 7 段程序，压钳上行结束后剪刀开始上行退回，用 M0.5 和 I0.3 的动合触点将 M0.6 置位，同时将 M0.5 复位。

（8）第 8 段程序，剪刀上行结束后若计数未到 3 次且停止记忆信号 M0.7 未得电则返回板料右进工步 M0.1。

（9）第 9 段程序，剪刀上行结束后若计数已到 3 次或停止记忆信号 M0.7 得电则返回初始工步 M0.0。

（10）第 10 段程序，定时器 T37 动合触点每动作一次，计数器 C0 当前值加 1，设定循环次数为 3 次，用启动按钮的信号复位计数器 C0。

（11）第 11 段程序，M0.7 为停止记忆信号，按下启动按钮后该信号接通，按下停止按钮后该信号断开，配合第 9、10 段程序实现回原点停止方式。

（12）第 12～17 段程序，5 个输出点和定时器对应的输出控制程序。

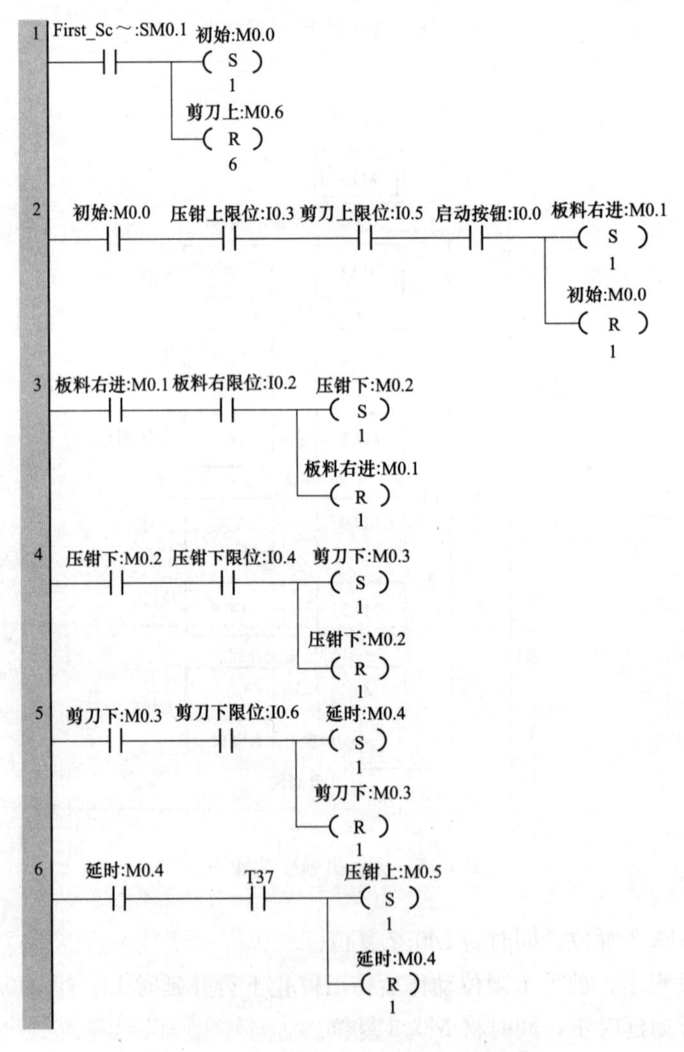

图 4-17　剪板机 PLC 控制梯形图程序

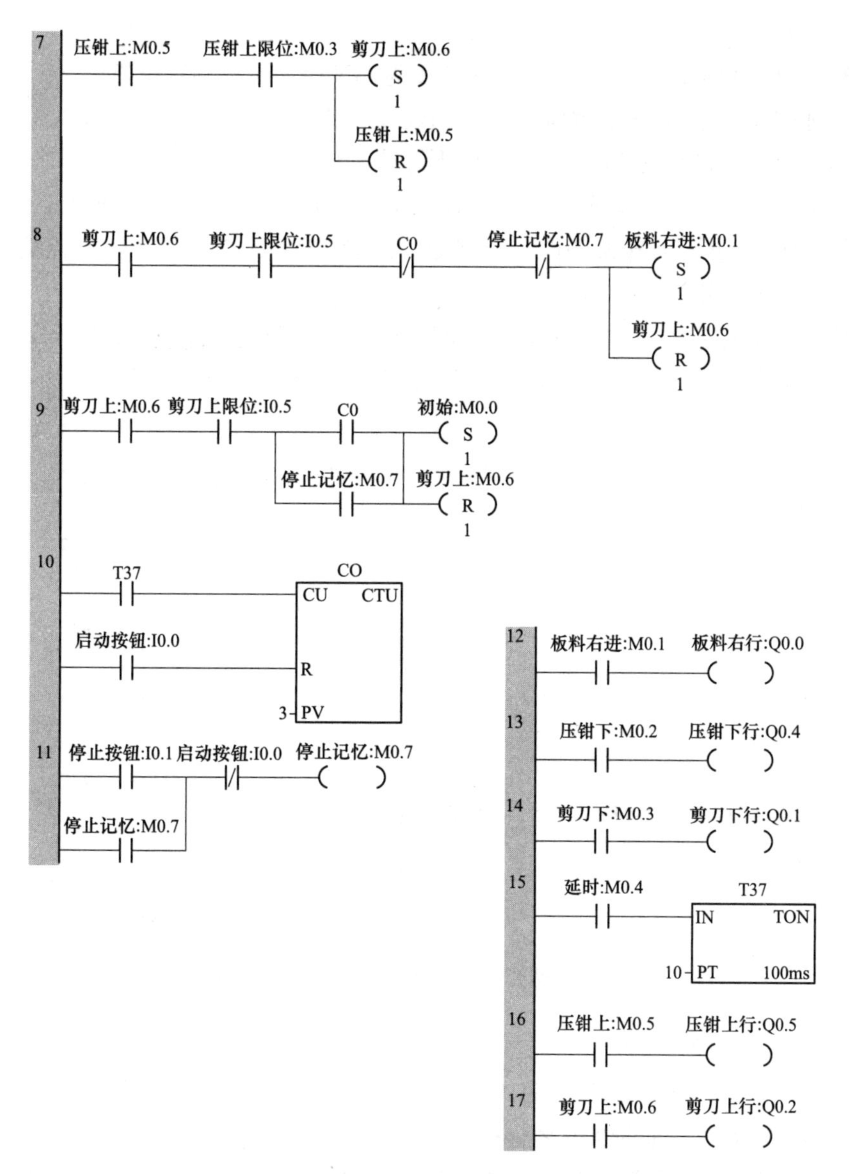

图 4-17　剪板机 PLC 控制梯形图程序（续）

4.2.4　知识拓展

1. 选择序列的编程方法

（1）选择序列分支的编程。图 4-18 所示为选择序列的顺序功能图，步 M0.0 之后有一个选择序列的分支。如果步 M0.0 是活动步时，有两种选择，当转换条件 I0.1 满足时，则步 M0.1 变为活动步，步 M0.0 变为不活动步；当转换条件 I0.2 满足时，则步 M0.2 变为活动步，步 M0.0

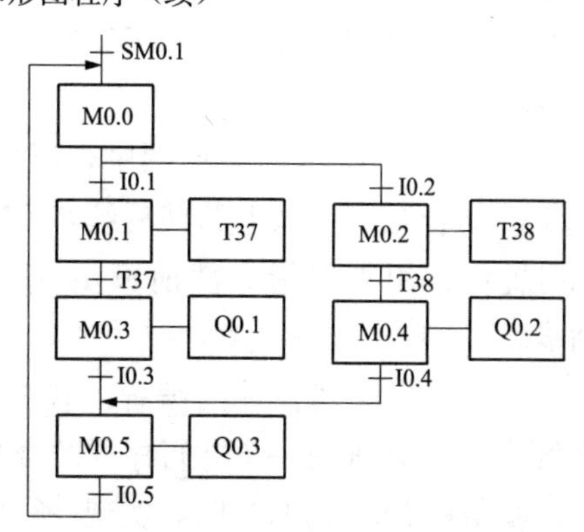

图 4-18　选择序列顺序功能图

变为不活动步。

在图 4-19 的梯形图中，当转换条件 I0.1 为 ON 时，可以用置位指令“S M0.1，1”将步转换到 M0.1，然后向下继续执行；当转换条件 I0.2 为 ON 时，可以用置位指令“S M0.2，1”将步转换到 M0.2，然后向下继续执行。

(2) 选择序列合并的编程。在图 4-18 中，步 M0.5 之前有一个选择序列的合并。当步 M0.3 为活动步，且转换条件 I0.3 满足，或者步 M0.4 为活动步，且转换条件 I0.4 满足时，步 M0.5 应变为活动步。

在图 4-19 的梯形图中，在步 M0.3 和步 M0.4 后续对应的程序段中，分别用 I0.3 和 I0.4 的动合触点驱动指令“S M0.5，1”就能实现选择序列的合并。

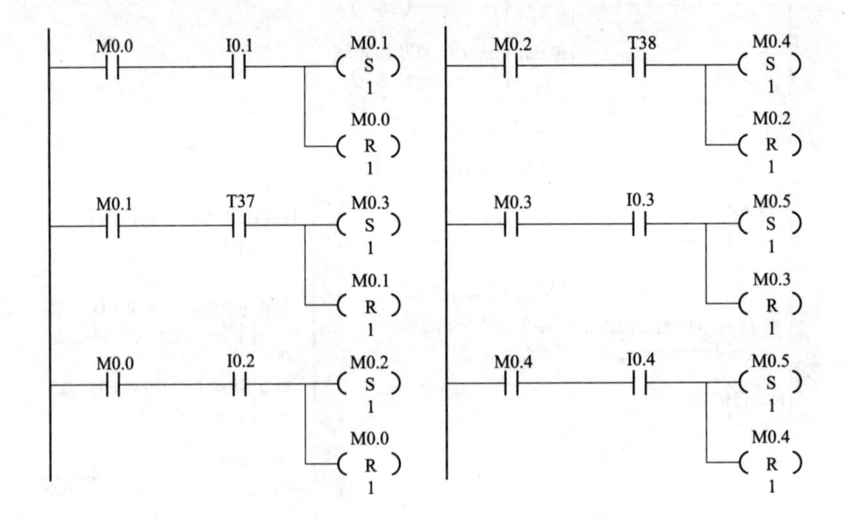

图 4-19　选择序列的分支和汇合梯形图程序

2. 并行序列的编程方法

(1) 并行序列分支的编程。图 4-20 所示为并行序列的顺序功能图，步 M0.1 之后有一个并行序列的分支。当步 M0.1 是活动步，且转换条件 I0.1 为 ON 时，步 M0.2 和步 M0.4 应同时变为活动步。

在图 4-21 所示的梯形图中，可以用 M0.1 和 I0.1 的动合触点串联电路使后续步 M0.2 和 M0.4 同时置位，用复位指令使前级步 M0.1 变为不活动步。

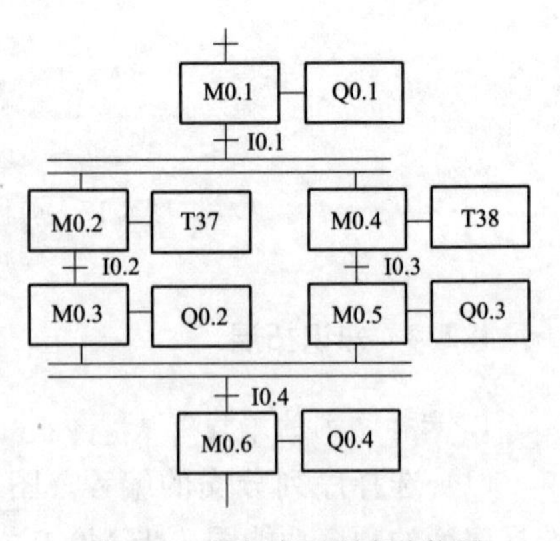

图 4-20　并行序列顺序功能图

(2) 并行序列合并的编程。在图 4-20 中，转换条件 I0.4 之前有一个并行序列的合并。当所有前级步 M0.3 和 M0.5 都是活动步，并且转换条件 I0.4 为 ON 时，实现并行序列的合并。

在图 4-21 所示的梯形图中，用 M0.3、M0.5 和 I0.4 的动合触点串联电路使后续步

M0.6 置位，用复位指令使前级步 M0.3 和 M0.5 变为不活动步。

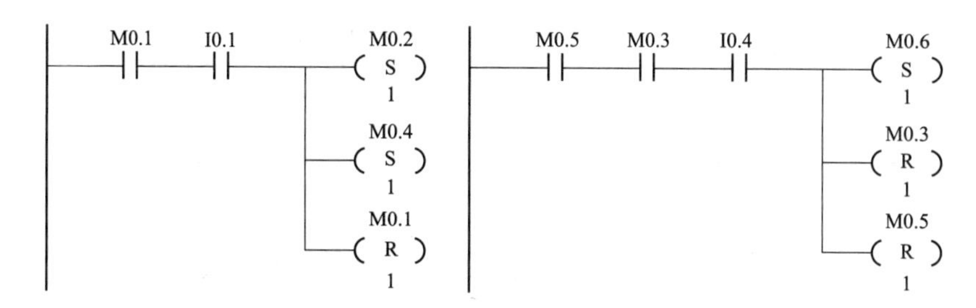

图 4-21 并行序列的分支和汇合编程方法

习题

一、简答题

1. 简述置位复位指令顺序控制设计法的基本思路。

2. 简述回原点停止的实现方法。

二、设计题

1. 按下启动按钮后 6 个指示灯每隔 1s 顺序点亮，最后 6 个灯都亮，全亮 2s 后熄灭 2s，然后循环上述步骤，有回原点停止功能。用置位复位指令顺序控制设计法设计梯形图程序。

2. 三台电动机，按下启动按钮时，M1 先启动，运行 2s 后 M2 启动，再运行 3s 后 M3 启动；按下停止按钮时，M3 先停止，3s 后 M2 停止，2s 后 M1 停止。有回原点停止功能。用置位复位指令顺序控制设计法设计梯形图程序。

3. 有红、黄、绿三只彩灯，控制要求如下，用置位复位指令顺序控制设计法设计梯形图程序。

（1）按下启动按钮 SB1 后，红灯单独亮 3s，之后红、黄灯同亮 3s，之后红、黄、蓝灯同亮 3s，之后同灭 3s，如此循环；

（2）按下停止按钮 SB2 后 ，三只彩灯一起闪烁 3 次后熄灭（闪烁频率为 1Hz）。

4. 某儿童游乐园游艺飞机的控制要求如下：按下飞机启动按钮后，飞机开始围立柱做低速旋转，15s 后飞机围绕立柱作高速旋转；又经过 1min，飞机升空，升空到位后继续围绕立柱作高速旋转 1min，然后下降；下降到位后，继续围绕立柱作高速旋转 1min，然后转为低速旋转，经过 15s 后停止运动。其 I/O 点数分配见表 4-3。请设计顺序功能图程序并用置位复位指令顺序控制设计法设计梯形图程序。

表 4-3　　游乐园飞机 I/O 点数分配表

输入设备	文字符号	输入地址	输出名称	文字符号	输出地址
启动按钮	SB1	I0.0	飞机低速旋转接触器	KM1	Q0.0
停止按钮	SB2	I0.1	飞机高速旋转接触器	KM2	Q0.1

续表

输入设备	文字符号	输入地址	输出名称	文字符号	输出地址
下降手动按钮	SB3	I0.2	飞机高速旋转接触器	KM3	Q0.2
上限位行程开关	SQ1	I0.3	飞机上升接触器	KM4	Q0.3
下限位行程开关	SQ2	I0.4	飞机下降接触器	KM5	Q0.4

任务3 液体混合搅拌系统的PLC控制

4.3.1 任务概述

图4-22所示为两种液体混合装置，SL1、SL2、SL3为液面传感器，液体A、B阀门与混合液体阀门由电磁阀YV1、YV2、YV3控制，M为搅动电动机。初始状态下液体A、B阀门关闭，容器内没有液体。

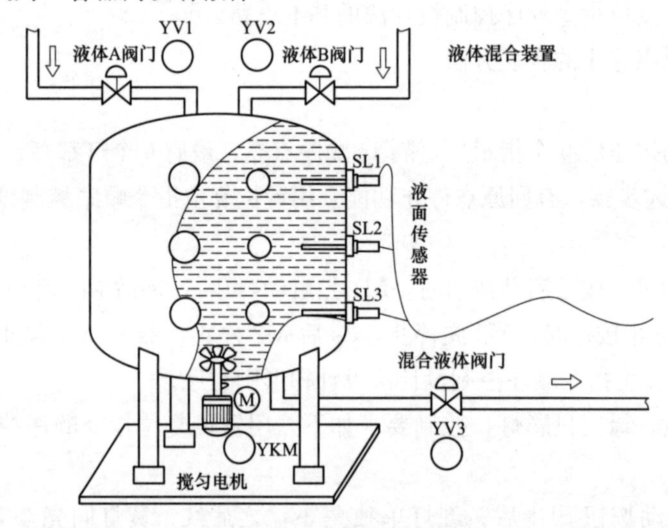

图4-22 两种液体混合装置

按下启动按钮SB1，液体A阀门打开，液体A流入容器，液位上升。当中液位开关SL2动作时，液体A阀门关闭，液体B阀门打开。当高液位开关SL1动作时，液体B阀门关闭，搅动电动机开始搅动。搅动电动机工作6s后停止搅动，混合液体阀门打开，开始放出混合液体。当液面下降到低液位开关SL3复位时，SL3由接通变为断开，再过5s后，容器放空，混合液阀门关闭，开始下一周期。按下停止按钮SB2，完成本周期剩余动作后等待。用S7-200 SMART PLC实现控制要求。

4.3.2 任务资讯

1. 顺序控制继电器S

顺序控制继电器（SCR）用于组织设备的顺序操作，SCR提供控制程序的逻辑分段，与顺序控制继电器指令配合使用。

存储器S中的数据可以按位、字节、字、双字四种方式来存取，如图4-23所示。

（1）按“位”方式：每个位地址包括存储器标识符、字节地址及位号三部分。存储器标识符为“S”，字节地址为整数部分，位号为小数部分。例如，S1.2属于字节SB1，位地址为2。

（2）按“字节”方式：每个字节地址包括存储器字节标识符、字节地址两部分。存储器字节标识符为“SB”，字节地址为整数部分。例如SB1，包括8个位，从S1.0~S1.7。

（3）按“字”方式：每个字地址包括存储器字标识符、字地址两部分。存储器字标识符为“SW”，字地址为整数部分。相邻的两个字节组成一个字，且低位字节在一个字中应该是高8位，高位字节在一个字中应该是低8位。例如SW4，包括SB4和SB5两个字节，SB4为高字节，SB5为低字节。

（4）按“双字”方式：每个双字地址包括存储器双字标识符、双字地址两部分。存储器双字标识符为“SD”，双字地址为整数部分。相邻的四个字节组成一个双字，最低位字节在一个双字中应该是最高8位。例如SD6，包括SW6和SW8连个字，SW6为高字，SW8为低字。

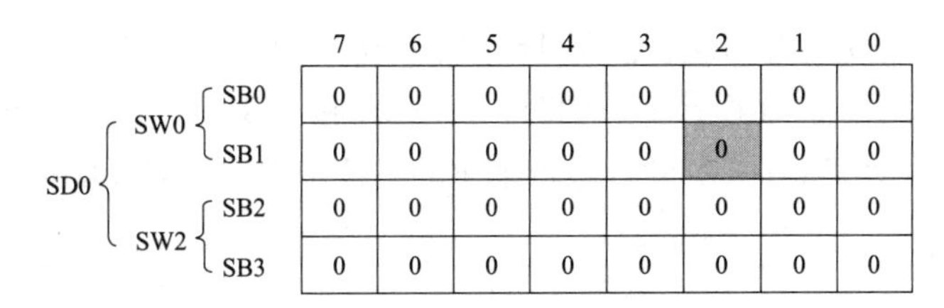

图4-23　S存储区

2. 顺序控制指令SCR

S7-200 SMART中的顺序控制继电器（SCR）专门用于编制顺序控制程序。顺序控制程序被划分为LSCR与SCRE指令之间的若干个SCR段，一个SCR段对应于顺序功能图中的一步。

顺序控制继电器指令包括装载指令LSCR、结束指令SCRE和转换指令SCRT。顺序控制继电器指令的梯形图及语句表见表4-4。

表4-4　　顺序控制继电器指令

梯形图	语句表	描述
S_bit SCR	LSCR　S_bit	SCR程序段开始
S_bit —(SCRT)	LSCT　S_bit	SCR转换
—(SCRE)	SCRE	SCR程序段结束

装载指令 LSCR S _ bit 表示一个 SCR 段的开始。指令中的操作数 S _ bit 为顺序控制继电器 S 的地址（如 S0.0）。顺序控制继电器为 ON 时，执行对应的 SCR 段中的程序，反之则不执行。

结束指令 SCRE 用来表示 SCR 段的结束。转换指令 SCRT 用来表示 SCR 段之间的转换，即步的活动状态的转换。当 SCRT 线圈“得电”时，SCRT 指令将 S _ bit 指定的顺序功能图中的后续步对应的顺序控制继电器置位为 ON，同时当前活动步对应的顺序控制继电器被操作系统复位为 OFF，当前步变为不活动步。

LSCR 指令中指定的顺序控制继电器被放入 SCR 堆栈和逻辑堆栈的栈顶，SCR 堆栈中 S 位的状态决定对应的 SCR 段是否执行。由于逻辑堆栈的栈顶装入了 S 位的值，所以将 SCR 指令直接连接到左侧母线上。

使用 SCR 时有以下的限制：不能在不同的程序中使用相同的 S 位；不能在 SCR 段之间使用 JMP 及 LBL 指令，即不允许用跳转的方法跳入或跳出 SCR 段；不能在 SCR 段中使用 FOR、NEXT 和 END 指令。

3. SCR 指令单序列顺序控制设计法

图 4-24（a）中，S0.0 为 ON 且满足条件 I0.2 时启动 S0.1；S0.1 为 ON 且满足 I0.3 时启动 S0.2；S0.2 为 ON 且满足 I0.4 时启动 S0.0。在设计顺序功能图时，用顺序控制继电器 S 表示步。在设计梯形图时，用 SCR 和 SCRE 指令表示 SCR 段的开始和结束。在 SCR 段中用 SM0.0 的动合触点来驱动在该步中应为 ON 的输出 Q 的线圈，并

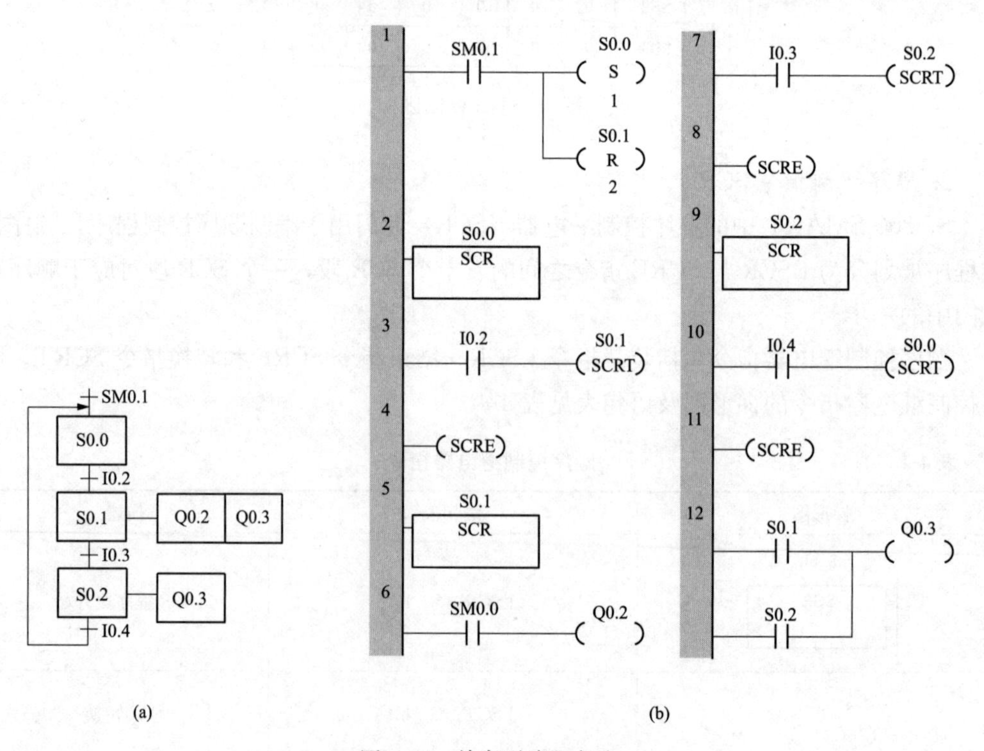

图 4-24　单序列编程方法

（a）顺序功能图；（b）梯形图

用转换条件对应的触点或电路来驱动转换到后续步的 SCRT 指令。Q0.3 在 S0.1 和 S0.2 这 2 步中均应工作，不能在这 2 步的 SCR 段内分别设置一个 Q0.3 的线圈，必须用 S0.1 和 S0.2 的动合触点组成的并联电路来驱动 Q0.3 的线圈，如图 4-24（b）所示。

4.3.3 任务实施

1. I/O 分配

本任务中，输入设备主要有启动按钮 SB1、停止按钮 SB2、上液位传感器 SL1、中液位传感器 SL2、下液位传感器 SL3、热继 FR，输出设备主要是 A 电磁阀 YV1、B 电磁阀 YV2、C 电磁阀 YV3 和搅拌电动机接触器 KM1，它们的 I/O 点分配见表 4-5。

表 4-5　液体混合搅拌系统 I/O 点分配表

输入设备	文字符号	输入地址	输出设备	文字符号	输出地址
启动按钮	SB1	I0.0	电磁阀 A	YV1	Q0.0
停止按钮	SB2	I0.1	电磁阀 B	YV2	Q0.1
上液位传感器	SL1	I0.2	电磁阀 C	YV3	Q0.2
中液位传感器	SL2	I0.3	接触器	KM1	Q0.4
下液位传感器	SL3	I0.4			
热继电器	FR1	I0.5			

2. 硬件接线

图 4-25 所示为液体混合搅拌系统的电气原理图，其中输入回路采用外接 24V 直流电源，接触器线圈采用交流 220V 电源，电磁阀线圈采用直流 24V 电源。

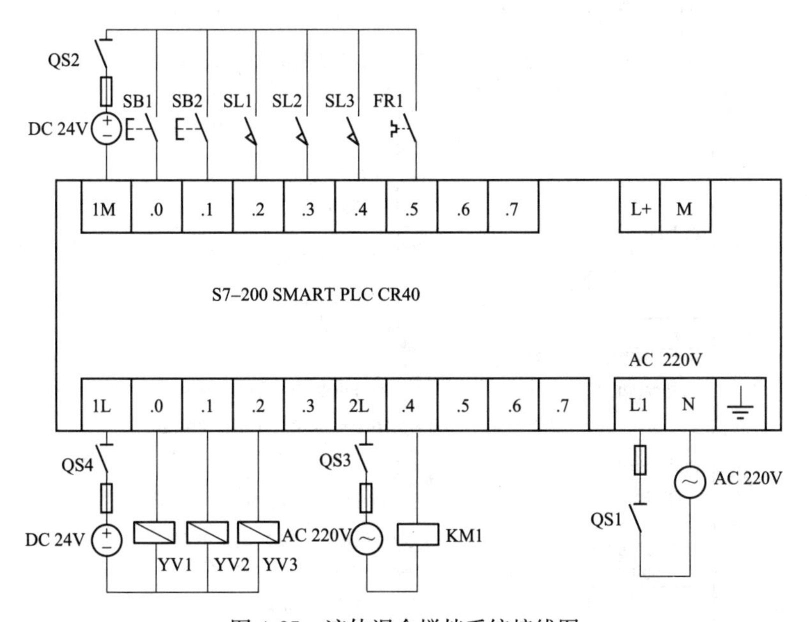

图 4-25　液体混合搅拌系统接线图

3. 程序设计

根据要求，画出液体混合搅拌系统的顺序功能图，如图 4-26 所示，并使用 SCR 指令法编写梯形图程序，如图 4-27 所示。

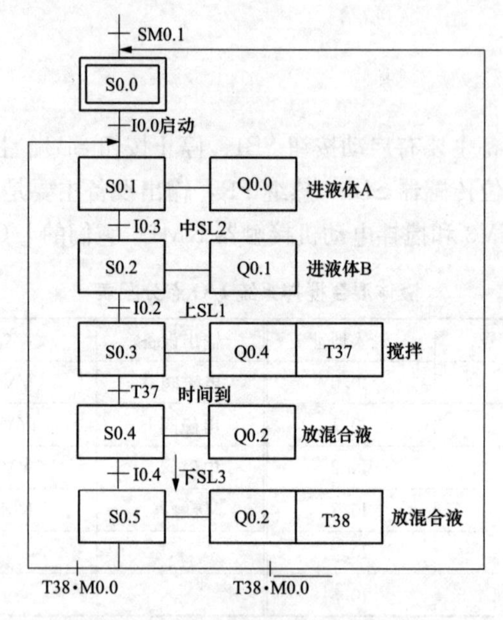

图 4-26 液体混合搅拌系统顺序功能图

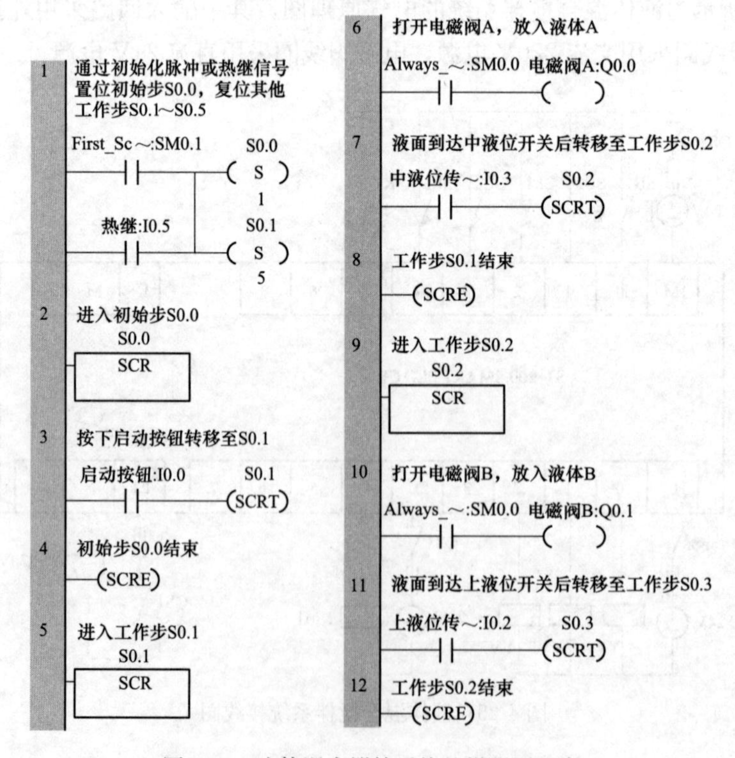

图 4-27 液体混合搅拌系统的梯形图程序

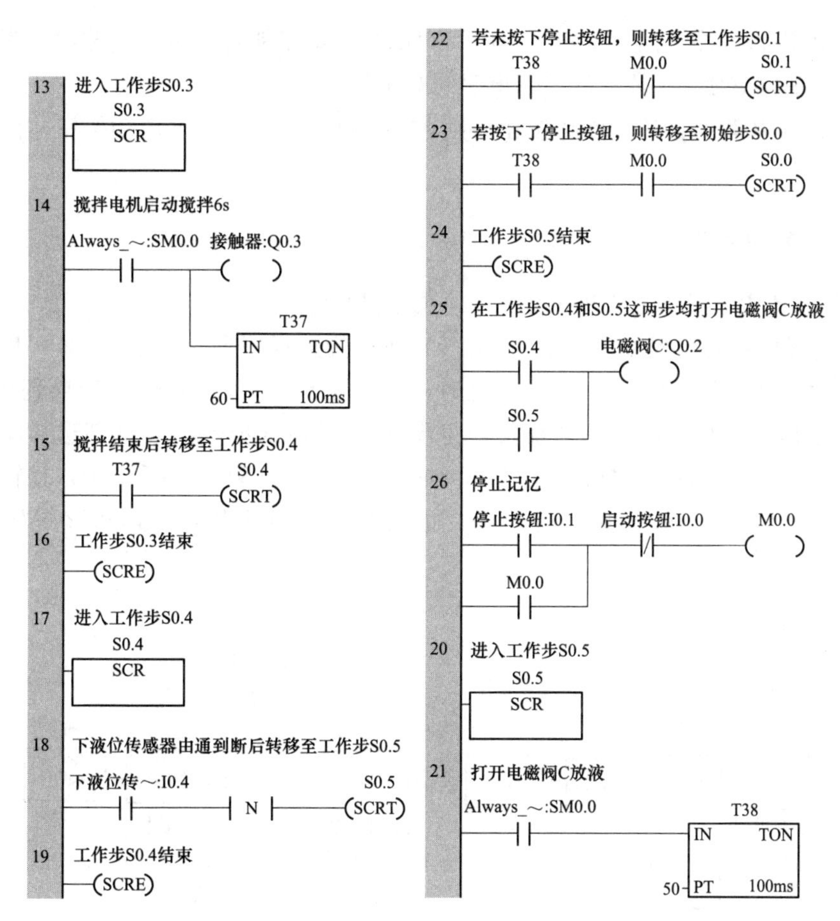

图 4-27　液体混合搅拌系统的梯形图程序（续）

程序原理如下：

(1) 第1段程序：初始状态。PLC一上电启动初始步，用初始化脉冲SM0.1或热继电器的信号置位S0.0，同时将S0.1～S0.5复位。

(2) 第2～4段程序：初始步S0.0被激活后，若按下启动按钮，则转移至工作步S0.1。

(3) 第5～8段程序：工作步S0.1被激活后，打开电磁阀A，放入液体A，液面到达中液位开关后转移至工作步S0.2。

(4) 第9～12段程序：工作步S0.2被激活后，打开电磁阀B，放入液体B，液面到达上液位开关后转移至工作步S0.3。

(5) 第13～16段程序：工作步S0.3被激活后开始搅拌，6s后转移至工作步S0.4。

(6) 第17～20段程序：工作步S0.4被激活后打开电磁阀C放液，下液位开关露出后转移至工作步S0.5。

(7) 第21～24段程序：工作步S0.5被激活后继续放液，延时5s后若停止记忆信号M0.0未得电则转移至工作步S0.1，循环运行；若停止记忆信号M0.0得电则转移至初始步S0.0。

(8) 第25段程序：因为工作步S0.4和S0.5都要控制电磁阀C的输出，为了避免出现双线圈现象单独用一段程序控制电磁阀C的输出点。

(9) 第26段程序：按下停止按钮后则M0.0得电，直至按下启动按钮才消除该停止记忆。

4.3.4 知识拓展

1. 用SCR指令实现选择和并行序列的顺序控制编程

(1) 选择序列的编程方法。图4-28 (a) 所示为选择序列，如果步S0.0是活动步时，有两种选择，当转换条件I0.1满足时，S0.1被激活，将步S0.0转换到步S0.1；当转换条件I0.2满足时，S0.2被激活，将步S0.0转换到步S0.2，此即选择序列的分支。当步S0.1为活动步，且转换条件I0.3满足，或者步S0.2为活动步，且转换条件T37满足时，步S0.3都应变为活动步，此即选择序列的合并，其梯形图如图4-29所示。

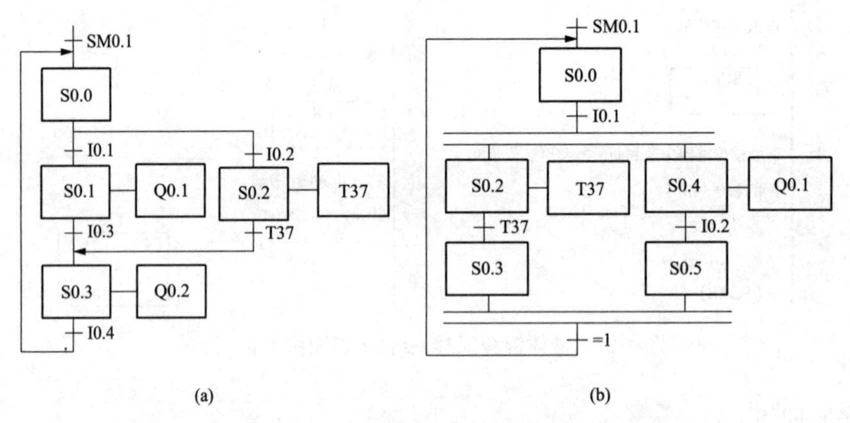

图4-28 选择序列和并行序列顺序功能图示例

(a) 选择序列；(b) 并行序列

(2) 并行序列的编程方法。图4-28 (b) 所示为并行序列，当步S0.0是活动步，且转换条件I0.1为ON时，步S0.2和步S0.4应同时变为活动步，此即并行序列的分支。当前级步S0.3和S0.5都是活动步时，因为转换条件为1（总是满足），因此激活S0.0，实现并行序列的合并，梯形图如图4-30所示。

2. 如何使用转换开关实现配方控制

在PLC控制系统中，配方控制就是根据每种物料的配料比例，控制每种物料的下料量，来满足生产要求。

对于图4-22所示的两种液体混合装置，可以通过一个转换开关实现两种不同比例的混合液体。例如：

配方1：当转换开关SA1打至右侧（ON）时，按下启动按钮SB1，液体A阀门打开，液体A流入容器，液位上升。当中液位开关SL2动作时，液体A阀门关闭，液体B阀门打开。当高液位开关SL1动作时，液体B阀门关闭，搅动电动机开始搅动。搅动

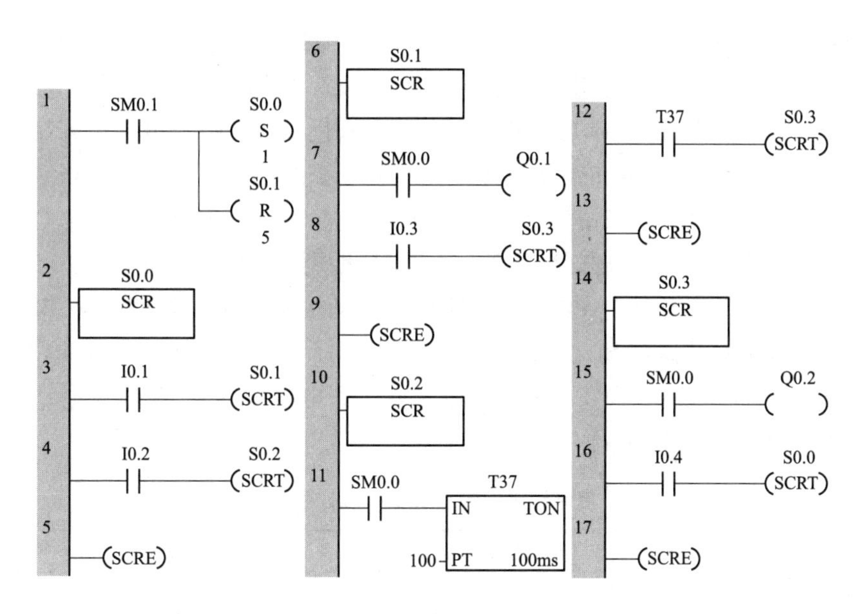

图 4-29　选择序列步进梯形图

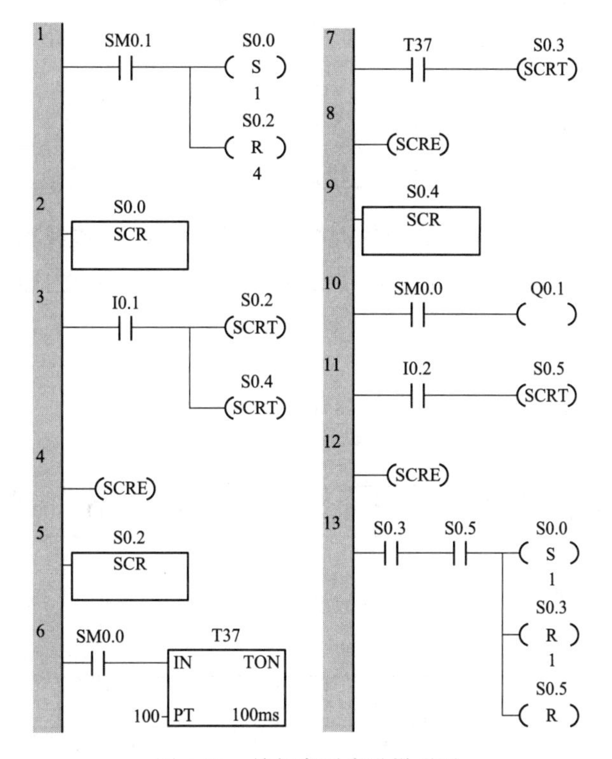

图 4-30　并行序列步进梯形图

电动机工作 6s 后停止搅动，混合液体阀门打开，开始放出混合液体。当液面下降到低液位开关 SL3 复位时，SL3 由接通变为断开，再过 5s 后，容器放空，混合液阀门关闭，开始下一周期。按下停止按钮 SB2，完成本周期剩余动作后等待。

配方 2：当转换开关 SA1 打至左侧（OFF）时，按下启动按钮 SB1，液体 B 阀门打开，液体 B 流入容器，液位上升。当中液位开关 SL2 动作时，液体 B 阀门关闭，液体 A 阀门打开。当高液位开关 SL1 动作时，液体 A 阀门关闭，搅动电动机开始搅动。搅动电动机工作 6s 后停止搅动，混合液体阀门打开，开始放出混合液体。当液面下降到低液位开关 SL3 复位时，SL3 由接通变为断开，再过 5s 后，容器放空，混合液阀门关闭，开始下一周期。按下停止按钮 SB2，完成本周期剩余动作后等待。

（1）I/O 分配。本任务中，输入设备主要有启动按钮 SB1、停止按钮 SB2、上液位传感器 SL1、中液位传感器 SL2、下液位传感器 SL3、转换开关 SA1 和热继电器 FR1，输出设备主要是 A 电磁阀 YV1、B 电磁阀 YV2、C 电磁阀 YV3 和搅拌电动机接触器 KM1，它们的 I/O 点分配见表 4-6。

表 4-6　液体配方控制系统 I/O 点分配表

输入设备	文字符号	输入地址	输出设备	文字符号	输出地址
启动按钮	SB1	I0.0	电磁阀 A	YV1	Q0.0
停止按钮	SB2	I0.1	电磁阀 B	YV2	Q0.1
上液位传感器	SL1	I0.2	电磁阀 C	YV3	Q0.2
中液位传感器	SL2	I0.3	接触器	KM1	Q0.4
下液位传感器	SL3	I0.4			
转换开关	SA1	I0.5			
热继电器	FR1	I0.6			

（2）硬件接线。图 4-31 所示为液体混合搅拌系统的 PLC 接线图，其中输入回路采用外接 24V 直流电源，接触器线圈采用交流 220V 电源，电磁阀线圈采用直流 24V 电源。

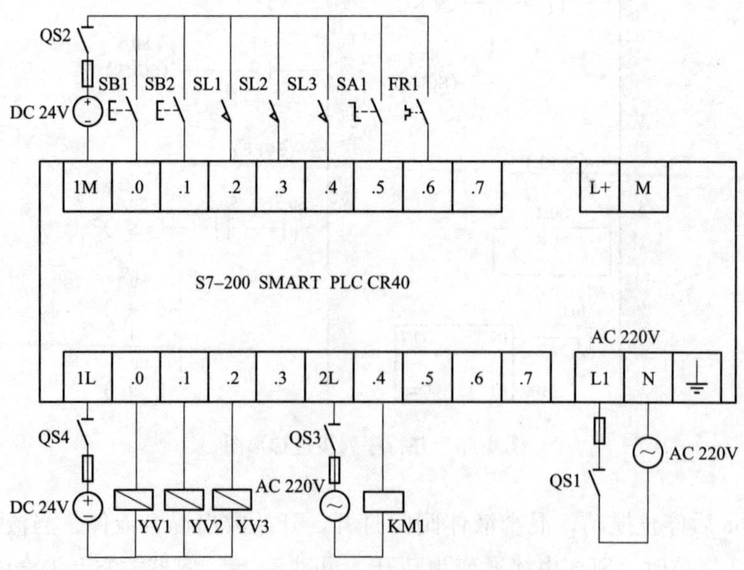

图 4-31　液体配方控制 PLC 接线图

(3) 程序设计。根据要求，画出液体混合搅拌系统的顺序功能图，如图 4-32 所示，并使用 SCR 指令法编写梯形图程序，如图 4-33 所示。

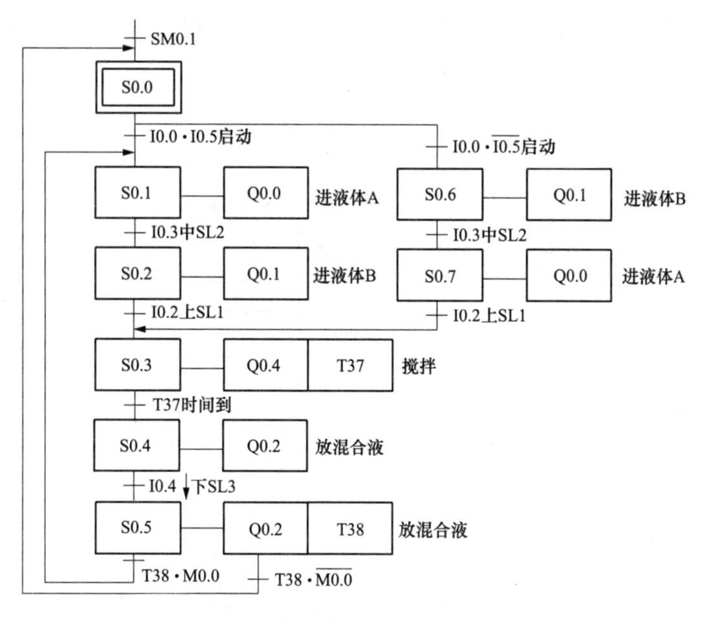

图 4-32 液体混合搅拌系统顺序功能图

程序原理如下：

1) 第 1 段程序为停止记忆程序，若按下过停止按钮则 M0.0 不得电，反之得电。

2) 第 2 段程序为热继电器动作后置位初始步，复位其他工作步。

3) 第 3～7 段程序为初始步 S0.0 被激活后，若转换开关 SA1 打到右侧时，选择配方 1，按下启动按钮后转移至工作步 S0.1；若转换开关 SA1 打到左侧时，选择配方 2，按下启动按钮后转移至工作步 S0.6。

(4) 第 8～10 段程序为工作步 S0.1 被激活后，放入液体 A，若液面到达中液位开关后转移至工作步 S0.2。

(5) 第 11～13 段程序为工作步 S0.2 被激活后，放入液体 B，若液面到达上液位开关后转移至工作步 S0.3。

(6) 第 14～16 段程序为工作步 S0.6 被激活后，放入液体 B，若液面到达中液位开关后转移至工作步 S0.7。

(7) 第 17～19 段程序为工作步 S0.7 被激活后，放入液体 A，若液面到达上液位开关后转移至工作步 S0.3。

(8) 第 20～24 段程序为工作步 S0.3 被激活后，开始搅拌，6s 后转移至工作步 S0.4。

(9) 第 25～27 段程序为工作步 S0.4 被激活后，开始放液，下液位开关复位后转移至工作步 S0.5。

(10) 第 28～32 段程序为工作步 S0.5 被激活后，继续放液，延时 5s 后若若停止记忆信号 M0.0 得电则转移至工作步 S0.1，循环运行；若停止记忆信号 M0.0 未得电则转移至初始步 S0.0。

（11）第 33～35 段程序为电磁阀 A、B、C 的输出控制，目的是避免双线圈输出。

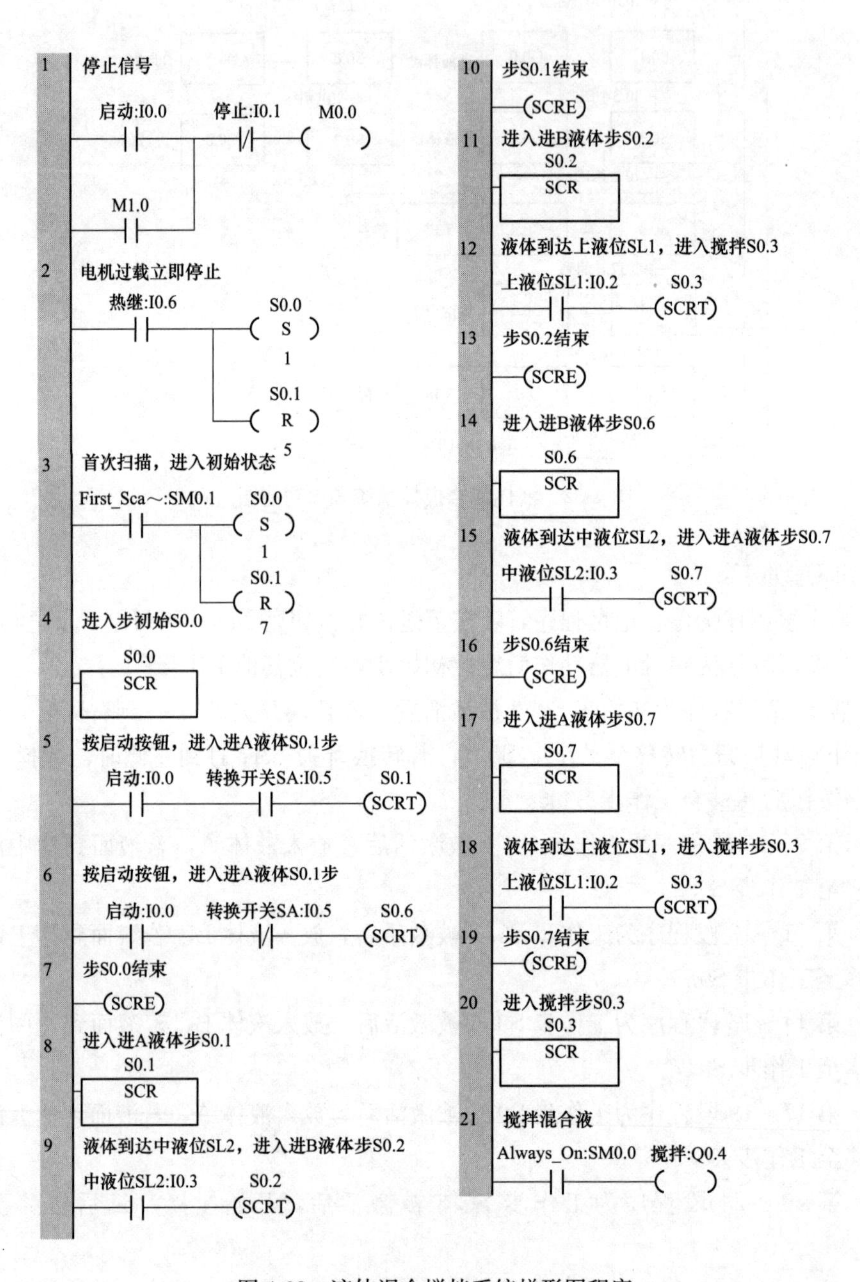

图 4-33　液体混合搅拌系统梯形图程序

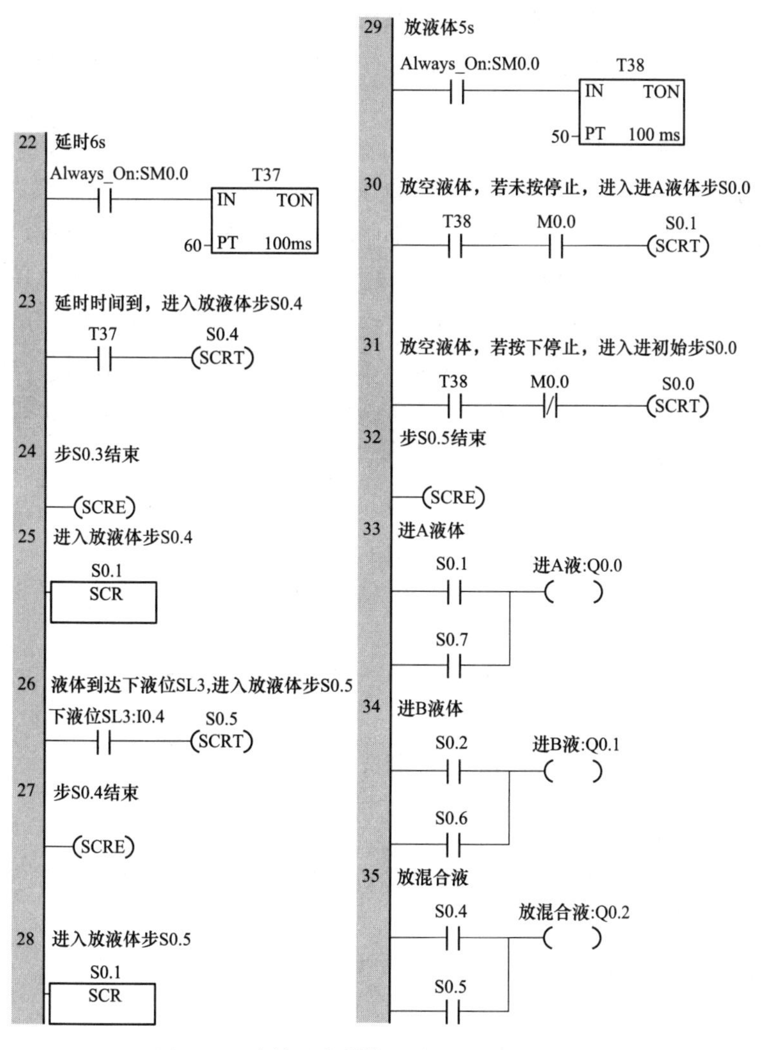

图 4-33　液体混合搅拌系统梯形图程序（续）

习题

一、选择题

1. 下面（　　）为顺序控制继电器。

A. M0.0　　B. SM0.0　　C. S0.0　　D. SW0

2. SCR 程序段开始指令为（　　）。

A. LSCR　　B. LSCT　　C. SCRE　　D. STL

3. SCR 转换指令为（　　）。

A. LSCR　　B. LSCT　　C. SCRE　　D. STL

4. SCR 程序段结束指令为（　　）。

A. LSCR　　B. LSCT　　C. SCRE　　D. STL

5. SCR 顺序控制编程中一般用（　　）代表初始状态。

A. M0. 0　　B. SM0. 0　　C. S0. 0　　D. SW0

二、设计题

1. 清洗车如图 4-34 所示，控制要求如下：开始清洗车在 O 点位置，闭合启动开关后清洗车自动右行，到达 A 点位置后打开阀 a 加入洗涤液，30s 后车继续右行；到达 B 点位置，打开阀 c 加入清水，2min 后，关闭阀门继续右行；到 C 点位置，打开阀 d 放出清洗车内液体，1min 后清洗液放空，然后清洗车自动返回。到达 A 点位置，打开阀 b 加入消毒液，30s 后关闭阀门，清洗车右行；至 b 位置，打开阀 c 加入清水，2min 后关闭阀门；清洗车右行，到达 C 点位置后，打开阀 d 放出清洗车液体，1min 后放空，清洗车左行，返回到 O 点位置，完成一个清洗周期。给输入输出设备分配 I/O 端，画出顺序功能图，并用 SCR 顺控指令设计法设计梯形图。

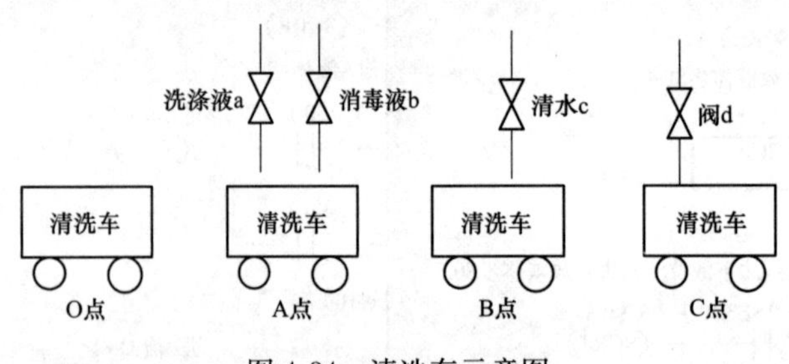

图 4-34　清洗车示意图

2. 设计一个煮咖啡时物料混合的程序。

当按下启动按钮 SB1 后，制作一杯咖啡所需要的 4 种成分开始同时混合。

（1）热水阀打开，加热水 1s；

（2）加糖阀打开，加糖 2s；

（3）牛奶阀打开，加牛奶 2s；

（4）加咖啡阀打开，加咖啡 2s。

2s 后物料混合结束。在程序运行期间，再次按下启动按钮 SB1 将不起作用。按下停止按钮 SB2，完成一个周期后停止。

给输入/输出设备分配 I/O 端，画出顺序功能图，并用 SCR 顺控指令设计法设计梯形图。

模拟量和脉冲量的编程应用

任务1 炉温系统的PLC控制

5.1.1 任务概述

用PLC实现炉温控制。系统由一组10kW的加热器进行加热，温度要求控制在30～80℃，炉内温度由一个温度传感器进行检测，系统启动后当炉内温度低于30℃或按下启动按钮时，加热器启动加热；当炉内温度高于80℃或按下停止按钮时，加热器停止运行。同时要求系统炉温在被控范围内绿灯常亮，低于被控温度30℃时黄灯亮，高于被控温度40℃时红灯亮。用S7-200 SMART PLC实现控制要求。

5.1.2 任务资讯

1. 模拟量概述

模拟量是区别于数字量的一个连续变化的电压或电流信号。模拟量可作为PLC的输入或输出，通过传感器或控制设备对控制系统的温度、压力、流量等模拟量进行检测或控制。

例如，可以通过温度传感器和变送器将温度信号转换为标准的直流电流（4～20mA、±20mA等）或直流电压信号（0～5V、0～10V、±5V、±10V等），然后再通过PLC的模拟量输入模块将标准的电压或电流信号转化为PLC程序能够直接处理的数字量。再例如PLC可以将数字量通过模拟量输出模块转换为模拟量，再通过执行器控制电动阀门的开度。

2. 模拟量输入/输出映像区

（1）模拟量输入映像区（AI）。模拟量输入映像区是S7-200 SMART PLC为模拟量输入端信号开辟的一个存储区。S7-200 SMART PLC将测得的模拟值（如温度、压力等）转换成1个字长的数字量（即为1个模拟量输入通道），可以通过区域标识符（AI）、数据大小（W）以及起始字节地址访问这些值。由于模拟量输入为字，并且总是从偶数字节（如0、2或4）开始，所以必须使用偶数字节地址（如AIW0、AIW2或AIW4）访问这些值。模拟量输入值为只读值。

（2）模拟量输出映像区（AQ）。模拟量输出映像区是S7-200 SMART CPU为模拟量输出端信号开辟的一个存储区。S7-200把1个字长（16bit）数字值按比例转换为电流或电压。可以通过区域标识符（AQ）、数据大小（W）以及起始字节地址写入这些值。

由于模拟量输出为字，并且总是从偶数字节（如 0、2 或 4）开始，所以必须使用偶数字节地址（如 AQW0、AQW2 或 AQW4）写入这些值。

3. EM AM06 模拟量输入模块

（1）S7-200 SMART PLC 的模拟量输入/输出模块。S7-200 SMART PLC 的模拟量输入/输出模块见表 5-1。

表 5-1 S7-200 SMART PLC 模拟量输入/输出模块

型号	描述
EM AE04	4 通道模拟量输入
EM AQ02	2 通道模拟量输出
EM AM06	4 通道模拟量输入/2 通道模拟量输出
EM AR02	2 通道热电阻输入
EM AT04	4 通道热电偶输入

（2）EM AM06 模拟量输入模块技术参数。S7-200 SMART PLC 的 EM AM06 模拟量输入模块提供了 4 路模拟量输入通道和 2 路模拟量输出通道。模拟量输入信号可以是标准的电压（±10V、±5V、±2.5V）或电流信号（0～20mA），满量程数值转换范围为－27 648～＋27 648。模拟量输出信号可以是标准的电压（±10V）或电流信号（0～20mA），满量程数值转换范围为－27 648～＋27 648。

4. 温度传感器和变送器

（1）温度传感器。温度传感器是指能感受温度并转换成可用输出信号的传感器。按照传感器材料及电子元件特性分为热电阻和热电偶两类。

1）热电偶：是温度测量仪表中常用的测温元件，它直接测量温度，并把温度信号转换成电动势信号。

2）热电阻：是中低温区最常用的一种温度检测器。热电阻测温是基于金属导体的电阻值随温度的增加而增加这一特性来进行温度测量的。它的主要特点是测量精度高，性能稳定，其中铂热电阻的测量精确度是最高的。

（2）温度变送器。温度变送器采用热电偶、热电阻作为测温元件，从测温元件输出信号送到变送器模块，经过稳压滤波、运算放大、非线性校正、V/I 转换、恒流及反向保护等电路处理后，转换成与温度呈线性关系的 4～20mA 电流信号或 0～5V/0～10V 电压信号。

本任务中采用 PT100 铂电阻温度传感器，通过温度变送器将 0～100℃ 的温度信号转换为 0～10V 的标准电压信号。

5.1.3 任务实施

1. I/O 分配

根据项目分析可知，炉温控制系统 I/O 分配表见表 5-2。

表 5-2　　炉温控制系统 I/O 分配表

输入设备	文字符号	输入地址	输出设备	文字符号	输出地址
启动按钮	SB1	I0.0	加热器接触器	KM1	Q0.0
停止按钮	SB2	I0.1	绿灯	HL1	Q0.1
温度传感器	BT	AIW16	黄灯	HL2	Q0.2
			红灯	HL3	Q0.3

2. 模拟量输入模块 EM AM06 系统组态

双击 S7-200 SMART PLC 编程软件中的系统块，可以对模拟量输入模块 EM AE04 进行系统组态，如图 5-1 所示。本任务中 CPU 型号选择 ST40，模拟量输入模块信号选择 EM AM06，系统自动给该模拟量输入模块分配 AIW16、AIW18、AIW20 和 AIW22 四个字，对应模拟量输入通道 0～3。给该模拟量输出模块分配 AQW16、AQW18 两个字，对应模拟量输出通道 0 和通道 1。

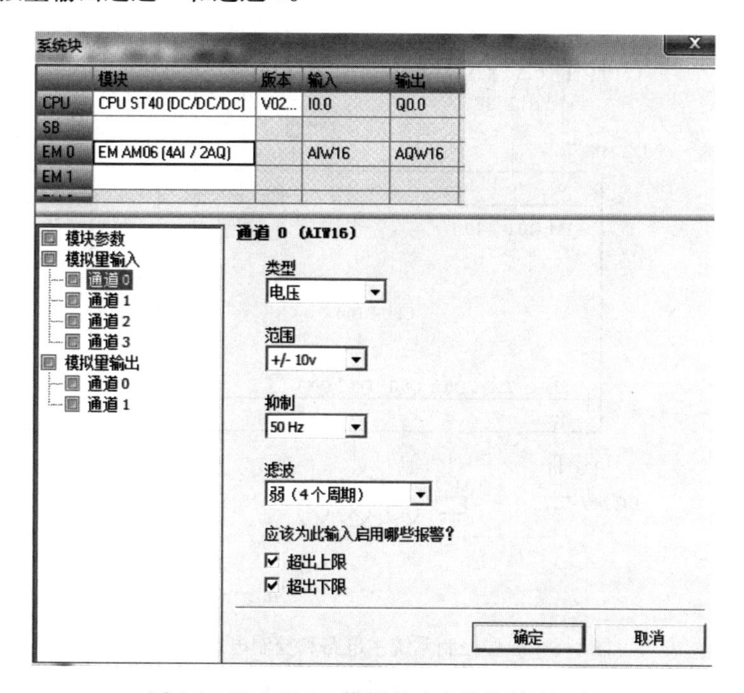

图 5-1　EM AM06 模拟量输入模块硬件组态

本任务中选择通道 0，信号类型选择“电压”，范围选择“+/−10V”，对应的数字量输出范围为−27 648～27 648，因此，温度变送器输入的 0～10V 的电压信号通过模拟量输入模块的 A/D 转换变成 0～27 648。根据图 5-2 所示的线性转换特性，当温度 T 为 30℃时，对应的数字量值为 8294；当温度 T 为 80℃时，对应的数字量值为 22 118。

3. 硬件接线

炉温控制系统主电路和控制电路原理图如图 5-3 所示，图中 R 为加热器电阻丝，由接触器 KM1 控制其通断。

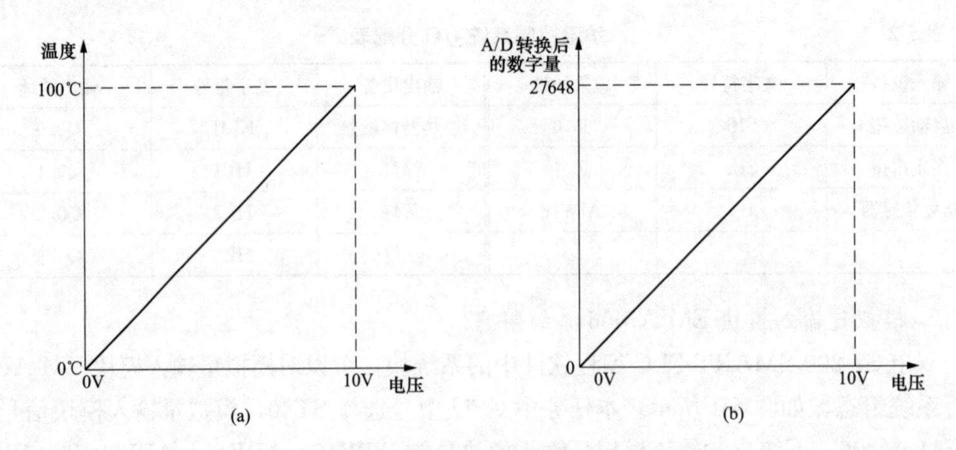

图 5-2　转换特性

（a）温度传感器转换特性；（b）EM AE04 模拟量输入模块转换特性

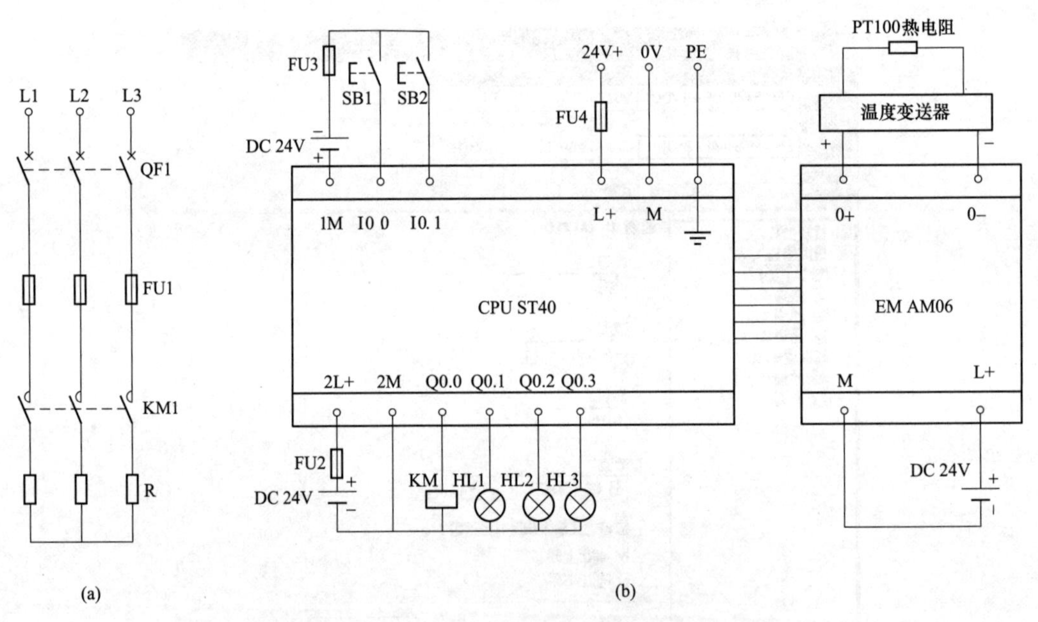

图 5-3　炉温控制系统主电路和控制电路原理图

（a）主电路；（b）控制电路

4．程序设计

根据要求，编写的炉温控制系统梯形图如图 5-4 所示，程序原理如下：

（1）第 1 段程序：当炉温低于 30℃或按下启动按钮系统时加热器接通开始加热，炉温高于 80℃或按下停止按钮时停止加热。

（2）第 2 段程序：将加热炉内实际温度读取到寄存器 VW0 中。

（3）第 3 段程序：若炉内温度低于 30℃则黄灯点亮。

（4）第 4 段程序：若炉内温度在 30～80℃之间则绿灯点亮。

（5）第 5 段程序：若炉内温度高于 80℃则红灯点亮。

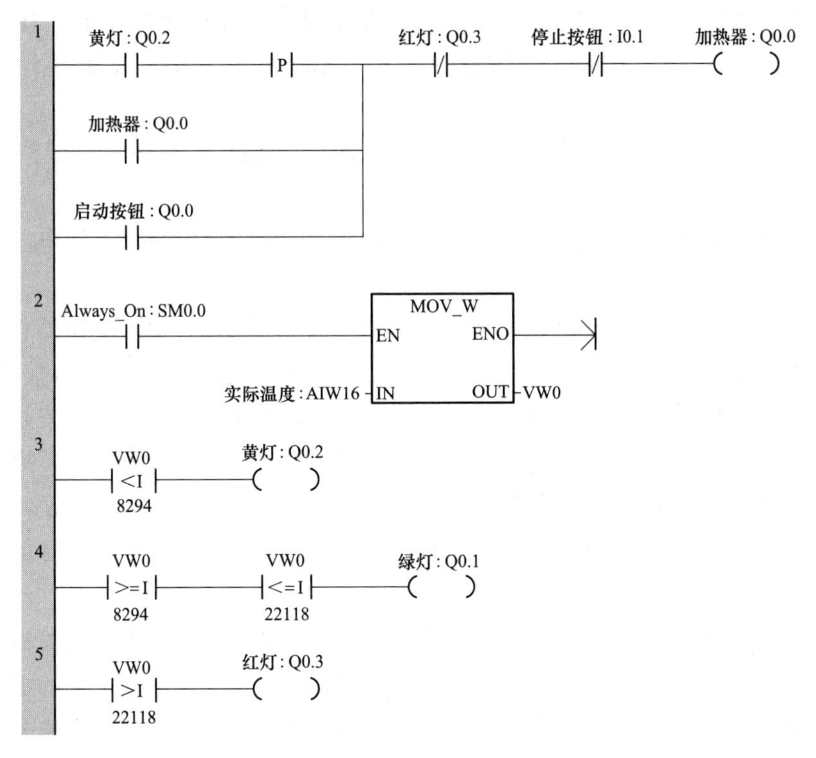

图 5-4　炉温控制系统程序

5.1.4　知识拓展

1. 模拟量闭环控制系统

典型的PLC模拟量单闭环控制系统框图如图5-5所示，图中方框中的部分是用PLC实现的。

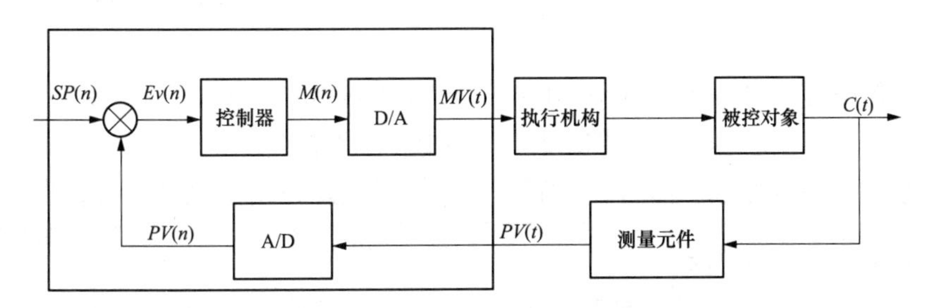

图 5-5　PLC模拟量闭环控制系统框图

在模拟量闭环控制系统中，被控量$C(t)$（如压力、温度、流量、转速等）是连续变化的模拟量，大多数执行机构（如晶闸管调速装置、电动调节阀和变频器等）要求PLC输出模拟信号$MV(t)$，而PLC的CPU只能处理数字量。$C(t)$首先被测量元件（传感器）和变送器转换为标准的直流电流信号或直流电压信号$PV(t)$，例如，4～20mA，1～5V，0～10V，PLC用A/D转换器将它们转换为数字量$PV(n)$。

模拟量与数字量之间的相互转换和PID程序的执行都是周期性的操作，其间隔时间称为采样周期 Ts。各数字量括号中的 n 表示该变量是第 n 次采样计算时的数字量。

图5-5中的 $SP(n)$ 是给定值，$PV(n)$ 为A/D转换后的反馈量，误差 $Ev(n)=SP(n)-PV(n)$。

D/A转换器将PID控制器输出的数字量 $M(n)$ 转换为模拟量（直流电压或直流电流）$MV(t)$，再去控制执行机构。

例如，在加热炉温度闭环控制系统中，用热电偶检测炉温，温度变送器将热电偶输出的微弱的电压信号转换为标准量程的电流或电压，然后送给模拟量输入模块，经A/D转换后得到与温度成比例的数字量，CPU将它与温度设定值比较，并按某种控制规律（如PID控制算法）对误差值进行运算，将运算结果（数字量）送给模拟量输出模块，经D/A转换后变为电流信号或电压信号，用来控制电动调节阀的开度，通过它控制加热用的天然气的流量，实现对温度的闭环控制。$C(t)$ 为系统的输出量，即被控量，如加热炉中的温度。

模拟量控制系统分为恒值控制系统和随动系统。恒值控制系统的给定值由操作人员提供，一般很少变化，例如，温度控制系统、转速控制系统等。随动系统的输入量是不断变化的随机变量，例如，高射炮的瞄准控制系统和电动调节阀的开度控制系统就是典型的随动系统。闭环负反馈控制可以使控制系统的反馈量 $PV(n)$ 等于或跟随给定值 $SP(n)$。以炉温控制系统为例，假设输出的温度值 $C(t)$ 低于给定的温度值，反馈量 $PV(n)$ 小于给定值 $SP(n)$，误差 $Ev(n)$ 为正，控制器的输出量 $MV(t)$ 将增大，使执行机构（电动调节阀）的开度增大，进入加热炉的天然气流量增加，加热炉的温度升高，最终使实际温度接近或等于给定值。

天然气压力的波动、工件进入加热炉，这些因素称为扰动量，它们会破坏炉温的稳定。闭环控制可以有效地抑制闭环中各种扰动的影响，使被控量趋近于给定值。

2. S7-200 SMART PLC的PID向导

在项目树中打开“向导”（Wizards）文件夹，然后双击“PID”，会弹出“PID回路向导”窗口，可以快速组态PID控制和生成PID子程序。

（1）组态PID回路数。如图5-6所示，选择要组态的回路后可以更改回路名称。

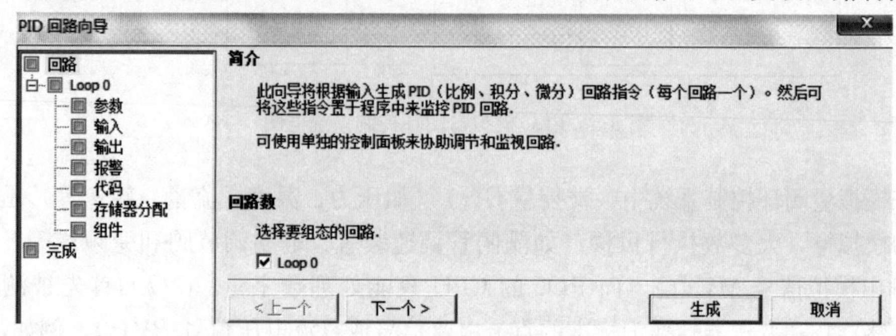

图5-6　PID组态回路选择

(2) 设置PID回路参数。如图5-7所示，PID控制器根据设定值（给定值）与被控对象的实际值（反馈值）的差值，按照PID算法计算出控制器的输出量，控制执行机构去影响被控对象的变化，PID参数的取值，以及它们之间的配合，对PID控制是否稳定具有重要的意义。

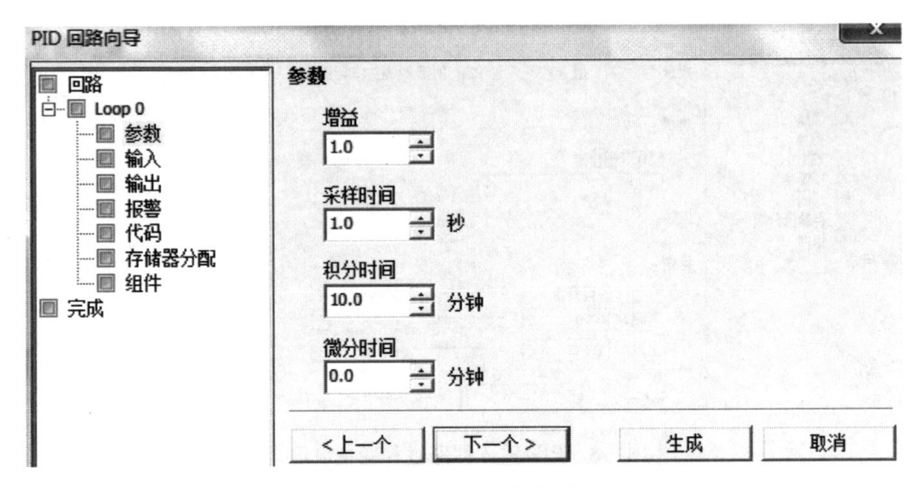

图5-7　PID回路参数设定

1）采样时间。PLC必须按照一定的时间间隔对反馈进行采样，才能进行PID控制的计算。

采样时间就是对反馈量进行采样的间隔。短于采样时间间隔的信号变化时不能测量到，过短的采样时间没有必要，过长的采样间隔显然不能满足扰动变化比较快，或者速度响应要求高的场合。

2）增益（放大系数、比例系数）。增益与偏差（给定与反馈的差值）的乘积，作为控制器输出中的比例部分。过大的增益会造成反馈的振荡。

3）积分时间（Integral Time）。偏差值恒定时，积分时间决定了控制器输出的变化速率。积分时间越短，偏差得到的修正越快。过短的积分时间有可能造成不稳定。如果积分时间设置为最大值，则相当于没有积分作用。

4）微分时间（Derivative Time）。微分时间越长，输出的变化越大。微分使控制对扰动的敏感度增加，也就是偏差的变化率越大，微分控制作用越强。微分相当于对反馈变化趋势的预测性调整。如果将微分时间设为0就不起作用。控制器将作为PI调节器工作。

(3) 设定PID输入回路过程变量。如图5-8所示，设定PID输入回路过程变量的类型，可从以下选项中选择：

1）单极性（默认范围：0～27 648，可编辑）。

2）双极性（默认范围：－27 648～27 648；可编辑）。

3）单极性20%偏移量（范围：5530～27 648；已设定，不可变更）。

4）温度×10℃。

5）温度×10℉。

本任务中选择单极性。选择好PID输入回路过程变量的类型后，还要设定该过程变量（PV）和回路设定值（SP）的对应关系，两者的上下限要对应，以便PID算法能正确按比例缩放。

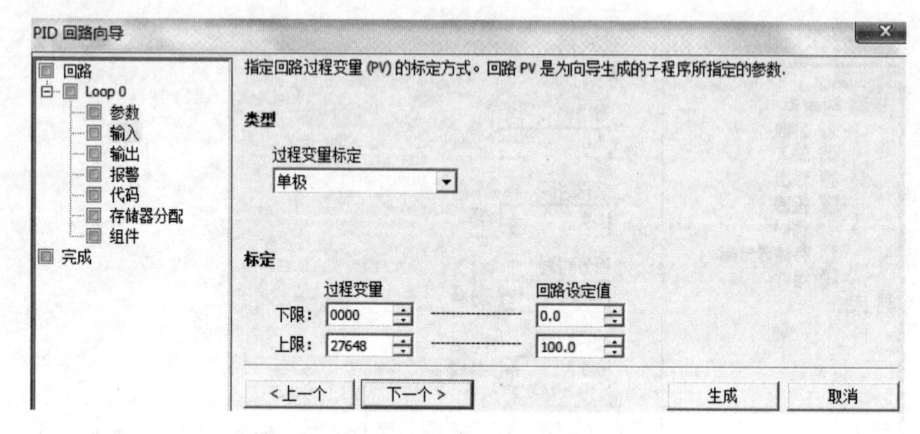

图 5-8　PID输入回路过程变量设定

（4）设定PID输出回路过程变量。如图5-9所示，PID输出回路过程变量的类型可以设为模拟量或数字量。

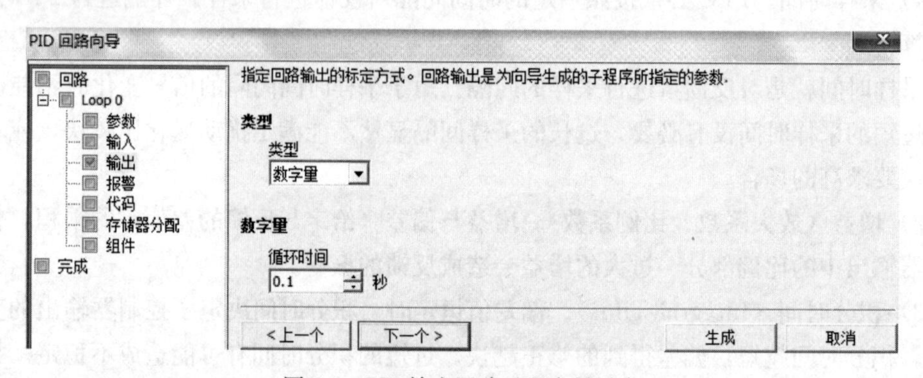

图 5-9　PID输出回路过程变量设定

1）输出类型为模拟量。模拟量标定参数可从以下选项中选择：

① 单极性（默认范围：0 ～ 27 648，可编辑）。

② 双极性（默认范围：－27 648～27 648，可编辑）。

③ 单极性 20% 偏移量（范围：5530 ～27 648，已设定，不可变更）。

同时还要设定输出过程变量的范围，例如，单极性为 0～27 648。

2）输出类型为数字量。如果输出类型选择为数字量，则必须以秒为单位输入“占空比时间”。

（5）设置PID回路报警。可以指定通过报警输入识别的条件。当满足报警条件时，输出被置位。

（6）组态PID子程序和中断程序。如图5-10所示，PID向导会创建一个用于初始化所选 PID 组态的子程序并为 PID 回路执行创建一个中断子程序。

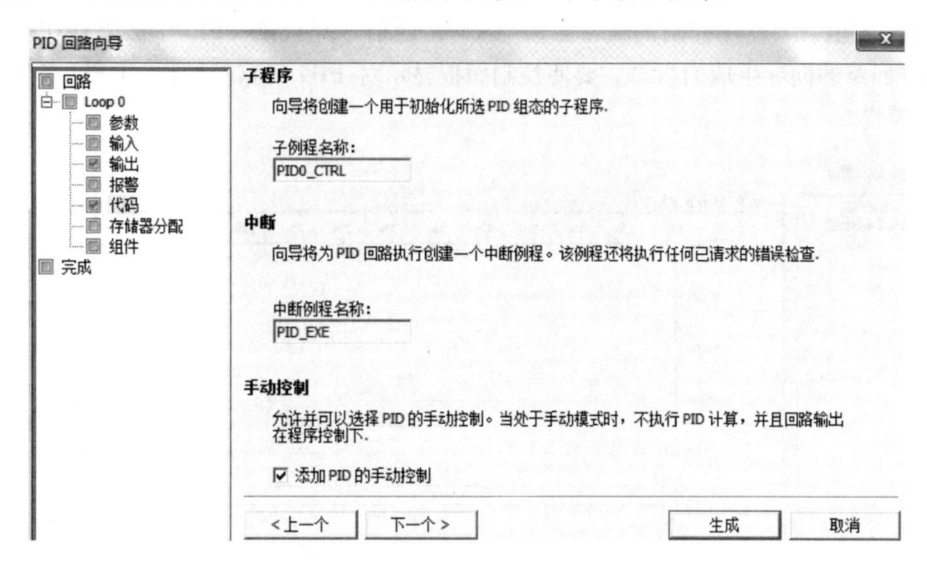

图 5-10　PID 初始化子程序和中断程序创建

（7）存储器分配。指定在数据块中放置组态的 V 存储器字节的起始地址，该向导可以建议一个用来表示大小正确且未使用的 V 存储器块的地址。

（8）生成 PID 项目组件。如图 5-11 所示，PID 向导将为所指定的组态生成程序代码和数据块页面（PIDx _ DATA）。向导所创建的子例程和中断例程将成为项目的一部分。要在程序中启用该组态，每次扫描周期时，使用 SM0.0 从主程序块调用该子例程。该代码组态 PID0。该子例程初始化 PID 控制逻辑使用的变量，并启动 PID 中断“PID _ EXE”例程。

	组件	说明
0	PID0_CTRL	用于初始化 PID 的子程序
1	PID_EXE	用于循环执行 PID 功能的中断
2	PID0_DATA	组态置于 (VB100 - VB219) 的数据页
3	PID0_SYM	为此组态创建的符号表

图 5-11　PID 项目组件

（9）程序设计。如图 5-12 所示，在主程序中调用 PID0 _ CTRL 初始化子程序，其使能端用 SM0.0 控制，过程变量（PV _ I）为 AIW16，对应的回路设定值（SP）设为 30.0。Auto 为手动和自动模式切换，当 I0.0 接通时为自动模式，I0.0 断开时为手动模式。若设为手动模式，则回路设定值为 100×0.4=40。输出为 Q0.0。

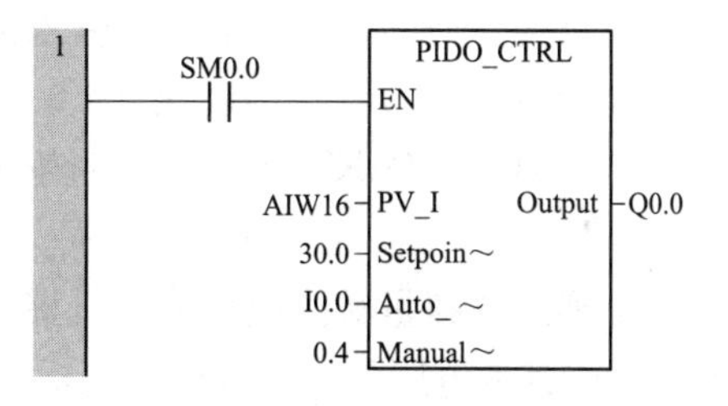

图 5-12　PID 程序设计

（10）PID 整定。如图 5-13 所示，单击“工具”（Tools）菜单功能区的“PID 控制面板”（PID Control Panel）按钮可以调出 PID 整定控制面板，允许以图形方式监视 PID

回路。此外，控制面板还可用于启动自整定序列、中止序列以及应用建议的整定值或您自己的整定值。要使用控制面板，必须与 CPU 通信，并且该 CPU 中必须存在一个用于 PID 回路的向导生成的组态。要使控制面板显示对 PID 回路的操作，CPU 必须处于 RUN 模式。

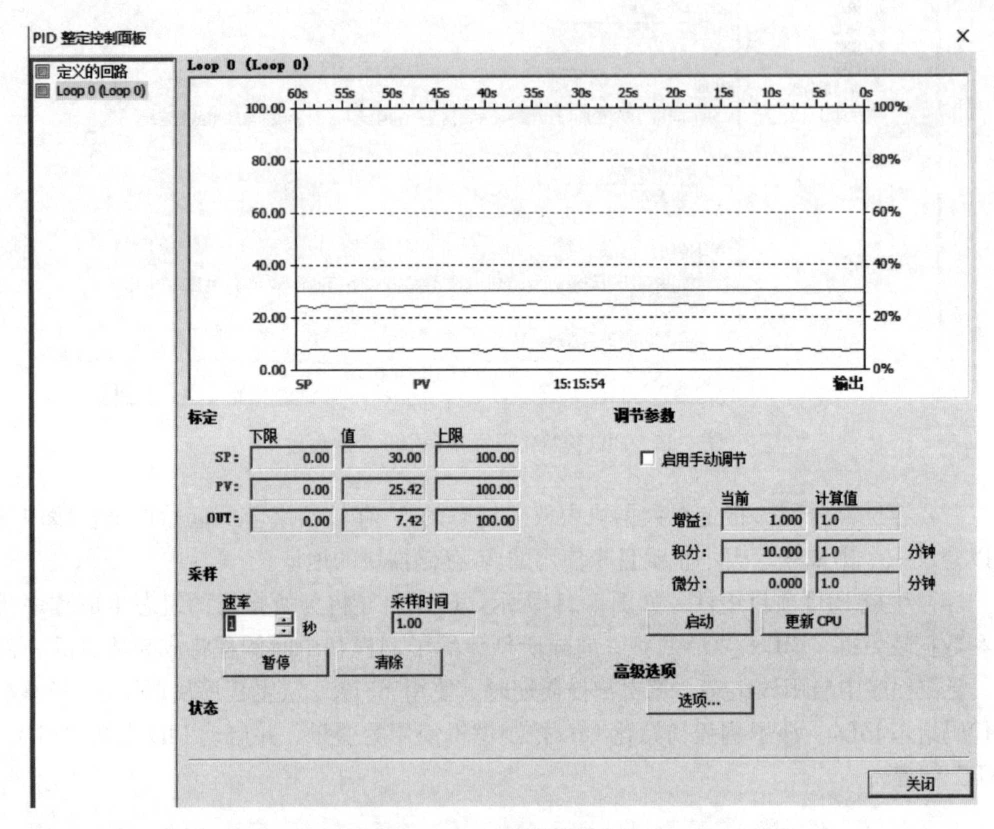

图 5-13　PID 整定控制面板

习题

一、选择题

1. 下面（　　）不是模拟量输入信号。

A. 温度　　B. 速度　　C. 压力　　D. 按钮

2. S7-200 SMART PLC 模拟量输入映像区的标识符为（　　）。

A. I　　B. AI　　C. Q　　D. AQ

3. 通过模拟量转换模块或变送器可将传感器提供的电量或非电量转换为标准的直流电流或直流电压信号，其中不包括（　　）。

A. 0～20mA　　B. 4～20mA　　C. 0～10V　　D. 12～24V

4. PID 控制中 I 代表（　　）。

A. 比例　　B. 积分　　C. 微分　　D. 输入

5. S7-200 SMART CPU 最多支持（　　）个 PID 控制回路。

A. 1　　B. 4　　C. 8　　D. 16

二、判断题

1. 限位开关输入模拟量输入信号。（　）

2. S7-200 SMART PLC 模拟量输入映像区的标识符为 AQ。（　）

3. 模拟量输入输出的地址为字并且总是从偶数字节开始。（　）

4. S7-200 SMART PLC 的 EM AM06 模拟量模块提供了 2 路模拟量输入通道和 2 路模拟量输出通道。（　）

5. 热电偶直接测量温度，并把温度信号转换成热电动势信号。（　）

三、设计题

1. AIW16 中 A/D 转换得到的数值 0～27 648 正比于温度值 0～500℃。编写程序在 I0.0 的上升沿将 AIW16 的值转换为对应的温度值存储在 VW20 中。

2. 用电位器调节模拟量的输入实现对指示灯的控制：要求输入电压小于 3V 时，指示灯以 1s 周期闪烁；若输入电压在 3～8V 之间，指示灯常亮；若输入电压大于 8V 则指示灯以 0.5s 周期闪烁。

任务2　电动机测速的 PLC 控制

5.2.1　任务概述

使用西门子 MM420 变频器带笼型电动机 M1 变频调速，电动机转轴连接着一个速度编码器（PG）。按下按钮 SB1，电动机 M1 以 25Hz 频率低速运行；按下按钮 SB2，电动机 M1 以 50Hz 频率高速运行；按下按钮 SB3，电动机 M1 停止运行。要求在触摸屏上有虚拟的低速、高速、停止按钮并能显示电动机实际转速（r/min）。

5.2.2　任务资讯

1. *旋转型光电编码器*

如图 5-14 所示，旋转型光电编码器主要由发光器件、光栅码盘和光电检测器件组成。码盘随着被测轴的转动使得透过码盘的光束产生间断，通过光电器件的接收和电子线路的处理，产生特定电信号的输出，再经过数字处理可计算出位置和速度信息。

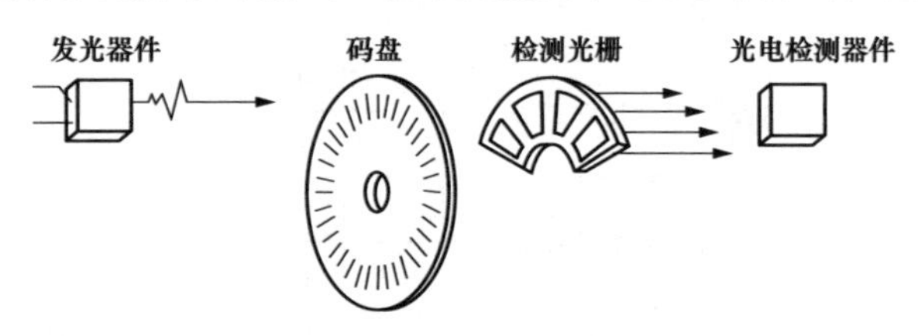

图 5-14　旋转型光电编码器结构

（1）增量式光电编码器。增量式编码器每转一圈发出的脉冲数是固定的，一般安装在电动机轴上用于测量电动机的实际转速然后反馈给变频器或 PLC，如图 5-15（a）所示。

（2）绝对值式光电编码器。绝对式编码器的每一个位置对应一个确定的数字码（格雷码），因此它的示值只与测量的起始和终止位置有关，而与测量的中间过程无关。绝对值式编码器一般安装在手柄下方用于将手柄的位置信号变成速度指令传给 PLC，如图 5-15（b）所示。

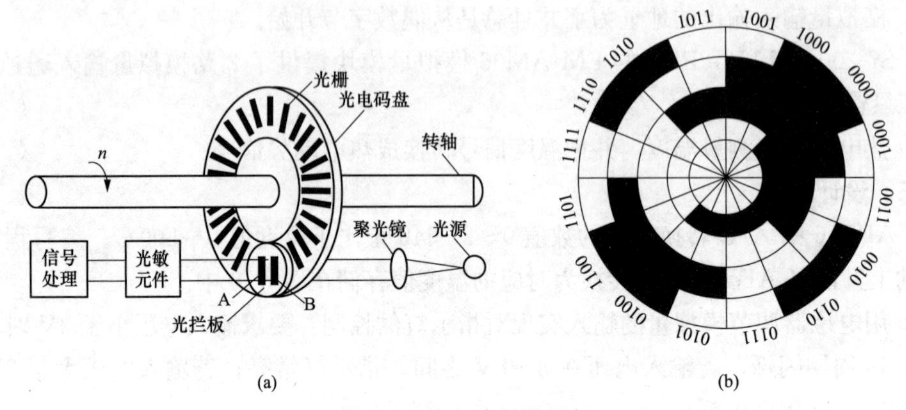

图 5-15　光电编码器码盘

（a）增量式编码器码盘；（b）绝对值式编码器码盘

2. 高速计数器

（1）S7-200 SMART PLC 高速计数器类型及模式。S7-200 SMART CPU 具有集成的、硬件高速计数器。CPU SR20、CPU SR40、CPU ST40、CPU SR60 和 CPU ST60 可以使用 4 个 60kHz 单相高速计数器或 2 个 40kHz 的两相高速计数器，而 CPU CR40 可以使用 4 个 30kHz 单相高速计数器或 2 个 20kHz 的两相高速计数器。

计数器共有四种基本类型：带有内部方向控制的单相计数器，带有外部方向控制的单相计数器，带有两个时钟输入的双相计数器和 A/B 相正交计数器，见表 5-3。

表 5-3　　高速计数器的模式及输入点

模式 高速计数器	描述	输入点		
	HSC0	I0.0	I0.1	I0.4
	HSC1	I0.1		
	HSC2	I0.2	I0.3	I1.5
	HSC3	I0.3		
0	带有内部方向控制的单相计数器	时钟		
1		时钟		复位
3	带有外部方向控制的单相计数器	时钟	方向	
4		时钟	方向	复位
6	带有增减计数时钟的双相计数器	增时钟	减时钟	
7		增时钟	减时钟	复位
9	A/B 相正交计数器	时钟 A	时钟 B	
10		时钟 A	时钟 B	复位

计数器共有四种基本类型：带有内部方向控制的单相计数器，带有外部方向控制的单相计数器，带有两个时钟输入的双相计数器和 A/B 相正交计数器，见表 5-4。

表 5-4　　高速计数器当前值和预置值寄存器的地址

高速计数器号	HSC0	HSC1	HSC2	HSC3
新当前值（新 CV）	SMD38	SMD48	SMD58	SMD138
新预置值（新 PV）	SMD42	SMD52	SMD62	SMD142
当前计数值（仅读出）	HC0	HC1	HC2	HC3

高速计数器 HSC0 控制字节 SMB37 每一位的功能见表 5-5。

表 5-5　　HSC0 控制字节 SMB37 功能说明

SMB37	HSC0 计数器控制
SM37.0	HSC0 复位的有效电平控制：FALSE：高电平激活时复位，TRUE：低电平激活时复位
SM37.1	保留
SM37.2	HSC0 正交计数器的计数速率选择：FALSE：4x 计数速率；TRUE：1x 计数速率
SM37.3	HSC0 方向控制位：TRUE：加计数
SM37.4	HSC0 更新方向：TRUE：更新方向
SM37.5	HSC0 更新预设值：TRUE：将新预设值写入 HSC0 预设值
SM37.6	HSC0 更新当前值：TRUE：将新当前值写入 HSC0 当前值
SM37.7	HSC0 使能位：TRUE：启用

（2）高速输入滤波时间设定。在 S7-200 SMART PLC 的 CPU 中，在 HSC 通道对脉冲进行计数前应用输入滤波。如果 HSC 输入脉冲以输入滤波过滤掉的速率发生，则 HSC 不会在输入上检测到任何脉冲。因此，必须将 HSC 的每路输入的滤波时间组态为允许以应用需要的速率进行计数的值，包括方向和复位输入。可以通过“系统块”调整 HSC 通道所用输入通道的数字量输入滤波时间。

5.2.3　任务实施

1. I/O 分配

根据项目分析，I/O 分配表见表 5-6。

表 5-6　　电动机测速控制 I/O 分配表

输入设备	文字符号	输入地址	输出设备	文字符号	输出地址
编码器 A 相	PG	I0.0	MM420 端子 5	DIN1	Q0.0
低速按钮	SB1	I0.1	MM420 端子 6	DIN2	Q0.1
高速按钮	SB2	I0.2			
停止按钮	SB3	I0.3			

2. 硬件接线

图 5-16 所示为电动机测速控制系统 PLC 接线图，CPU 模块为 CR40，变频器为

MM420。输入回路公共端1M连接DC 24V电源的正极，使用I0.0对PG的A相高速脉冲计数。PLC输出回路电源使用MM420变频器输入回路内置的24V直流电源，无需再外接电源。

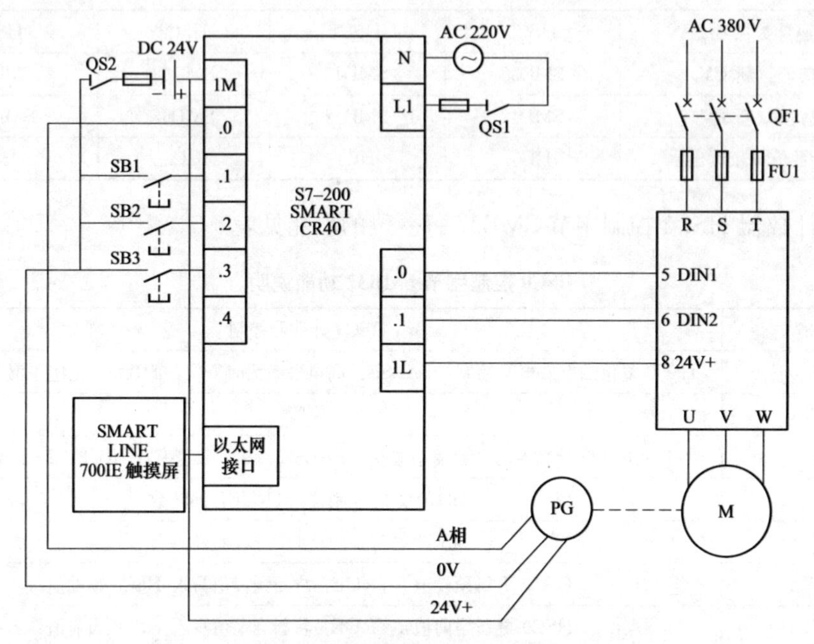

图5-16 电动机测速控制系PLC接线图

3. 高速计数器滤波时间设置

本任务中计划使用高速计数器HSC0的模式0，采用I0.0作为高速脉冲输入点，带内部方向控制，无复位输入。为了保证来自I0.0的高速脉冲输入信号不被过滤掉，必须要调整对应输入点的滤波时间，如图5-17所示。

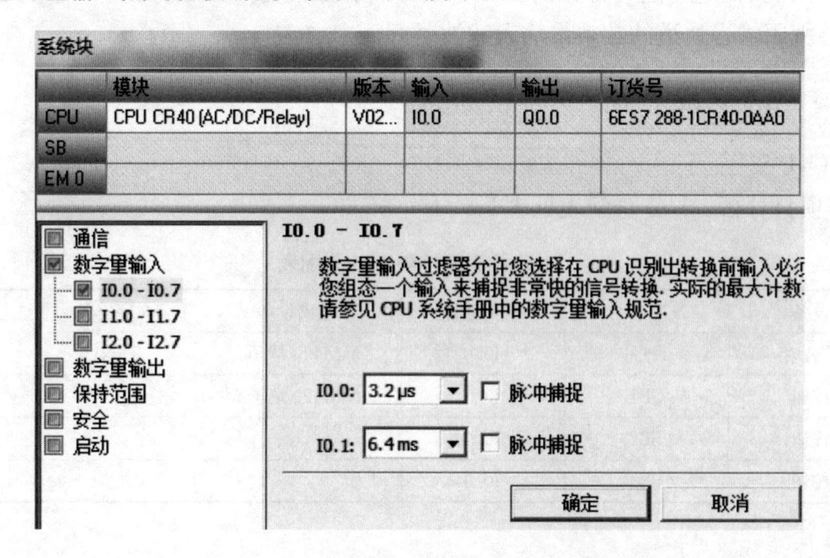

图5-17 高速计数器输入滤波时间调整

4. 程序设计

（1）主程序设计。图 5-18 所示为电动机速度检测控制的主程序，第 1 段程序为通过初始化脉冲调用高速计数器子程序，完成高速计数器的初始化。

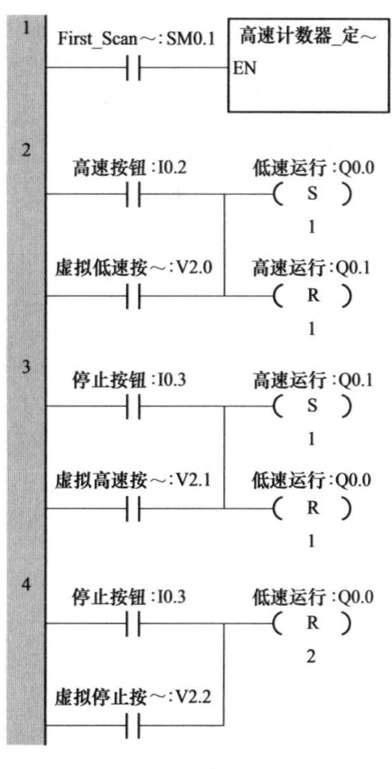

图 5-18 电动机速度检测控制主程序

第 2 段程序为按下低速按钮或触摸屏上的虚拟低速按钮，使变频器输出 25Hz 频率控制电动机低速运行。

第 3 段程序为按下高速按钮或触摸屏上的虚拟高速按钮，使变频器输出 50Hz 频率控制电动机高速运行。

第 4 段程序为按下停止按钮或触摸屏上的虚拟停止按钮，使电动机停止运行。

（2）高速计数器子程序。如图 5-19 所示，设置 HSC0 的控制字节 SMB37 为 16＃F8，SMB37＝16＃F8 产生如下结果：启用计数器、写入新当前值、写入新预设值、将 HSC 的初始方向设置为向上计数、将复位输入设为高电平有效。当前值 SMD38 为 0，设定值 SMD42 为最大值。通过 HDEF 指令设置 HSC0 的计数模式为模式 0，定义定时中断 0 的中断时间为 100ms，通过 ATCH 指令连接定时中断 0，通过 HSC 指令开启高速计数器 HSC0，通过 ENI 指令开启定时中断。

（3）速度计算中断程序。如图 5-20 所示，第 1 段程序为将累加定时中断次数存放到 VB0 中，第 2 段程序为如果累加 10 次中断（相当于 1s 时间到），则计算脉冲数，用高速计数器的当前值减去前 1s 高速计数器的值从而得到本次 1s 内的脉冲数，保存在 VD104 中。用 VD104 的值除以编码器每转的脉冲数（600）再乘以 60（s）从而得到电动机每分钟所转的圈数，保存到 VD112 中。

5. MM420 变频器参数设定

首先将 MM420 的参数 P10 设为 1，即快速调速模式。然后设置 P304～P311，即电动机的额定电压、额定电流等相关参数，快速调试完毕后再将参数 P10 设为 0。

快速调试完成后设置以下参数：

P700＝2，表示由数字量输入端子给定运行命令。

P701＝P702＝16，在这种操作方式下，数字量输入既选择固定频率，又具备起动功能。

P1000＝3，表示由数字量输入端子选择固定频率的组合。

P1001＝25/P1002＝50，表示低速 25Hz/高速 50Hz。

P1020＝P1021＝2，加减速时间均为 2s。

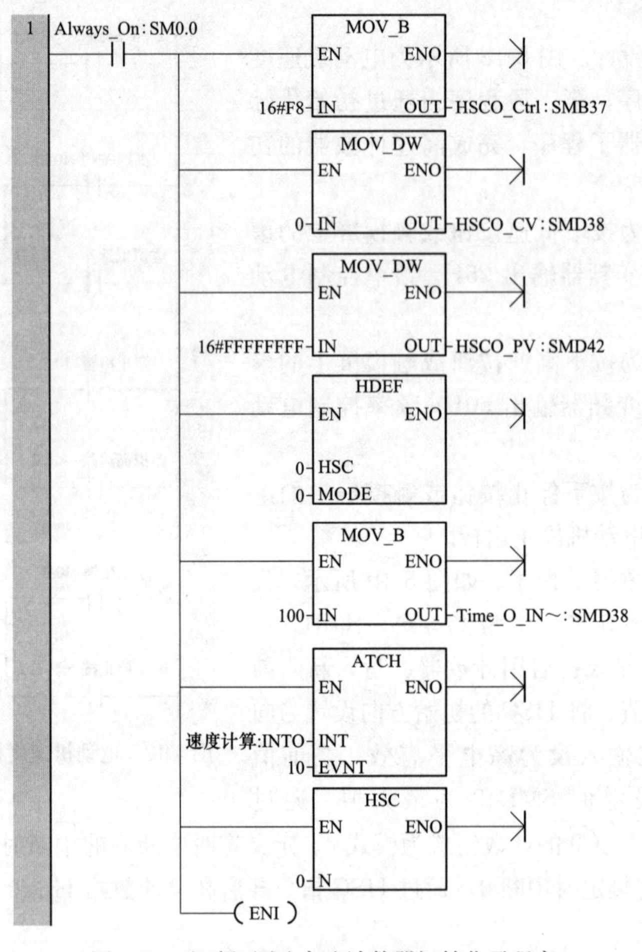

图 5-19　电动机测速高速计数器初始化子程序

6. 触摸屏组态画面设计

打开 Wincc Flexible 软件，新建一个项目，触摸屏型号选择 SMART LINE 700IE。首先建立通信连接，然后定义触摸屏变量，见表 5-7。

表 5-7　　触摸屏变量定义表

变量符号地址	变量绝对地址	变量类型	备注
虚拟低速按钮	V2.0	BOOL	
虚拟高速按钮	V2.1	BOOL	
虚拟停止按钮	V2.2	BOOL	
低速运行	Q0.1	BOOL	
高速运行	Q0.2	BOOL	
电动机当前转速	VD108	DINT	r/min

然后设计触摸屏画面，将 PLC 和触摸屏程序下载并运行，触摸屏运行画面如图 5-21 所示。

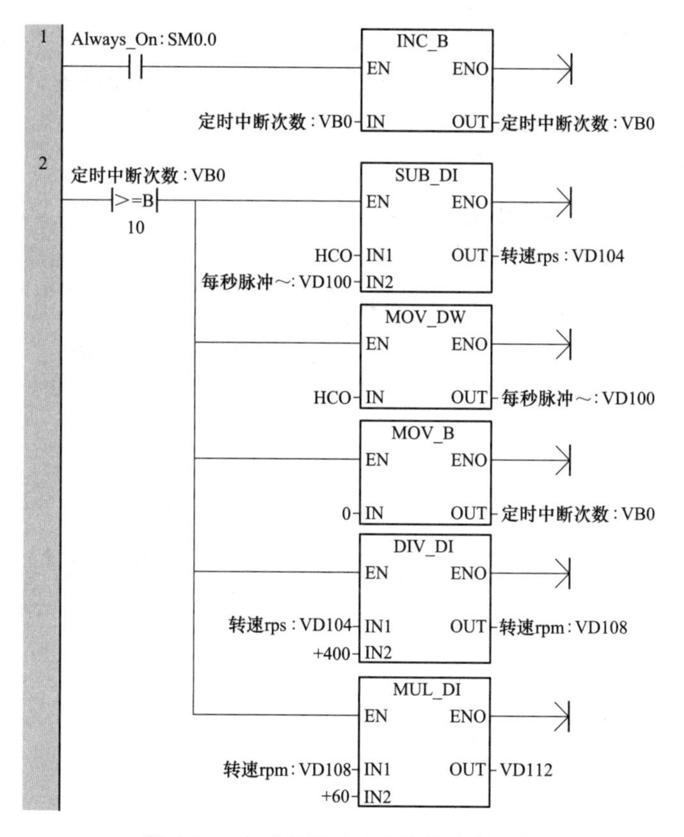

图 5-20　电动机测速速度计算中断程序

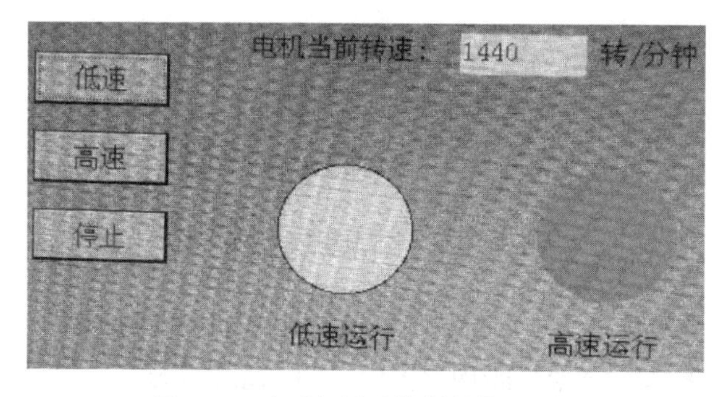

图 5-21　电动机测速控制触摸屏画面

5.2.4　知识拓展

1. 计数器 C 和高速计数器的区别

(1) 工作方式不同：高速计数器工作在中断方式，与 PLC 的扫描周期无关；而内部计数器的执行与扫描周期有关。

(2) 工作频率不同：内部计数器的技术频率受扫描周期的限制，周期小于扫描周期的计数信号会被遗漏，技术频率最高一般只有几十赫兹；而高速计数器因为工作在中断方式，与扫描周期无关，计数频率可以达到几十甚至上百千赫兹。

(3) 数量和计数输入点不同：S7-200 SMART PLC 的内部计数器 C 数量有 200 多

个，可以对I、Q、M、V、T等存储区的任意一个位地址进行计数，但是高速计数器只有4个（固件版本2.3以上的SR/ST CPU有6个），并且每个高速计数器有固定功能的输入点（如HSC0的计数输入点固定为I0.0）。

2. 高速计数器向导

在Micro/WIN SMART中的命令菜单中选择Tools（工具）> Wizards（向导）中选择High Speed Counter（高速计数器向导），也可以在项目树中选择Wizards（向导）文件夹中的High Speed Counter（高速计数器向导）按钮，会弹出高速计数器向导窗口。

（1）选择高速计数器。选择要组态的高速计数器为HSC0，如图5-22所示。然后为该高速计数器命名。

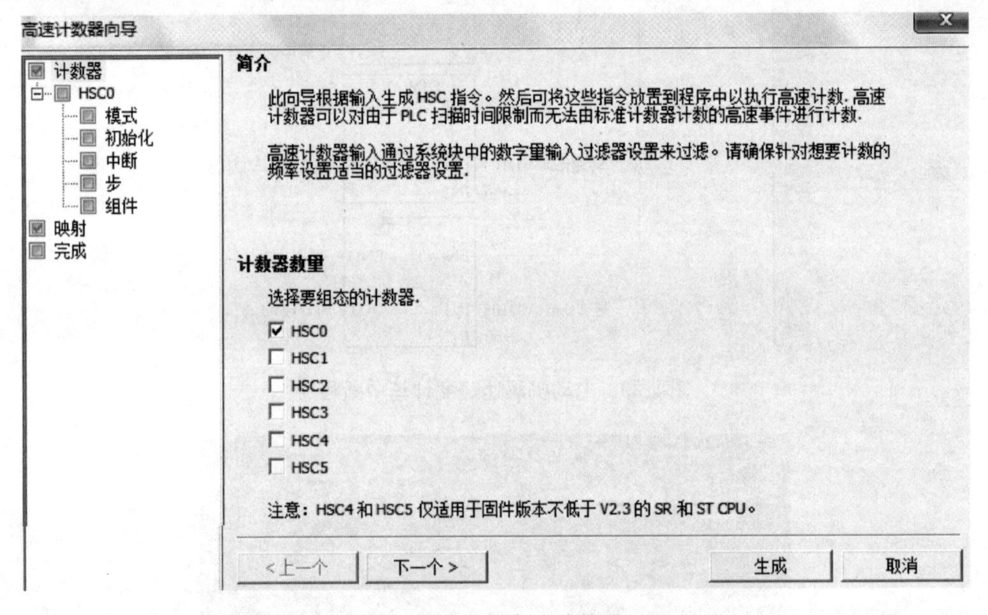

图5-22 选择高速计数器

（2）选择高速计数器模式。如果选择高速计数器HSC0的模式0，根据表5-3可知，采用I0.0作为高速脉冲输入点，带内部方向控制，无复位输入，如图5-23所示。

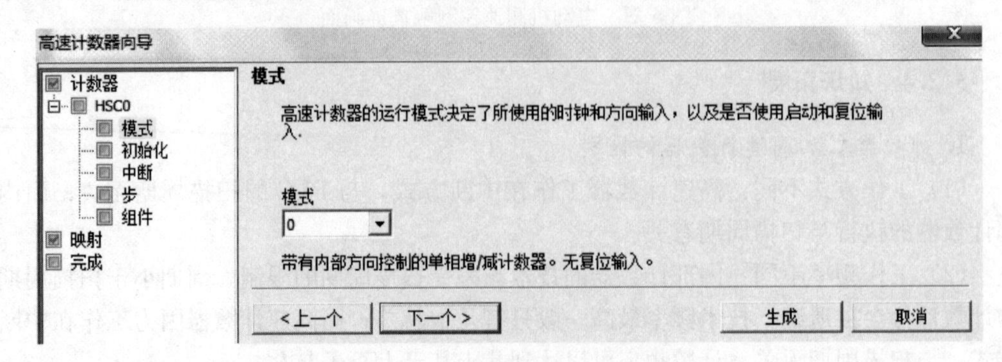

图5-23 高速计数器模式选择

（3）初始化高速计数器。为初始化子程序命名，或者使用默认名称。设置计数器预置值和当前值，可以为整数、双字地址或符号名：如 5000、VD100、PV _ HC0。如图 5-24 所示，预设值为 12 000，当前值为 0，计数方向为加计数。

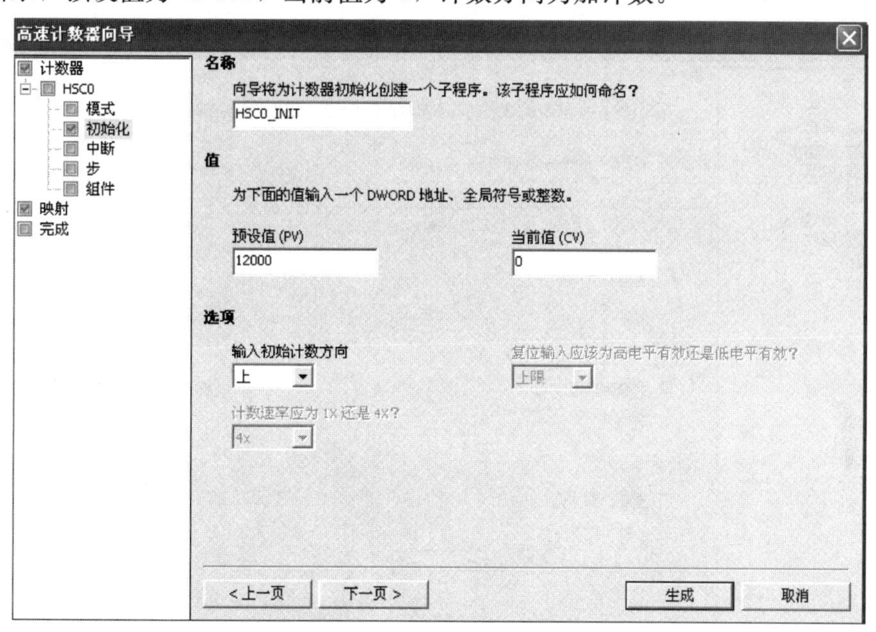

图 5-24　高速计数器初始化

（4）设置高速计数器中断。可以根据需要选择是否启用高速计数器当前值等于设定值这一中断事件发生时的中断。如图 5-25 所示，当高速计数器 HSC0 的当前值等于预设值（12 000）这一中断事件被选中时，可以启动一个中断程序“COUNI _ EQ0”。

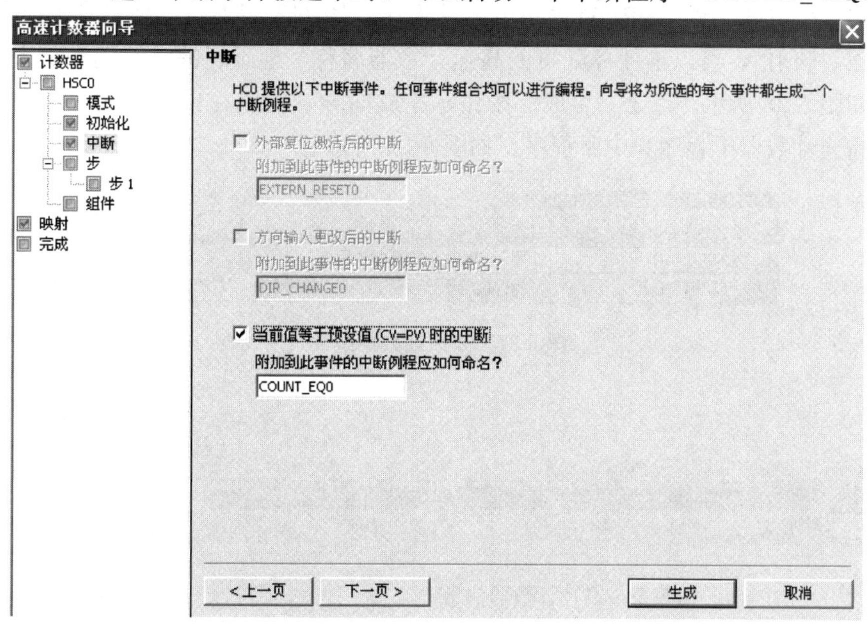

图 5-25　高速计数器中断设置

当高速计数器 HSC0 的当前值等于预设值发生时，可以重新设定高速计数器的参数并向同一事件附加不同的中断程序，最多可以设置 10 步。如图 5-26 所示，选择步数为 1 步，将当前值更新为 0，预设值和计数方向不变。

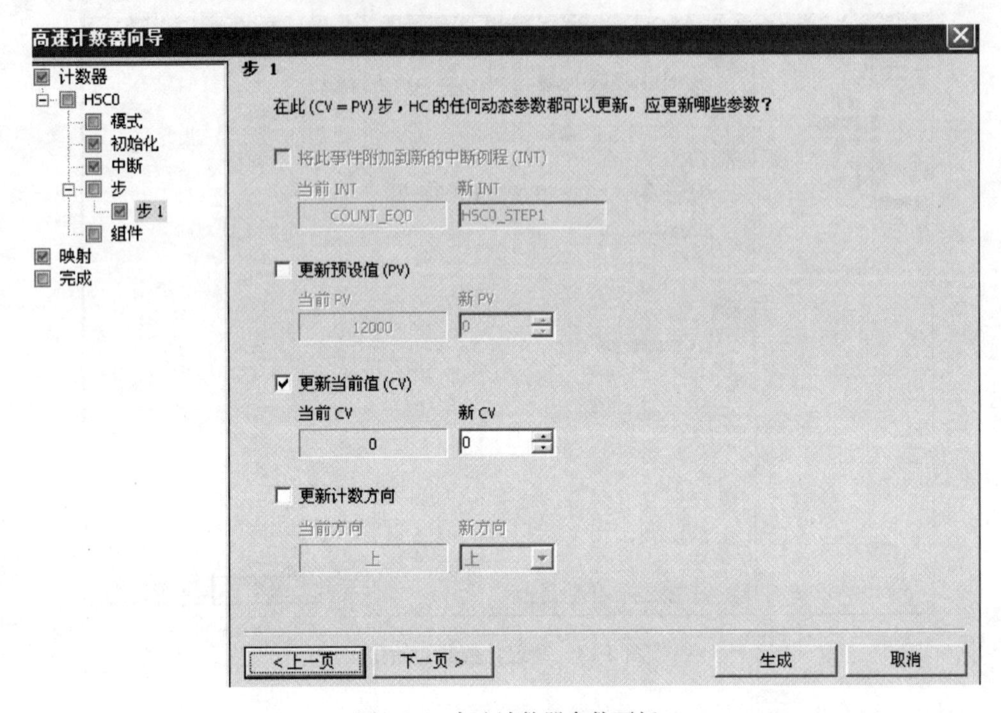

图 5-26　高速计数器参数更新

（5）生成高速计数器组件。点击向导对话框左侧树形目录中的选项“组件”可以看到此时向导生成的子程序和中断程序名称及描述，如图 5-27 所示。点击左侧树形目录中的选项“映射”，可以本任务配置的高速计数器名称、地址、滤波时间和最大理论计数率，如图 5-28 所示。点击“生成”按钮，完成向导，可以在项目树的程序块中找到相应的高速计数器子程序和中断程序，如图 5-29 所示。

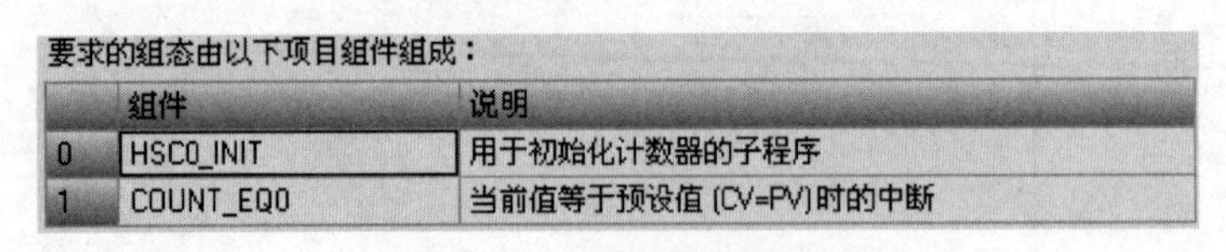

要求的组态由以下项目组件组成：

	组件	说明
0	HSC0_INIT	用于初始化计数器的子程序
1	COUNT_EQ0	当前值等于预设值 (CV=PV) 时的中断

图 5-27　高速计数器组件

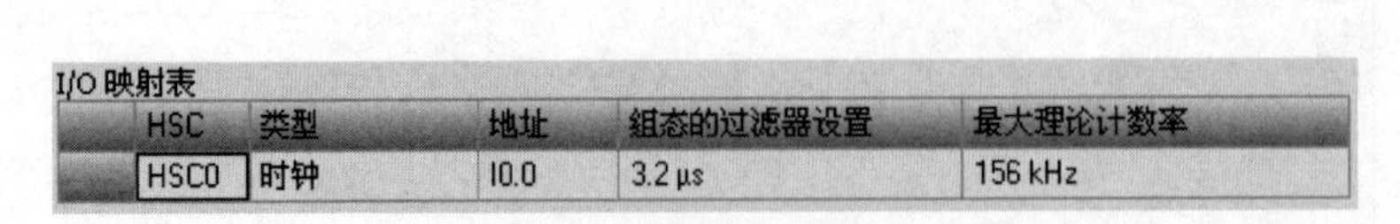

I/O 映射表

	HSC	类型	地址	组态的过滤器设置	最大理论计数率
	HSC0	时钟	I0.0	3.2 μs	156 kHz

图 5-28　高速计数器信息

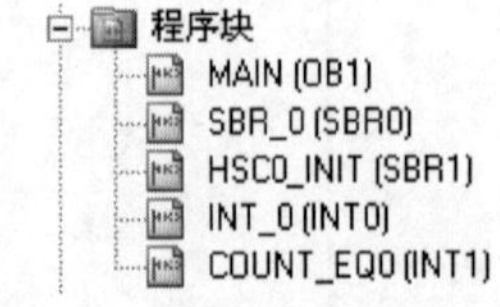

图 5-29　高速计数器子程序和中断程序

习题

一、选择题

1.（　　）可以装在电动机轴上用于测量电动机的实际转速然后反馈给变频器或 PLC。

A. 增量式编码器　　　　B. 绝对式编码器

2. 绝对式编码器一般用于检测（　　）。

A. 速度　　B. 位置　　C. 温度　　D. 压力

3. CPU CR40 可以使用（　　）个高速计数器。

A. 1　　B. 2　　C. 4　　D. 6

4. 下面（　　）不是为高速计数器 HSC0 的输入点。

A. I0. 0　　B. I0. 1　　C. I0. 2　　D. I0. 4

5. 高速计数器 HSC0 若用作带有内部方向控制的单相计数器且用 I0. 4 作为复位端，则应选择模式（　　）。

A. 0　　B. 1　　C. 2　　D. 3

二、判断题

1. 电动机轴上的速度编码器简称为 PG。（　　）

2. 绝对式编码器的示值只与测量的起始和终止位置有关，而与测量的中间过程无关。（　　）

3. 高速计数器 HSC0 的新当前值寄存器为 SMD38。（　　）

4. 高速计数器 HSC0 的新预设值寄存器为 SMD42。（　　）

5. 高速计数器 HSC0 的控制字节为 SMB37，可以预设高速计数器的计数方向等。（　　）

三、问答题

1. S7-200 SMART PLC 的计数器 C 和高速计数器 HC 有什么区别?

2. 增量式编码器和绝对值式编码器有什么区别?

四、设计题

1. 使用高速计数器指令向导实现对 Q0. 0 和 Q0. 1 的控制，当计数当前值为 1000～1500 时 Q0. 0 得电，计数当前值为 500～1000 时 Q0. 1 得电。

2. 某牵引小车由一台双速电动机（带增量式编码器）驱动，动力头初始位置在原点限位 SQ1 处，对牵引小车的控制要求如下：

（1）按下启动按钮 SB1，编码器计数值在 0～12 000 时，接触器 KM1 和 KM3 得电，牵引小车低速前进。

（2）编码器计数值在 12 000～24 000 时，接触器 KM1、KM4 和 KM5 得电，牵引小车高速前进。

（3）编码器计数值在 24 000～32 000 时，牵引小车接近被牵引工件的工位，应保证平稳，以便准确定位，故要求低速前进。

（4）编码器计数值等于 32 000 时，牵引小车自动停车，将被牵引工件挂至牵引小车上，然后按下返回按钮 SB3，牵引小车低速返回原点限位处停止。

（5）按下停止按钮 SB2，如牵引小车正在高速运行，则应先低速运行 3s 后再停车（考虑牵引小车的载荷惯性）；如牵引小车正在低速运行，则可立即停车。

任务3　步进电动机的 PLC 控制

5.3.1　任务概述

某送料装置由一台两相混合式步进电动机驱动，步距角为 1.8°，脉冲当量为 0.2mm。步进电动机驱动器型号为 2M320，细分设为 8。按下启动按钮 SB1 后送料 400mm，送料完成后延时 3s 自动开始第二次送料，如此循环，直至按下停止按钮 SB2 后步进电动机停止运行。

5.3.2　任务资讯

1. S7-200 SMART PLC 的高速脉冲输出功能

S7-200 SMART PLC 的 CPU 模块（不包括经济型）提供了三个数字输出（Q0.0、Q0.1 和 Q0.3），可以通过 PLS 指令组态为 PTO（周期可调、占空比固定为 50%的脉冲）或 PWM（周期固定、占空比可调的脉冲）输出，输出的高速脉冲可以用于控制步进电动机和伺服电动机实现速度或位置控制等。

为简化在应用中使用运动控制功能，STEP 7-Micro/WIN SMART 提供了用以组态运动轴的运动控制向导以及用以组态 PWM 的 PWM 向导。这些向导会生成运动指令，可用以动态控制应用的速度和运动。对于运动轴，STEP 7-Micro/WIN SMART 还提供了控制面板，可以通过该控制面板控制、监视和测试运动操作。

2. 步进电动机及驱动器

（1）步进电动机。步进电动机是将电脉冲信号转变为角位移或线位移的开环控制电动机，是现代数字程序控制系统中的主要执行元件，应用极为广泛。在非超载的情况下，电动机的转速、停止的位置只取决于脉冲信号的频率和脉冲数，而不受负载变化的影响。

步进电动机步距角：一个脉冲驱使步进电动机转动的角度。例如，步进角为 1.8°的电动机，转一圈就要 360°÷1.8°=200 个脉冲。

（2）步进电动机驱动器。步进电动机不能直接接到直流或交流电源上工作，必须将其接到步进驱动器上。步进电动机驱动器是一种将电脉冲转化为角位移的执行机构。当步进驱动器接收到一个脉冲信号，它就驱动步进电动机按设定的方向转动一个固定的角度（称为“步距角”），它的旋转是以固定的角度一步一步运行的。可以通过控制脉冲个数来控制角位移量，从而达到准确定位的目的；同时可以通过控制脉冲频率来控制电动机转动的速度和加速度，从而达到调速和定位的目的。

脉冲当量：脉冲当量是当控制器输出一个定位控制脉冲时，所产生的定位控制移动的位移。对直线运动来说，是指移动的距离，对圆周运动来说，是指其转动的角度。

步进驱动器的细分是指：把步进角再分割成 N 等分。例如，8 细分就是把 1.8°的步进角再分成 8 分，细分后电动机每一步进就是 1.8°÷8＝0.225°，转一圈就要：360°÷0.225°＝1600 个脉冲。步进驱动器的细分一般通过其上的 DIP 组合开关设定。

5.3.3 任务实施

1. I/O 分配

根据项目分析，I/O 分配表见表 5-8。

表 5-8　步进电动机控制 I/O 分配表

输入设备	文字符号	输入地址	输出设备	文字符号	输出地址
启动按钮	SB1	I0.0	步进脉冲	PUL	Q0.0
停止按钮	SB2	I0.1	步进方向	DIR	Q0.2

2. 硬件接线

图 5-30 所示为步进电动机控制系统 PLC 接线图，CPU 模块为 ST40，采用 DC 24V 的工作电源。PLC 输入回路采用外置 24V 直流电源。PLC 输出回路用 Q0.0 和 Q0.1 分别控制步进电动机驱动器的脉冲输入端子 CP＋和方向控制端子 DIR＋。由于西门子 PLC 输出回路输出的 DC 24V 信号，而步进驱动器的控制信号时 DC 5V，因此，需要在 PLC 和步进驱动器之间串联 2kΩ 的电阻，起到分压的作用。步进驱动器的 CP－和 DIR－与 DC 24V 电源的负极相连。

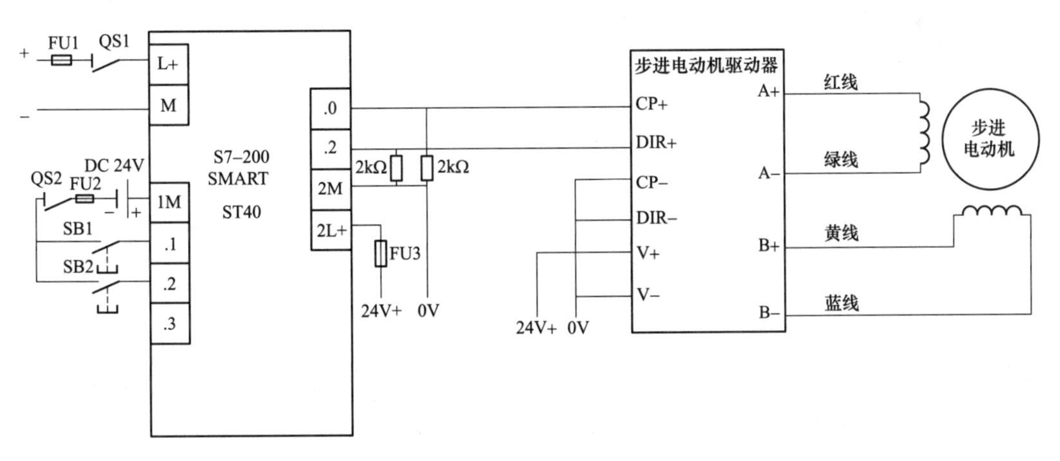

图 5-30　步进电动机控制系统的 PLC 接线图

3. 运动控制向导设置

对于复杂的运动控制需要用运动轴模式控制，S7-200 SMART PLC 提供了运动控制向导。

（1）打开“运动控制”向导。在项目树或“工具”的“向导”可以找到运动控制向导，如图 5-31 所示。

（2）选择需要配置的轴。虽然可为继电器输出 CPU 组态运动轴，但在高速情况下开关继电器并不实际。使用运动控制时必须使用晶体管输出的 CPU。晶体管输出的 CPU 模块中，ST20/30 只能配置 2 个运动轴，ST40/60 可以配置 3 个运动轴，如图 5-32 所示。选择好要组态的运动轴后，可以为其命名。

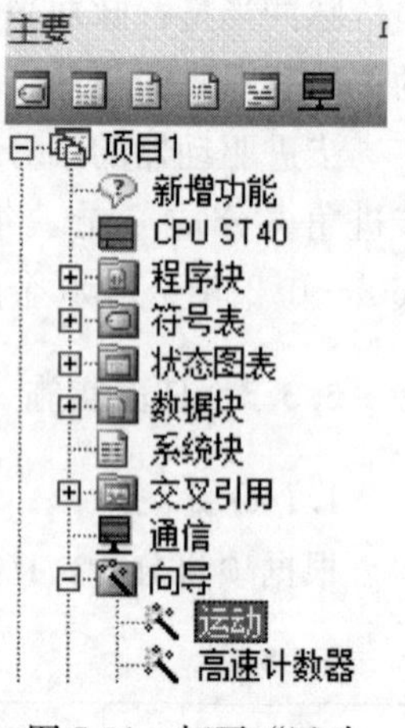

图 5-31　打开“运动控制”向导

（3）选择测量系统。选择测量系统为工程单位时，需要设置选择电动机每转一圈所需的脉冲数、测量的基本单位和电动机每转运行距离（和传动系统的具体机械结构相关），如图 5-33 所示。本任务中步进电动机步距角为 1.8°，整步模式下转一圈需要 200 个脉冲，脉冲数乘以脉冲当量即电动机转一圈的位移（200×0.2mm＝40mm）。由于步进驱动器细分为 8，所以步进电动机旋转一圈需要 200×8＝1600 个脉冲，一个脉冲实际移动的距离为 0.2mm÷8＝0.025mm。

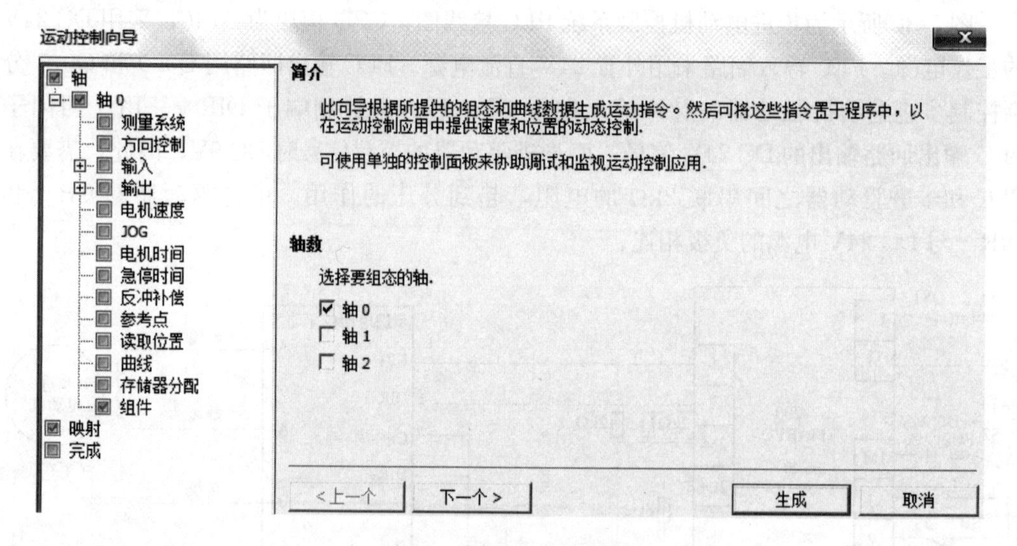

图 5-32　选择需要配置的轴

选择测量系统为相对脉冲数时，则以上 3 个参数不需设置，整个向导中的所有速度均以脉冲数/秒为单位表示，所有距离均以脉冲数为单位表示。

（4）设置脉冲方向输出。如图 5-34 所示，在脉冲方向控制中有单相（1 个输出）、单相（2 个输出）、双相（2 个输出）和 AB 正交相位（2 个输出）4 个选项。本任务中选择单相（2 个输出），Q0.0 输出脉冲，Q0.1 控制方向（运动控制向导自动控制，无须编程）。

（5）配置输入点。配置正极限 LMT＋、负极限 LMT－、参考点 RPS、零脉冲 ZP、停止 STP 和触发信号 TRIG，可供选择的输入点范围从 I0.0～I1.3，这些输入根据需要

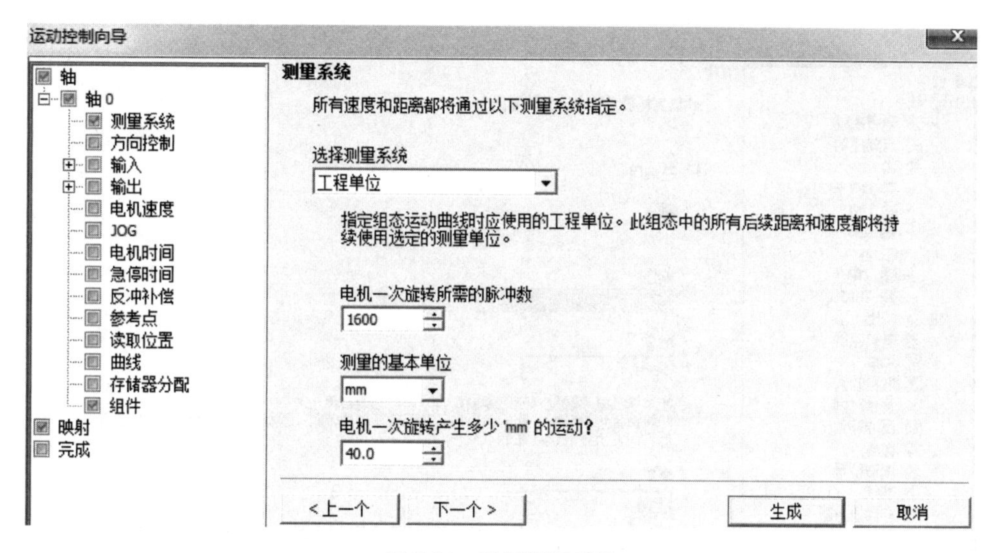

图 5-33　选择测量系统

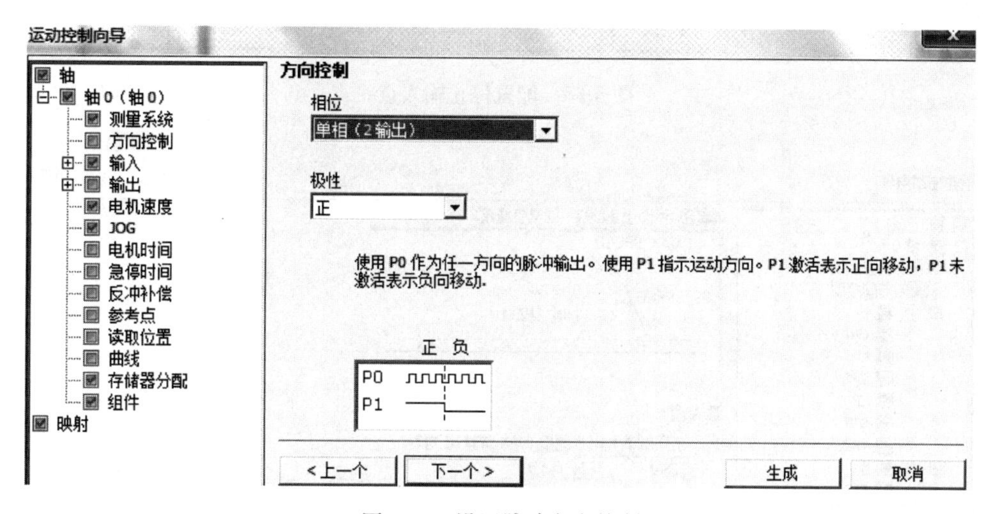

图 5-34　设置脉冲方向控制

选择，本任务中只选择停止信号 STP，采用输入点 I0.1，如图 5-35 所示。

（6）配置输出点。

1）定义禁止输出点。该输出用于禁用或启用电动机驱动器/放大器，每个轴的输出点都是固定的用户不能对其进行修改，但是可以选择使能/不使能 DIS。

2）定义电动机速度。如图 5-36 所示，在“电动机速度”（Motor Speeds）对话框中，可以定义应用的最大速度、最小速度和启动/停止速度。

最大（MAX _ SPEED）/最小速度（MIN _ SPEED）：在电动机扭矩能力范围内，输入应用中最佳操作速度的 MAX _ SPEED 值。驱动负载所需的扭矩由摩擦力、惯性以及加速/减速时间决定。

启动/停止速度（SS _ SPEED）：在电动机能力范围内输入一个 SS _ SPEED 值，以

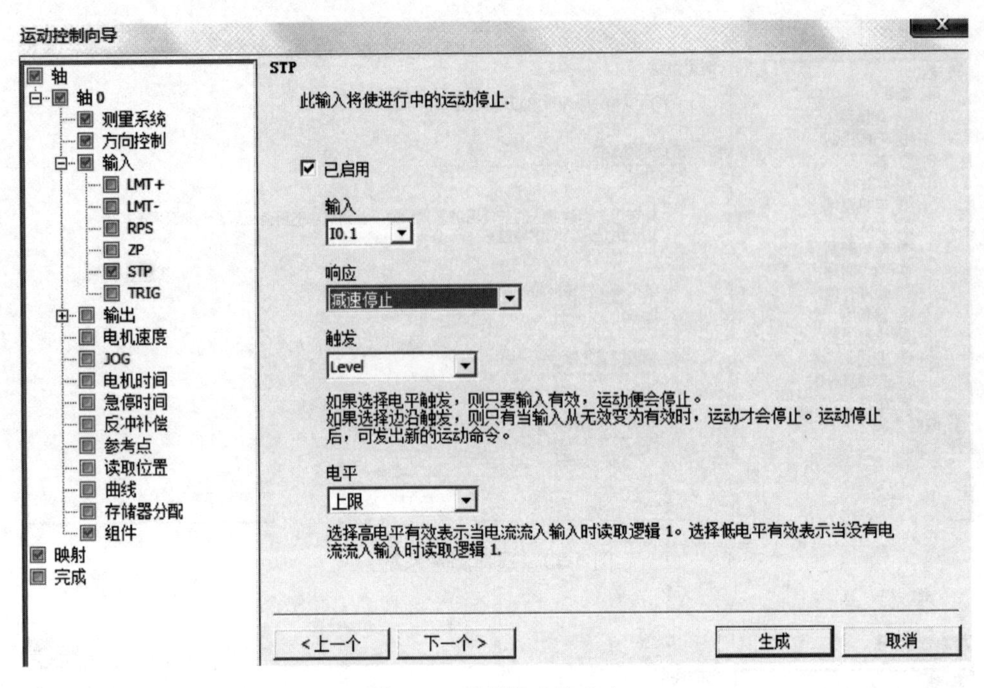

图 5-35　配置停止输入点

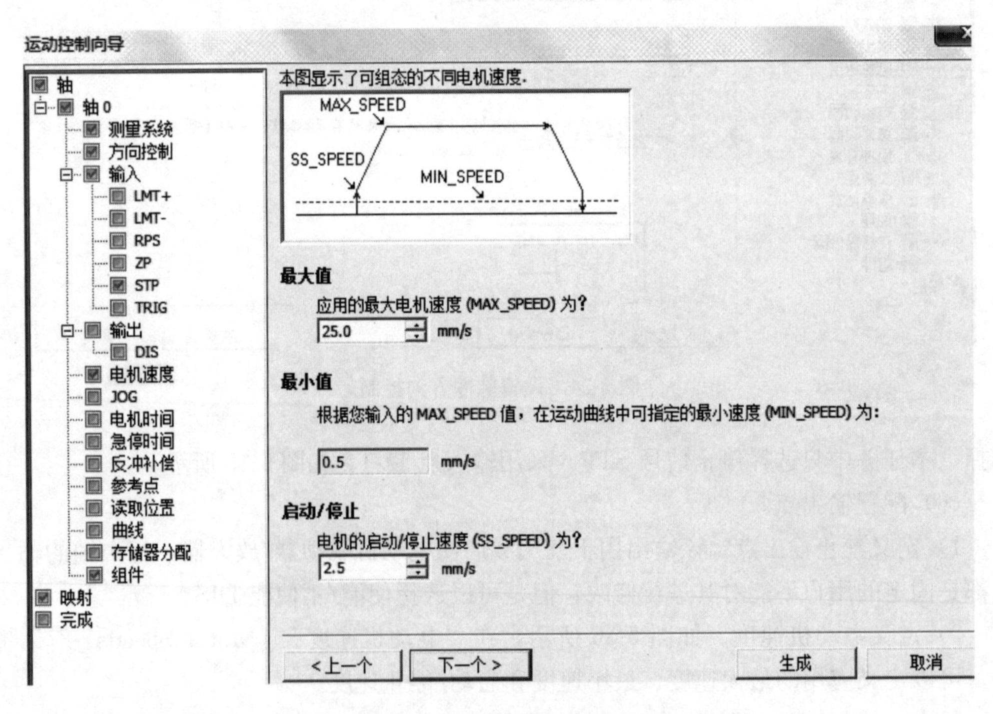

图 5-36　定义电动机的速度

便以较低的速度驱动负载。如果 SS _ SPEED 值过低，电动机和负载在运动的开始和结束时可能会摇摆或颤动。如果 SS _ SPEED 值过高，电动机可能在启动时丧失脉冲，在尝试停止时负载可能过度驱动电动机。

在电动机数据单中，对于电动机和给定负载，有不同的方式指定 SS _ SPEED（或拉入/拉出）速度。通常，SS _ SPEED 值是 MAX _ SPEED 值的 5%～15%。SS _ SPEED 数值必须大于 MAX _ SPEED 规格中显示的最低速度。

3）定义点动参数。在“JOG”对话框中，可将电动机手动移至所需位置，如图 5-37 所示。

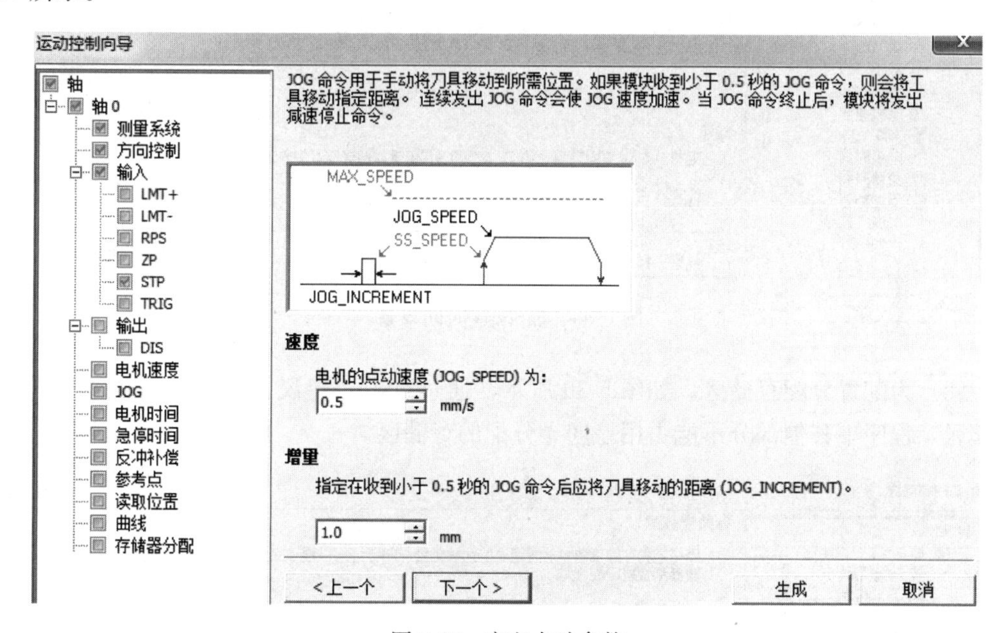

图 5-37　定义点动参数

点动速度“JOG _ SPEED”：电动机的点动速度是点动命令有效时能够得到的最大速度。

点动位移“JOG _ INCREMENT：点动位移是瞬间的点动命令能够将工件运动的距离。

4）加/减速时间设置。在“电动机时间”（Motor Times）对话框中，可为应用指定加速率和减速率，如图 5-38 所示。

ACCEL _ TIME：电动机从启动/停止速度“SS _ SPEED”到最大速度“MAX _ SPEED”的加速度时间。

DECEL _ TIME：电动机从最大速度“MAX _ SPEED”到启动/停止速度“SS _ SPEED”的减速度时间。

（7）新建运动曲线并命名。运动控制向导提供移动曲线定义，S7-200 SMART 支持最多 32 组移动曲线。运动控制向导中可以为每个移动曲线定义一个符号名，其做法是在定义曲线时输入一个符号名即可。选择移动曲线的操作模式（支持四种操作模式：绝对位置、相对位置、单速连续旋转、两速连续转动）。定义该移动曲线每一段的速度和位置（每组移动曲线支持最多 16 步）。

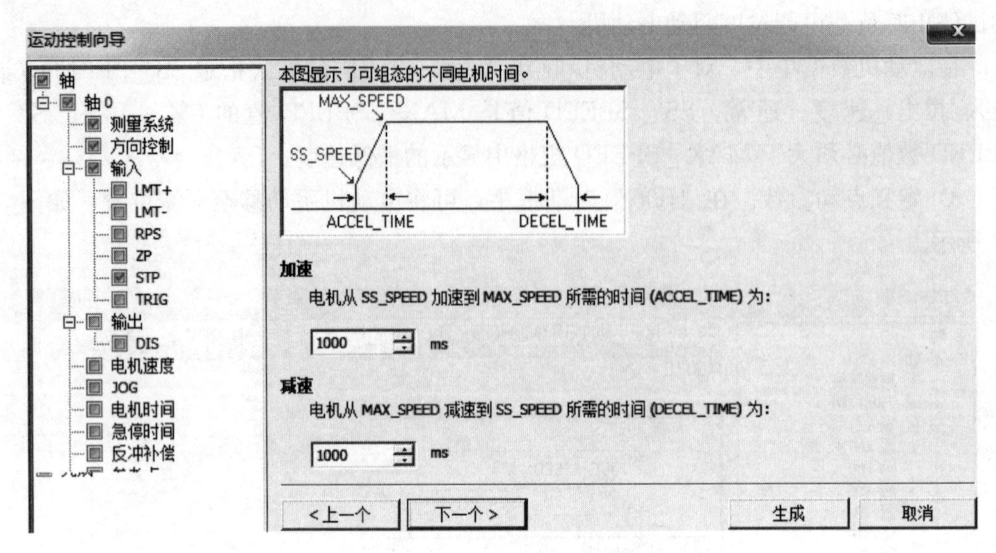

图 5-38　加/减速时间设置

（8）为配置分配存储区。如图 5-39 所示，通过点击“建议（Suggest）”按钮分配存储区，程序中其他部分不能占用该向导分配的存储区。

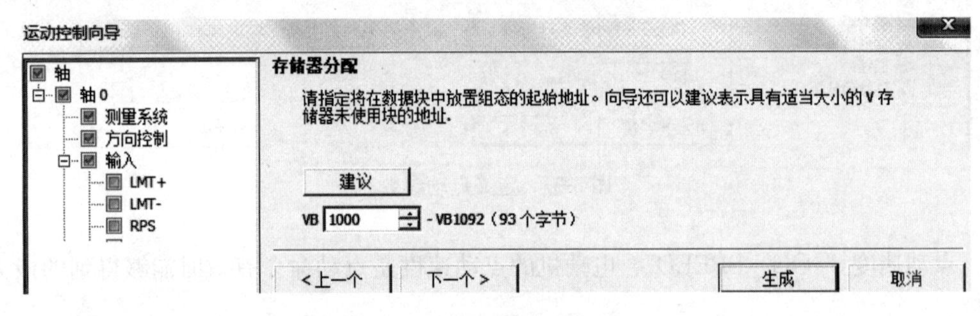

图 5-39　为配置分配存储区

（9）完成组态。如图 5-40 所示，当完成对运动控制向导的组态时，只需点击生成（Generate），然后运动控制向导会所有程序组件。

（10）查看输入/输出点分配。完成配置后运动控制向导会显示运动控制功能所占用的 CPU 本体输入输出点的情况，如图 5-41 所示。

4. 程序设计

图 5-42 所示为步进电动机控制的梯形图程序。

（1）第 1 段程序：AXIS0 _ CTRL 子程序的作用是启用和初始化运动轴 0，该子程序每个运动轴在程序中只能使用一次。一般使用长通标志位 SM0.0 作为 EN 端的输入信号，以确保每个扫描周期都会调用该子程序。MOD _ EN 参数必须开启，才能启用其他运动控制子例程向运动轴发送命令。如果 MOD _ EN 参数关闭，则运动轴将中止进行中的任何指令并执行减速停止。当运动轴完成任何一个子例程时，Done 参数会开启。Error 参数包含该子例程的错误代码。C _ Pos 参数表示运动轴的当前位置。根据测量单

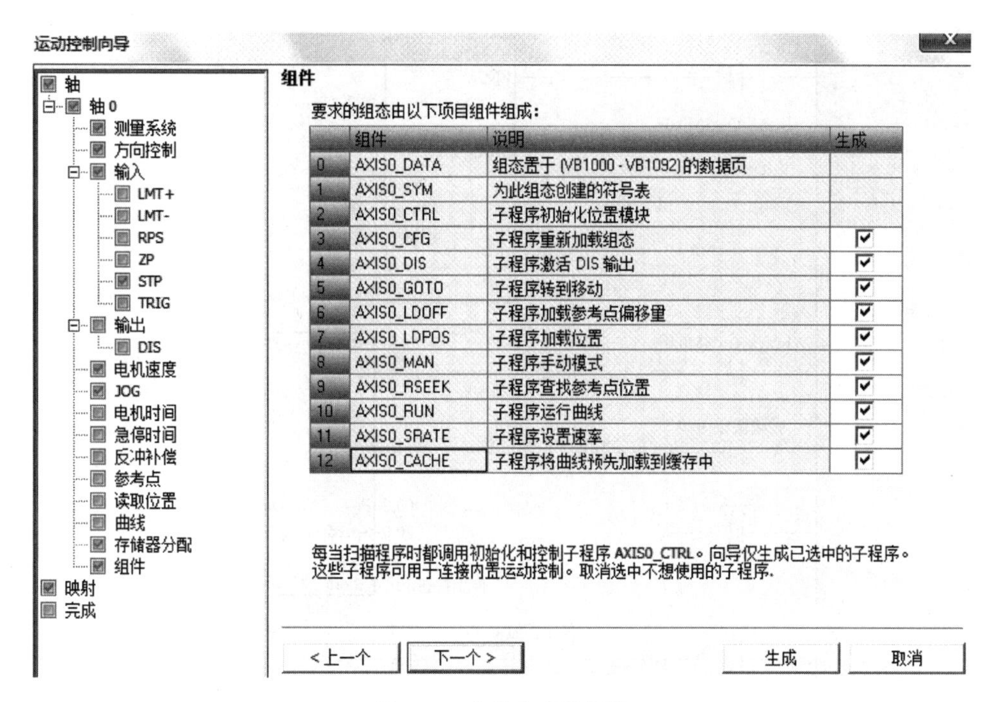

图 5-40　向导生成的组件

I/O 映射表

	轴	类型	地址
0	轴 0	STP	I0.1
1	轴 0	P0	Q0.0
2	轴 0	P1	Q0.2

图 5-41　输入/输出点分配

位，该值是脉冲数（DINT）或工程单位数（REAL）。C _ SPEED 参数提供运动轴的当前速度。如果针对脉冲组态运动轴的测量系统，C _ SPEED 是一个 DINT 数值，即脉冲数/s。如果针对工程单位组态测量系统，C _ SPEED 是一个 REAL 数值，即工程单位数/s（REAL）。C _ Dir 参数表示电动机的当前方向，0 为正向，1 为反向。

（2）第 2 段程序：AXIS0 _ GOTO 子例程命令运动轴 0 转到所需位置。开启 EN 位会启用此子例程，本程序中使用长通标志位 SM0.0 开启 EN 使能端。

开启 START 参数会向运动轴发出 GOTO 命令，为了确保仅发送了一个 GOTO 命令，一般使用脉冲方式开启 START 参数。本程序中当按下启动按钮或 3s 延时结束时利用上升沿脉冲信号启动 START 参数。

Pos 参数指示要移动的位置（绝对移动）或要移动的距离（相对移动）。根据所选的测量单位，该值是脉冲数（DINT）或工程单位数（REAL）。

SPEED 参数确定该移动的最高速度。根据所选的测量单位，该值是脉冲数/s（DINT）或工程单位数/s（REAL）。

Mode 参数选择移动的类型：0 为绝对位置，1 为相对位置，2 为单速连续正向旋

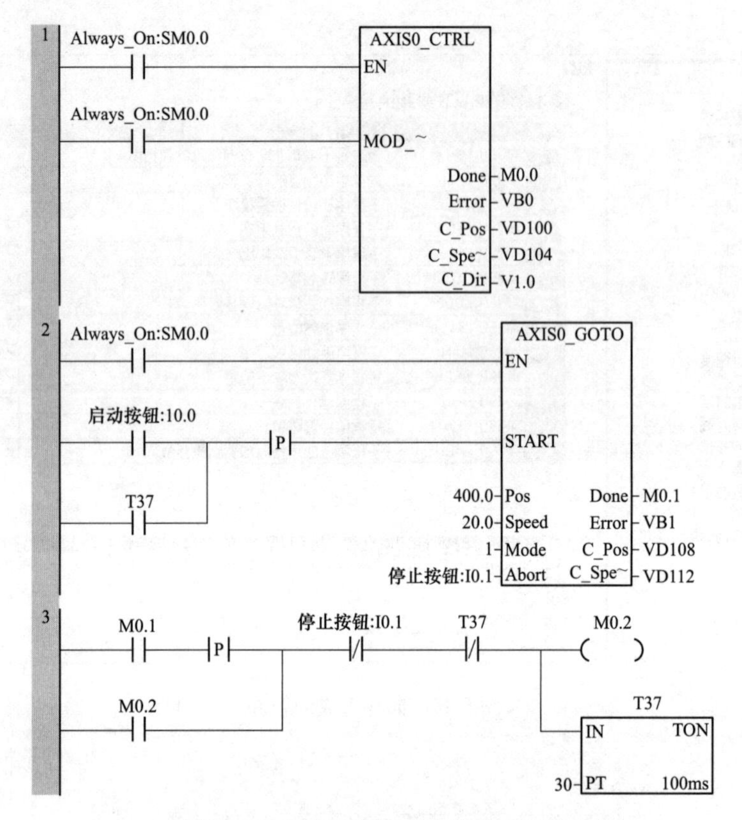

图 5-42　步进电动机 PLC 梯形图程序

转，3 为单速连续反向旋转。

当运动轴完成此子例程时，Done 参数会开启。

开启 Abort 参数会命令运动轴停止执行此命令并减速，直至电动机停止。

Error 参数包含该子例程的错误代码。

C _ Pos 参数包含运动轴的当前位置。根据测量单位，该值是脉冲数（DINT）或工程单位数（REAL）。

C _ SPEED 参数包含运动轴的当前速度。根据所选的测量单位，该值是脉冲数/s（DINT）或工程单位数/s（REAL）。

（3）第 3 段程序：当 AXIS0 _ GOTO 子例程每次执行完成时（即步进电动机移动完成 400mm），完成标志位 M0.1 接通（AXIS0 _ GOTO 再次执行时自动断开），利用其上升沿置位 M0.2 并开始延时 3s。3s 延时到后再次启动 AXIS0 _ GOTO 子例程并切断 M0.2。

5.3.4　知识拓展

1. 高速脉冲输出的 PWM 向导

（1）S7-200 SMART PLC ST 系列的 CPU 模块可以输出频率较高的脉冲信号，根据具体的控制模式又分为 PWM 控制模式和运动轴控制模式两种。所谓 PWM 控制模式就是脉宽调制，可以控制高速脉冲输出信号的周期和脉宽。以 ST40 为例，共有三种内置脉冲输出发生器可用于组态 CPU 高速脉冲输出：

1）PWM0，用于在 Q0.0 上产生脉冲。

2）PWM1，用于在 Q0.1 上产生脉冲。

3）PWM2，用于在 Q0.3 上产生脉冲。

每个脉冲发生器应该都能产生脉宽调制（PWM），支持的最大脉冲速率为 100kHz。

（2）PWM（脉冲输出）向导的使用方法。使用 PWM（脉冲输出）向导，可以配置板载 PWM 发生器并控制脉宽调制（PWM）输出的占空比。在“工具”（Tools）菜单的“向导”（Wizards）区域单击“PWM”按钮。

1）选择脉冲发生器。在此对话框中，选择应用中需要组态的脉冲发生器数量。PWM 向导会生成对您所选择的 PWM 通道提供支持的功能，如图 5-43 所示。

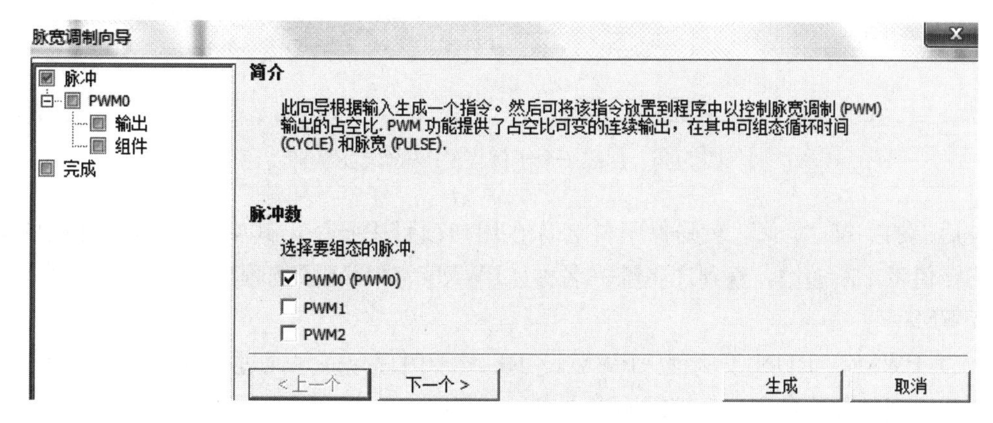

图 5-43　选择 PWM 脉冲发生器

2）更改 PWM 通道的名称。在此对话框中，您可以更改脉冲发生器的名称，如图 5-44 所示。

图 5-44　更改 PWM 通道的名称

3）组态 PWM 通道输出时基。在此对话框中，选择将用于 PWM 通道操作的周期时间的时基，如图 5-45 所示。

4）生成项目组件。此对话框显示为执行 PWM 操作而创建的子例程。只创建一个子例程“PWMx_RUN”，如图 5-46 所示。

在上面的组件名称中，“x”将替换为脉冲通道编号。此外，PWM 向导通过在组件

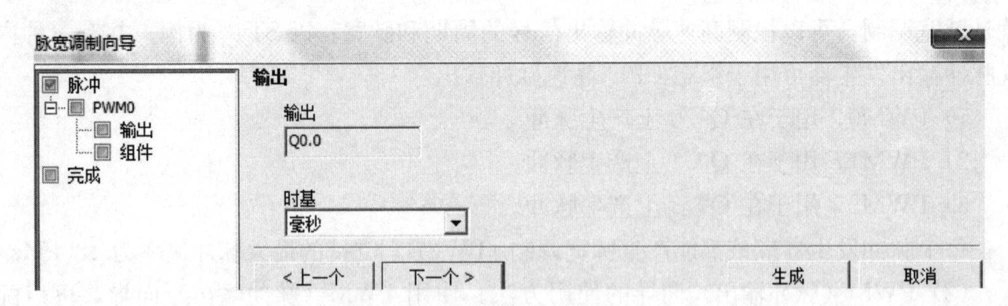

图 5-45 组态 PWM 通道输出时基

图 5-46 创建一个子例程“PWMx _ RUN”

名称后追加字符“ _ Z”来确保组件名称在用户项目中唯一，其中 Z 是从零开始的索引，该值将不断递增，直到产生唯一名称。PWMx _ RUN 子例程用于在程序控制下执行 PWM。

5）PWMx _ RUN 子例程。PWMx _ RUN 子例程允许您通过改变脉冲宽度（从 0 到周期时间的脉冲宽度）来控制输出占空比，如图 5-47 所示。

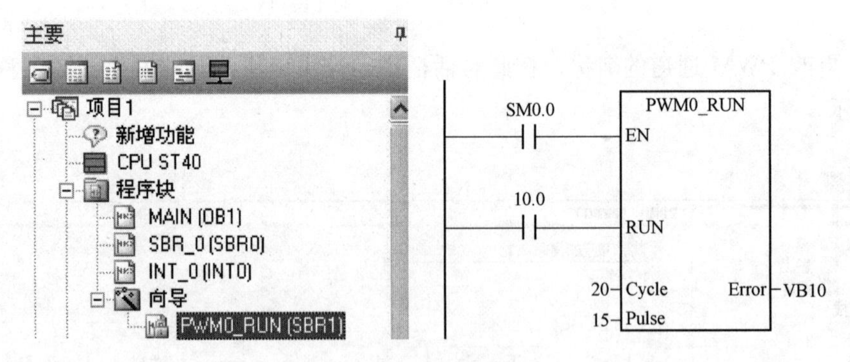

图 5-47 运行子程序

Cycle 输入是一个字值，定义脉宽调制（PWM）输出的周期。如果时基为毫秒，则允许的范围为 2 到 65 535；如果时基为微秒，则允许的范围为 10～65 535。

Pulse 输入是一个字值，用于定义 PWM 输出的脉宽（占空比）。允许的取值范围为 0～65 535 个时基单元，时基是在向导中指定的，单位为微秒或毫秒。

Error 是 PWMx _ RUN 子例程返回的字节值，用于指示执行结果。“0”代表无错误，“131”代表脉冲发生器已由另一个 PWM 或运动轴使用，或者时基变化非法。

2. 运动控制面板

STEP 7-Micro/WIN SMART 提供了运动控制面板，在项目树中打开“工具”（Tools）文件夹，双击“运动控制面板”（Motion Control Panel）节点，可以打开“运动控制面板”窗口，如图 5-48 所示。

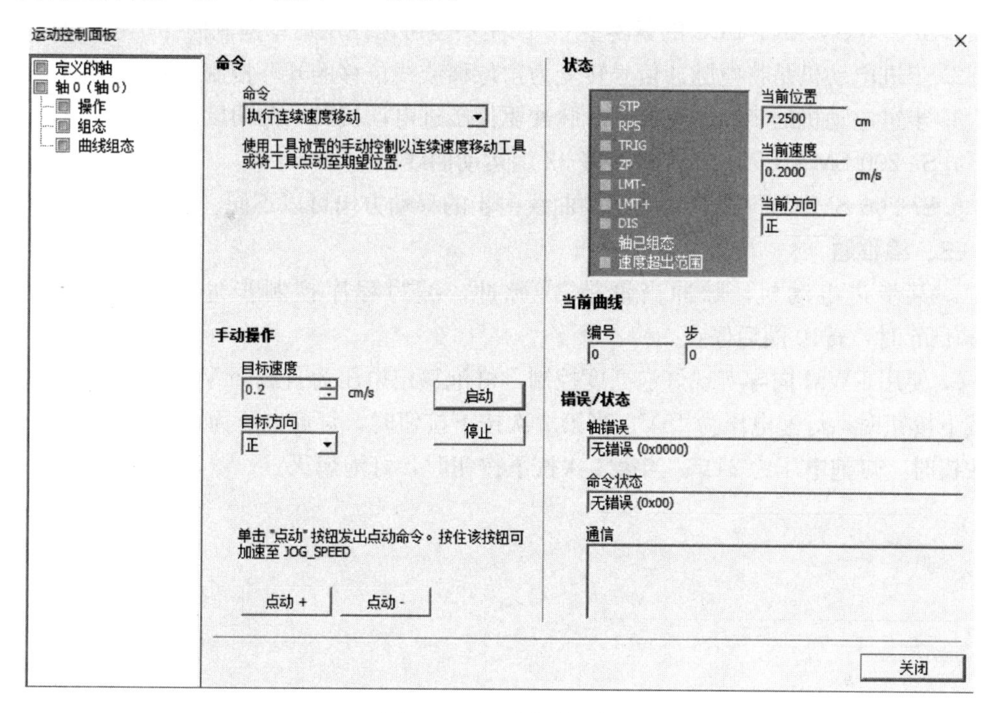

图 5-48 运动控制面板

在运动控制面板中，通过运动轴操作、组态和曲线组态设置使您能够轻松地在开发过程的启动和测试阶段监控运动轴操作。使用运动控制面板可检查运动轴接线是否正确、调整组态数据和测试各条运动曲线。

习题

一、选择题

1. S7-200 SMART PLC 的 ST40 CPU 模块也可以控制（　　）个运动轴。

A. 1　　B. 2　　C. 3　　D. 4

2. 步进电动机步距角为 0.9°时，电动机转一圈需要（　　）个脉冲。

A. 200　　B. 400　　C. 800　　D. 360

3. ST40 CPU 模块运动控制向导“轴 0”的方向控制中选择单相（2 个输出），则（　　）控制方向信号的输出。

A. Q0.0　　B. Q0.1　　C. Q0.2　　D. Q0.3

4. S7-200 SMART PLC 运动控制向导提供移动曲线定义主要配合（　　）子程序。

A. AXISx _ MAN　　B. AXISx _ CTRL　　C. AXISx _ RUN　　D. AXISx _ GOTO

5. S7-200 SMART PLC 运动控制程序中一般使用（　　）作为 AXISx _ CTRL 初始化程序 EN 端的控制信号。

A. SM0. 0　　B. SM0. 1　　C. SM0. 5　　D. M0. 0

二、判断题

1. S7-200 SMART PLC 的紧凑型 CPU 模块也可以使用运动控制向导。（　　）

2. 步进电动机是将电脉冲信号转变为角位移或线位移的开环控制电动机。（　　）

3. 步进电动机的步距角是指一个脉冲驱使步进电动机转动的角度。（　　）

4. S7-200 SMART PLC 支持最多 32 组运动曲线。（　　）

5. S7-200 SMART PLC 每条运动曲线内步的移动方向可以不同。（　　）

三、编程题

1. 某步进电动机，脉冲当量是 3°/脉冲，编写程序控制步进电动机的转速为 250r/min 时，转10 圈后停止。

2. 使用 PWM 向导实现灯泡亮度控制，灯泡额定电压为直流 24V。编程实现当第 1 次按下按钮时，灯泡电压为 15V；当第 2 次按下按钮时，灯泡电压为 18V；当第 3 次按下按钮时，灯泡电压为 24V；当第 4 次按下按钮时，灯泡熄灭。

PLC网络通信的编程应用

任务1 基于以太网的电动机本地/远程启停的PLC控制

6.1.1 任务概述

按下本地的启动按钮SB1和停止按钮SB2，可以本地控制电动机M1的连续运行和停止。按下远程电动机的启动按钮SB3和停止按钮SB4，可以远程控制电动机M2的连续运行和停止。用S7-200 SMART PLC实现控制要求。

6.1.2 任务资讯

1. PLC通信基础知识

（1）串行通信与并行通信。并行通信是以字节或字为单位的数据传输方式，除了8根或16根数据线、一根公共线外，还需要通信双方联络用的控制线。并行通信的传送速度快，但是传输线的根数多，抗干扰能力较差，一般用于近距离数据传送，例如，PLC的基本单元、扩展单元和特殊模块之间的数据传送。

串行通信是以二进制的位（bit）为单位的数据传输方式，每次只传送一位，最少只需要两根线（双绞线）就可以连接多台设备，组成控制网络。串行通信需要的信号线少，适用于距离较远的场合。计算机和PLC都有通用的串行通信接口，例如，RS-232C或RS-485接口，工业控制中计算机之间的通信一般采用串行通信方式。

（2）串行通信接口标准。RS-232、RS-422与RS-485都是串行数据接口标准，最初都是由电子工业协会（EIA）制订并发布的，RS-232在1962年发布，命名为EIA-232-E，作为工业标准，以保证不同厂家产品之间的兼容。RS-422由RS-232发展而来，它是为弥补RS-232之不足而提出的。为改进RS-232通信距离短、速率低的缺点，RS-422定义了一种平衡通信接口，将传输速率提高到10Mbit/s，传输距离延长到4000ft（速率低于100kbit时），并允许在一条平衡总线上连接最多10个接收器。RS-422是一种单机发送、多机接收的单向、平衡传输规范，被命名为TIA/EIA-422-A标准。为扩展应用范围，EIA又于1983年在RS-422基础上制定了RS-485标准，增加了多点、双向通信能力，即允许多个发送器连接到同一条总线上，同时增加了发送器的驱动能力和冲突保护特性，扩展了总线共模范围，后命名为TIA/EIA-485-A标准。由于EIA提出的建议标准都是以“RS”作为前缀，所以在通信工业领域，仍然习惯将上述标准以RS作前缀称谓。

一般来讲，计算机上的串口为RS-232（九针），而PLC或变频器上的串口为RS-422或RS-485。

(3) 异步通信和同步通信。串行通信又可分异步通信和同步通信，PLC与其他设备通信主要采用串行异步通信方式。

在异步通信中，数据是一帧一帧地传送，一帧数据传送完成后，可以传下一帧数据，也可以等待。串行通信时，数据是以帧为单位传送的，帧数据有一定的格式，它是由起始位、数据位、奇偶校验位和停止位组成。

在异步通信中，每一帧数据发送前要用起始位，在结束时要用停止位，这样会导致数据传输速度较慢，为了提高数据传输速度，在计算机与一些高速设备数据通信时，常采用同步通信，同步通信的数据后面取消了停止位，前面的起始位用同步信号代替，在同步信号后面可以跟很多数据，所以同步通信传输速度快，但由于同步通信要求发送端和接收端严格保持同步，这需要用复杂的电路来保证，所以PLC不采用这种通信方式。

(4) 单工通信和双工通信。在串行通信中，根据数据的传输方向不同，可分为以下三种通信方式：

1) 单工通信，即数据只能往一个方向传送的通信，即只能由发送端传输给接收端。

2) 半双工通信，数据可以双向传送，但在同一时间内，只能往一个方向传送，只有一个方向的数据传送完成后，才能往另一个方向传送数据。

3) 全双工通信，数据可以双向传送，通信的双方都有发送器和接收器，由于有两条数据线，所以双方在发送数据的同时可以接收数据。

2. S7-200 SMART PLC以太网通信

S7协议是专门为西门子控制产品优化设计的通信协议，它是面向连接的协议。S7-200 SMART只有S7单项连接功能。单项连接中的客户机（Client）是向服务器（Server）请求服务的设备，客户机调用GET/PUT指令读、写服务器的存储区。服务器是通信中的被动方，用户不编写服务器的S7通信程序，S7通信由服务器的操作系统完成。

3. S7-200 SMART PLC GET/PUT指令

GET指令和PUT指令适用于通过以太网进行的S7-200 SMART CPU之间的通信，其功能见表6-1。TABLE的数据类型为字节型，是GET/PUT指令参数说明表的首字节地址，说明表的具体参数可以查看软件帮助，主要包括远程PLC的IP地址、数据长度等信息。

程序中可以有任意数量的GET和PUT指令，但在同一时间最多只能激活共16个GET指令和PUT指令。例如，在给定的CPU中可以同时激活8个GET指令和8个PUT指令，或6个GET指令和10个PUT指令。

6.1.3 任务实施

1. I/O分配

表6-2为电动机本地/远程启停控制I/O分配表，其中四个按钮的输入点和本地电

动机接触器的输出点属于本地 PLC，远程电动机接触器的输出点属于远程 PLC。

表 6-1　　GET/PUT 指令功能说明表

LAD/FBD	STL	说明
GET EN　ENO TABLE	GET	GET 指令启动以太网端口上的通信操作，从远程设备读取数据［如说明表（TABLE）中的定义］。 GET 指令可从远程站读取最多 222 个字节的信息
PUT EN　ENO TABLE	PUT	PUT 指令启动以太网端口上的通信操作，将数据写入远程设备［如说明表（TABLE）中的定义］。 PUT 指令可向远程站写入最多 212 个字节的信息

表 6-2　　电动机本地/远程启停控制 I/O 分配表

输入设备	文字符号	输入地址	输出设备	文字符号	输出地址
本地启动按钮	SB1	I0.0	本地电动机接触器	KM1	Q0.0
本地停止按钮	SB2	I0.1	远程电动机接触器	KM2	Q0.0
远程启动按钮	SB3	I0.2			
远程停止按钮	SB4	I0.3			

2. 硬件接线

图 6-1 和 6-2 所示为电动机本地/远程启停的 PLC 控制主电路和控制电路。

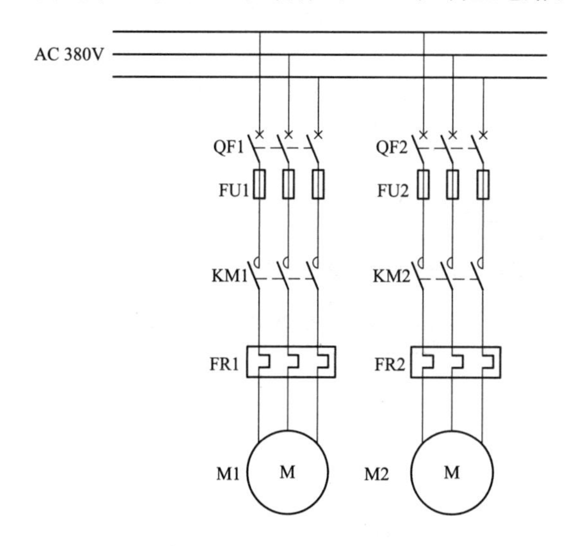

图 6-1　电动机本地/远程启停的 PLC 控制主电路

3. 程序设计

（1）GET/PUT 向导设置。GET/PUT 直接使用起来具有一定的难度，在 S7-200

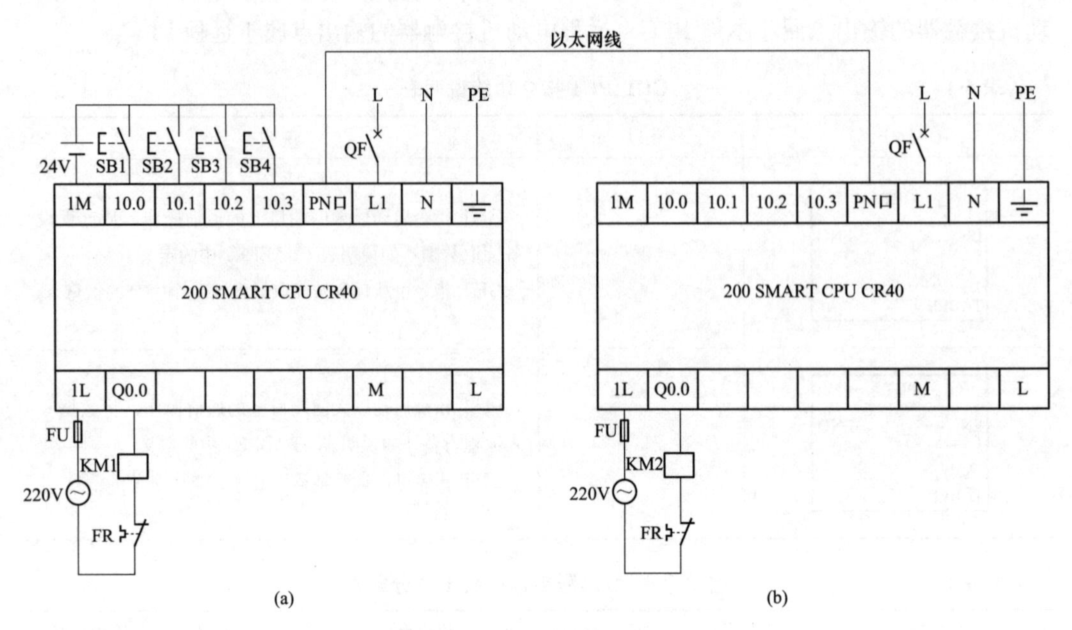

图 6-2　电动机本地/远程启停的 PLC 控制电路

（a）本地 PLC ；（b）远程 PLC

SMART 的编程软件 STEP 7-MicroWIN SMART 中提供了“向导”方式，来简化 GET 和 PUT 指令的使用，本任务的使用方法如下：

1）打开 GET/PUT 向导。打开 STEP 7-MicroWIN SMART 软件，在左侧树状图中选择“向导”→“GET/PUT”双击，如图 6-3 所示。

2）添加 GET/PUT 操作。在弹出的 PUT/GET 向导中，点击右侧“添加”按钮，如图 6-4 所示。

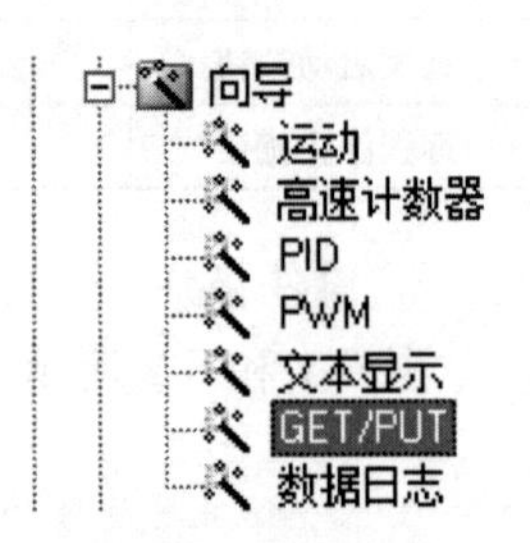

图 6-3　PUT/GET 向导调用

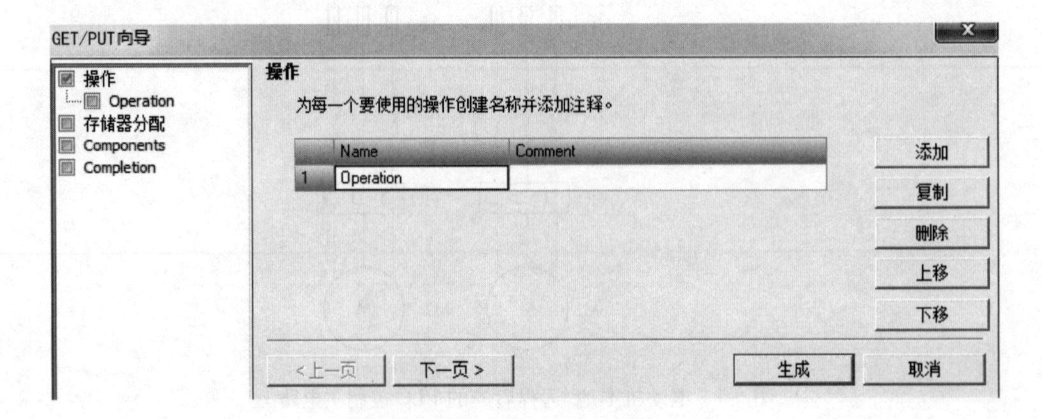

图 6-4　PUT/GET 向导添加操作

选择左侧树状图“Operation”，在此界面中需要设置方框标注的参数，在类型中，需要选择采用 PUT 还是 GET 指令，如果要从本地 PLC 向远程 PLC 写入数据，选择 PUT 指令进行设置，如图 6-5 所示，如果需要从远程 PLC 向本地 PLC 读取数据，就选择 GET 进行设置（前提是先与远程 PLC 建立通信）。对于此项目是本地 PLC 按钮对远程 PLC 的控制，即本地 PLC 对远程 PLC 写入数据，远程 PLC 对本地 PLC 读取数据，所以本地 PLC 需要设置 PUT 指令，远程 PLC 需要设置 GET 指令。根据所需要传送数据的大小，选择“传送大小”中的字节数，本项目只将远程启动和远程停止两个位写入远程 PLC 控制远程电动机的启动，因此都选择 1 字节即可。对于本地 PLC 设置，在“远程 IP”中设置远程 PLC 的 IP 地址（对于远程 PLC 的设置，需要将本地 PLC 地址键入）。最后，为本地 PLC 和远程 PLC 的数据交互设置地址，本项目我们将本地 PLC 中 1 字节的数据写入远程 PLC，先将数据写入本地 PLC 的 VB200 存储区域内，通过 PUT/GET 指令，对应远程 PLC 的接收存储区域 VB300，设置完毕后点击“下一页”按钮。

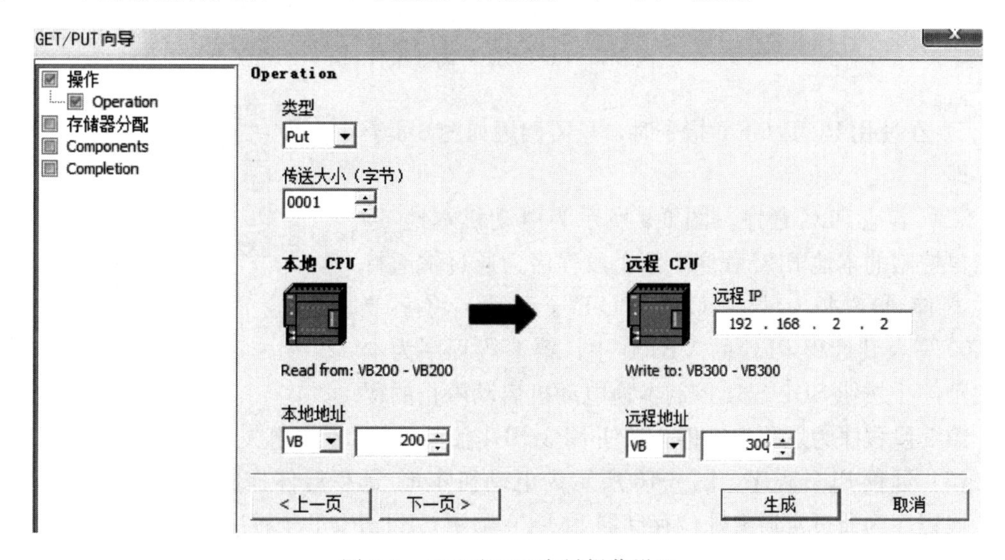

图 6-5　PUT/GET 向导操作设置

3）进入“存储器分配”选项，为向导设置的 PUTGET 指令设置存储地址，一般选择我们不常用的存储地址，以免发生地址冲突。本项目我们采用 VB1000-VB1032 区域作为调用“PUT/GET”向导的运行存储区域，如图 6-6 所示，设置完毕后单击“下

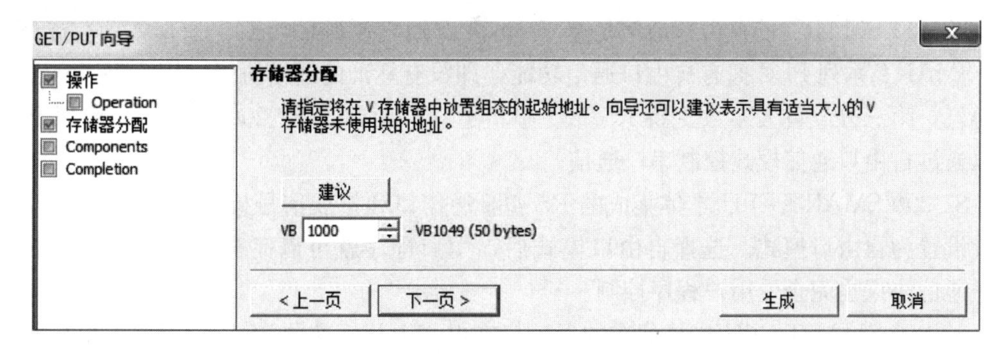

图 6-6　PUT/GET 向导存储器分配

一页”按钮。

4）进入“Components”，可以看到调用“PUT/GET”向导所生成的子程序，如图6-7所示。然后单击“生成”按钮。即完成了PUT/GET向导的设置。

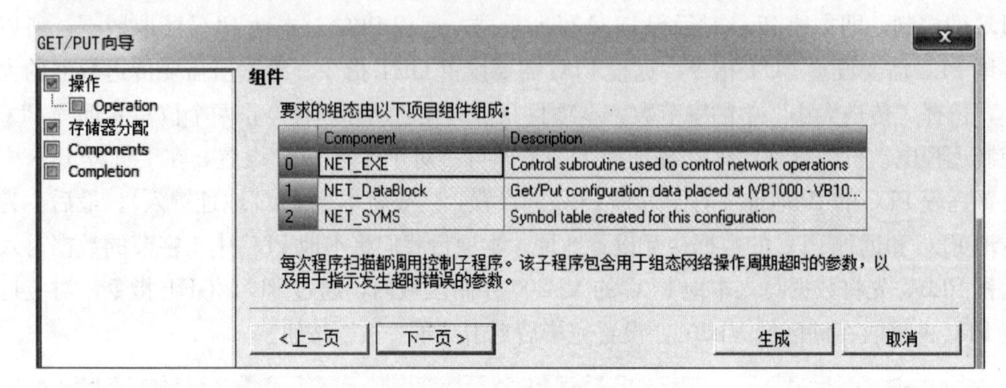

图6-7　PUT/GET向导组件

图6-8　PUT/GET向导生成的子程序

5）在使用PUT/GET指令时，只需调用如图6-8子程序即可。

（2）本地PLC程序。图6-9所示为电动机本地/远程启停控制的本地PLC程序，第1段程序为通过常通特殊位存储器SM0.0调用GET/PUT子程序，将字节VB200写入到远程PLC的VB300中；第2段程序为本地启动停止按钮SB1/SB2控制本地电动机启动停止的程序；第3段程序为远程启动停止按钮SB3/SB4控制V200.0得电失电的程序。

（3）远程PLC程序。图6-10所示为电动机本地/远程启停控制的远程PLC程序，第1段程序为通过常通特殊位存储器SM0.0调用GET/PUT子程序，将本地PLC的字节VB200读取到远程PLC的VB300中；第2段程序为通过V300.0（与本地PLC的V200.0相同）控制远程电动机接触器的输出点。

6.1.4　知识拓展

1. 西门子S7-200 SMART PLC自由口通信

S7-200 SMART的自由口通信是基于RS-485通信基础的半双工通信，西门子S7-200 SMART系列PLC拥有自由口通信功能，即没有标准的通信协议，用户可以自已规定协议。第三方设备大多数支持RS-485串口通信，西门子S7-200 SMART系列PLC可以通过自由口通信模式控制串口通信。

S7-200 SMART CPU本体集成的RS-485通信口和扩展信号板（RS-485/RS-232）可以设置为自由口模式。选择自由口模式后，用户程序就可以完全控制通信端口的操作，通信协议也完全受用户程序控制。

S7-200 SMART CPU本体集成的通信口在电气上是标准的RS-485半双工串行通信口。此串行字符通信的格式可以包括：①一个起始位；②7或8位字符（数据字节）；

1
调用PUT/GET子程序
SM0.0
NET_EXE
EN
0
超时
周期
V0.1
错误
V0.2
2
本地电机启保停
I0.0
I0.1
Q0.0
Q0.0
3
远程电机启保停，因为本地PLC和运程PLC的数据交互区域为V200，所以用V200.0
I0.2
I0.3
V200.0
V200.0

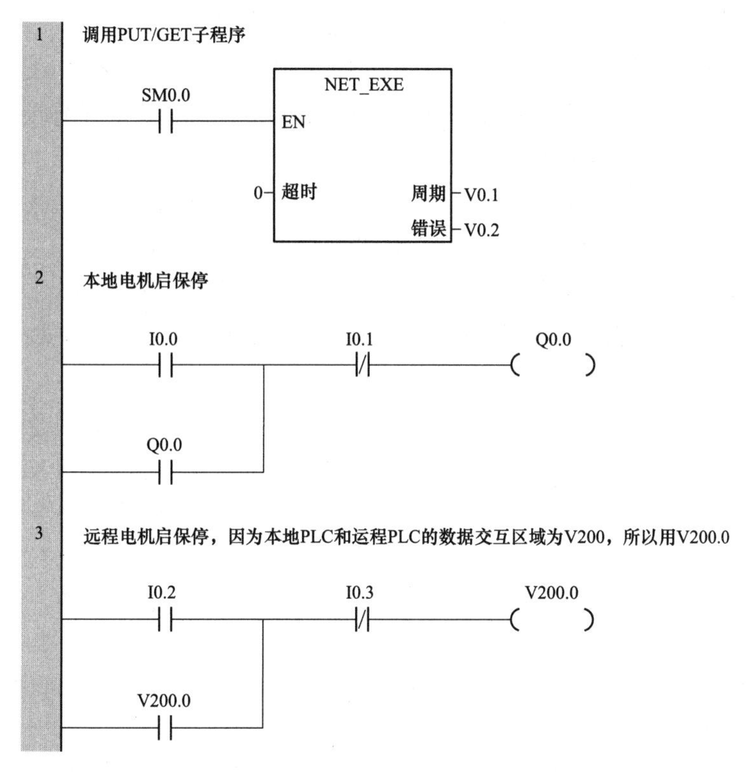

图 6-9　电动机本地/远程启停的本地 PLC 梯形图

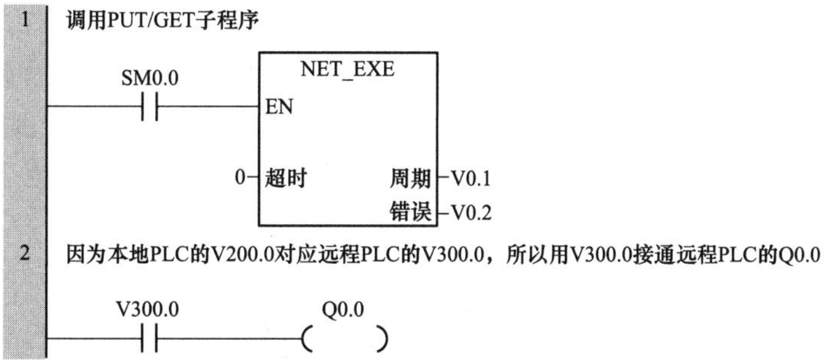

1
调用PUT/GET子程序
SM0.0
NET_EXE
EN
0
超时
周期
V0.1
错误
V0.2
2
因为本地PLC的V200.0对应远程PLC的V300.0，所以用V300.0接通远程PLC的Q0.0
V300.0
Q0.0

图 6-10　电动机本地/远程启停的远程 PLC 梯形图

③一个奇/偶校验位，或者没有校验位；④一个停止位。

自由口通信波特率可以设置为 1200、2400、4800、9600、19 200、38 400、57 600bit/s 或 115 200bit/s。凡是符合这些格式的串行通信设备，理论上都可以和 S7-200 SMART CPU 通信。

自由口模式可以灵活应用。Micro/WIN SMART 的两个指令库（USS 和 Modbus RTU）就是使用自由口模式编程实现的。

2. 西门子 PLC 现场总线通信

西门子通信网络的中间层为工业现场总线 PROFIBUS，它是用于车间级和现场级的国际标准，传输速率最大为 12Mbit/s，响应时间的典型值为 1ms，使用屏蔽双绞线电缆（最长9.6km）或光缆（最长90km），最多可接127个从站。

PROFIBUS是不依赖生产厂家的、开放式的现场总线，各种各样的自动化设备均可通过同样的接口交换信息。PROFIBUS已被纳入现场总线的国际标准IEC61158和EN50170，已有500多家制造厂商提供种类繁多的带有PROFIBUS接口的现场设备，用户可以自由地选择最合适的产品。PROFIBUS在全世界拥有大量的用户，它可用于分布式I/O设备、传动装置、可编程序控制器和基于PC的自动化系统。

PROFIBUS由三部分组成，即PROFIBUS-FMS（Fieldbus Message Specification，现场总线报文规范）、PROFIBUS-DP（Decentralized Periphery，分布式外部设备）和PROFIBUS-PA（Process Automation，过程自动化）。

（1）PROFIBUS-FMS。PROFIBUS-FMS定义了主站与主站之间的通信模型，使用OSI模型的第1、2、7层。应用层（第7层）包括现场总线报文规范FMS和低层接口LLI（Lower Layer Interface）。LLI协调不同的通信关系，提供不依赖于设备的第2层访问接口，提供总线存取控制和保证数据的可靠性。FMS主要用于在不同供应商的自动化系统之间传输数据，处理单元级（PLC和PC）的多主站数据通信，为解决复杂的通信任务提供了很大的灵活性。

（2）PROFIBUS-DP。PROFIBUS-DP用于自动化系统中单元级控制设备与分布式I/O的通信，可以取代4～20mA模拟信号传输。

PROFIBUS-DP使用第1、2层和用户接口层，第3～7层未使用，这种精简的结构确保了高速数据传输。直接数据链路映像程序DDLM提供对第2层的访问。用户接口规定了设备的应用功能、PROFIBUS-DP系统和设备的行为特性。PROFIBUS-DP特别适合于PLC与现场级分散的远程I/O设备之间的快速数据交换通信，即插即用，如用于西门子的ET200分布式I/O系统。主站之间的通信为令牌方式，主站与从站之间为主从方式以及这两种方式的组合。使用编程软件STEP 7-Micro/Win或SIMATICNET软件，可对网络设备组态或设置参数，可启动或测试网络中的节点。

（3）PROFIBUS-PA。PROFIBUS-PA用于与过程自动化的现场传感器和执行器进行低速数据传输，响应时间的典型值为200ms，最大传输距离为1.9km，使用屏蔽双绞线电缆，由总线提供电源。使用分段式耦合器可以将PROFIBUS-PA设备很方便地集成到PROFIBUS-DP网络中。通过本质安全总线供电，可用于危险区域的现场设备。在危险区域每个DP/PA链路可连接15个现场设备。在非危险区域每个DP/PA链路可连接31个现场设备。

此外，基于PROFIBUS，还推出了用于运动控制的总线驱动技术PROFI-drive和故障安全特性技术PROFI-safe。

习题

一、选择题

1. 在西门子200 SMART中，PLC之间的以太网通信采用什么指令（　　）。

A. PUT/GET指令　B. USS _ INIT指令　C. XMT指令　　　D. RCV指令

2. 在西门子200 SMART中，以太网通信的发送指令是（　　）。

A. PUT 指令　　B. GET 指令　　C. XMT 指令　　D. RCV 指令

3. 在西门子 200 SMART 中，以太网通信的接收指令是（　　）。

A. PUT 指令　　B. GET 指令　　C. XMT 指令　　D. RCV 指令

4. 在西门子 200 SMART 中，以太网通信调用的子程序是（　　）。

A. PUT　　B. GET　　C. NET _ EXE　　D. SBR _ 0

二、判断题

1. 以太网通信中，调用向导建立的 NET _ EXE 的子程序，需要一个脉冲信号。（　　）

2. 以太网通信中，如果要从本地 PLC 向远程 PLC 写入数据，选择 PUT 指令进行设置。（　　）

3. 以太网通信中，如果要从本地 PLC 向远程 PLC 写入数据，选择 GET 指令进行设置。（　　）

4. 以太网通信中，如果要从本地 PLC 向远程 PLC 读出数据，选择 PUT 指令进行设置。（　　）

5. 以太网通信中，如果要从本地 PLC 向远程 PLC 读出数据，选择 GET 指令进行设置。（　　）

任务2　基于 USS 协议的电动机变频调速控制

6.2.1　任务概述

用 PLC 实现基于 USS 通信的电动机的变频调速控制，控制要求为：按下启动按钮 SB1 后电动机启动，并以 25Hz 运行。启动结束后，若长按速度设置按钮 SB2 4s 及以上可进入速度设置状态，此时通过“增速”按钮 SB3 或“减速”按钮 SB4 来调节电动机的运行速度，每按一次，电动机运行速度增加或减少 1Hz，3s 内以上速度未做任何调整，则系统自动退出速度设置状态。无论何时按下停止按钮 SB5，电动机停止运行。用 S7-200 SMART PLC 实现控制要求。

6.2.2　任务资讯

1. USS 通信概述

西门子公司的变频器都有一个串行通信接口，采用 RS-485 半双工通信方式，以 USS（Universal Serial Interface Protocol，通用串行接口协议）通信协议作为现场监控和调试协议，其设计标准适用于工业环境的应用对象，USS 协议是主从结构的协议，规定了在 USS 总线上可以有一个主站和最多 30 个从站，总线上的每个从站都有一个站地址（在从站参数中设置），主站依靠它识别每个从站，每个从站也只能对主站发来的报文做出响应并回送报文，从站之间不能直接进行数据通信。另外，还有一种广播通信方式，主站可以同时给所有从站发送报文，从站在接收到报文并做出相应的回应后可不回送报文。

2. USS通信指令

USS通信指令适用于通过以太网进行的S7-200 SMART CPU与变频器的通信。在S7-200 SMART的编程软件STEP 7-MicroWIN SMART中，打开左侧树状图里找到“库”，选择“USS protocol”，里面提供了USS通信子程序，如图6-11所示。

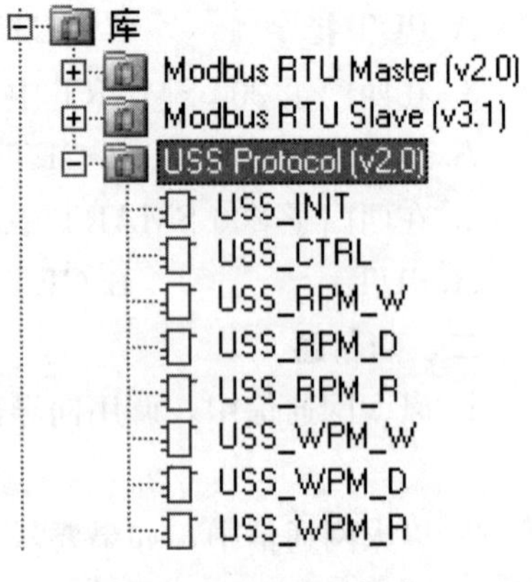

图6-11　USS通信库

（1）USS_INIT指令：用于启用和初始化或禁止MicroMaster变频器通信。在使用其他任何USS协议指令前，必须执行USS_INIT指令且无错，可以用SM0.1或者信号的上升沿或下降沿调用该指令，一旦该指令完成，立即置位Done位，才能继续执行下一条指令，如图6-12所示。

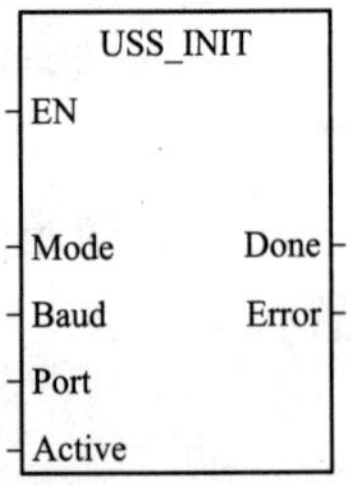

USS_INIT
EN
Mode　Done
Baud　Error
Port
Active

图6-12　USS_INIT指令

指令说明如下：

1）仅限为每次通信状态执行一次USS_INIT指令，使用边沿检测指令，以脉冲方式打开EN输入，要改动初始化参数，可执行一条新的USS_INIT指令。

2）“Mode”为输入数值选择通信协议：输入值1将端口分配给USS协议，并启用该协议；输入值0将端口分配给PPI，并禁止USS协议。

3）“Baud”为USS通信波特率，此参数要和变频器的参数设置一致，波特率允许值为1200、2400、4800、9600、19 200、38 400、57 600bit/s或115 200bit/s。

4）设置物理通信端口（0＝CPU中集成的RS-485，1＝可选COM1信号板上的RS-485或RS-232）。

5）“Done”为初始化完成标志，即当USS_INIT指令完成后接通。

6）“Error”为初始化错误代码。

7）“Active”表示起动变频器，表示网络上哪些USS从站要被主站访问，即在主站的轮询表中起动。

（2）USS_CTRL：用于控制处于启动状态的变频器，每台变频器只能使用一条该指令。该指令将用户放在一个通信缓冲区内，如果数据端口Drive指定的变频器被USS_INIT指令中的Active参数选中，则缓冲区内的命令将被发送到该变频器。如图6-13所示。

指令说明如下。

1）USS_CTRL指令用于控制Active（启动）变频器。USS_CTRL指令将选择的命令放在通信缓冲区中，然后送至编址的变频器Drive（变频器地址）参数，条件是已在USS_INIT指令的Active（启动）参数中选择该变频器。

2）每台变频器只能使用一条USS_CTRL指令。

3）某些变频器仅将速度作为正值报告。如果速度为负值，变频器将速度作为正值报告，但逆转 D _ Dir（方向）位。

4）EN 位必须为 ON，才能启用 USS _ CTRL 指令。该指令应当始终启用（可使用 SM0.0）。

5）RUN 表示变频器是 ON 还是 OFF。当 RUN（运行）位为 ON 时，变频器收到一条指令，按指定的速度和方向开始运行。为了使变频器运行，必须满足以下条件。

a. Drive（变频器地址）在 USS _ CTRL 中必须被选为 Active（起动）。

b. OFF2 和 OFF3 必须设定为 0。

c. Fault（故障）和 Inhibit（禁止）必须为 0。

6）当 RUN 为 OFF 时，会向变频器发出一条指令，将速度降低，直至电动机停止。OFF2 位用于允许变频器自由降速至停止。OFF3 用于命令变频器迅速停止。

7）Resp _ R（收到应答）位确认从变频器收到应答。对所有的起动变频器进行轮询，查找最新变频器状态信息。每次 S7-200 SMART 从变频器收到应答时，Resp _ R 位均会打开，进行一次扫描，所有数值均被更新。

8）F _ ACK（故障确认）位用于确认变频器中的故障。当从 0 变为 1 时，变频器清除故障。

9）DIR（方向）位（“0/1”）用来控制电动机转动方向。

10）Drive（变频器地址）输入的是 MicroMaster 变频器的地址，向该地址发送 USS _ CTRL 命令，有效地址为 0～31。

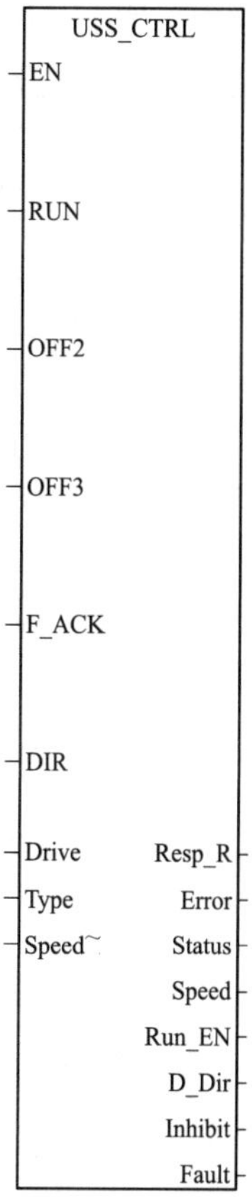

USS_CTRL
EN
RUN
OFF2
OFF3
F_ACK
DIR
Drive　Resp_R
Type　Error
Speed~　Status
Speed
Run_EN
D_Dir
Inhibit
Fault

图 6-13　USS _ CTRL 指令

11）Type（变频器类型）输入选择变频器类型。将 MicroMaster3（或更早版本）变频器的类型设为 0，将 MicroMaster4 或 SINAMICSG110 变频器的类型设为 1。

12）Speed _ SP（速度设定值）必须是一个实数，给出的数值是变频器的频率范围百分比还是绝对的频率值取决于变频器中的参数设置（如 MM440 的 P2009）。如为全速的百分比，则范围为－200.0%～200.0%，Speed _ SP 的负值会使变频器反向旋转。

13）FAULT 表示故障位的状态（0＝无错误，1＝有错误），变频器显示故障代码（有关变频器信息，请参阅用户手册）。要清除故障位，需纠正引起故障的原因，并接通 F _ ACK 位。

14）Inhibit 表示变频器上的禁止位状态（0＝不禁止，1＝禁止）。如果要清除禁止位，Fault 位必须为 OFF，RUN、OFF2 和 OFF3 输入必须为 OFF。

15）D _ Dir（运行方向反馈）表示变频器的旋转方向。

16）Run _ EN（运行模式反馈）表示变频器是在运行（1）还是停止（0）。

17）Speed（速度反馈）是变频器返回的实际运转速度值。若以全速百分比表示的变频器速度，其范围为－200.0%～200.0%。

18）Status 是变频器返回的状态字原始数值。

19）Error 是一个包含对变频器最新通信请求结果的错误字节。USS 指令执行错误主题定义了可能因执行指令而导致的错误条件。

20）Resp _ R（收到的响应）位确认来自变频器的响应。对所有的起动变频器都要轮询最新的变频器状态信息。每次 S7-200 SMART PLC 接收到来自变频器的响应时，Resp _ R 位就会接通一次扫描并更新一次所有相应的值。

（3）USS _ RPM 指令用于读取变频器的参数，USS 协议有 3 条读指令。

1）USS _ RPM _ W 指令读取一个无符号字类型的参数。

2）USS _ RPM _ D 指令读取一个无符号双字类型的参数。

3）USS _ RPM _ R 指令读取一个浮点数类型的参数。

（4）USS _ WPM 指令用于写变频器的参数，USS 协定有 3 条写入指令。

1）USS _ WPM _ W 指令写入一个无符号字类型的参数。

2）USS _ WPM _ D 指令写入一个无符号双字类型的参数。

3）USS _ WPM _ R 指令写入一个浮点数类型的参数。

6.2.3 任务实施

1. I/O 分配

表 6-3 为电动机变频调速控制 I/O 分配表，其中输入回路采用外接 24V 直流电源，输出回路采用交流 220V 电源。

表 6-3　　电动机变频调速控制 I/O 分配表

输入设备	文字符号	输入地址	输出设备	文字符号	输出地址
启动按钮	SB1	I0.0	电动机接触器	KM1	Q0.0
停止按钮	SB2	I0.1			
速度设置按钮	SB3	I0.2			
增速按钮	SB4	I0.3			
减速按钮	SB5	I0.4			

2. 硬件接线

如图 6-14 所示为电动机变频调速的主电路和控制电路。

3. 程序设计

如图 6-15 和图 6-16 所示为基于 USS 协议的电动机变频调速控制程序，第 1 段为 USS 通信初始化程序，定义初始速度为额定速度的 40%；第 2、8 段程序为电动机接触器的通断控制；第 3 段程序为变频器的启停和频率指令控制；第 4、5、7 段程序为速度设置模式的进入和退出控制；第 6 段程序增速减速控制。

4. 变频器设置

（1）恢复出厂设定，见表 6-4。

表 6-4　　出厂设定

序号	参数	设置值	注　释
1	P0010	30	工厂的设定值
2	P0970	1	参数复位

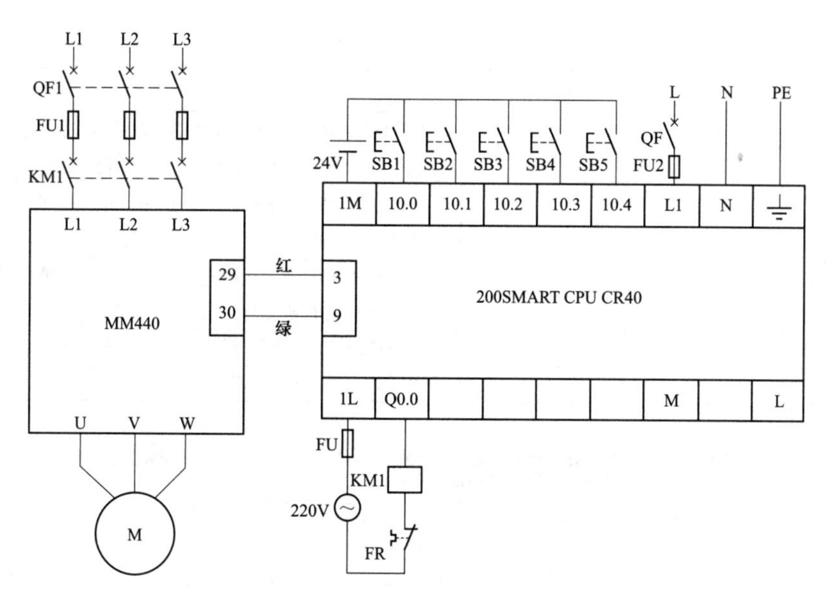

图 6-14　基于USS协议的电动机变频调速控制接线图

（2）快速调试（电动机参数设置），见表6-5。

表 6-5　电动机参数设置

序号	参数	设置值	注　释
1	P0003	3	允许读/写所有参数，用户访问级为专家级
2	P0010	1	进入快速调试模式
3	P0304	根据电动机铭牌设置	电动机额定电压
4	P0305	根据电动机铭牌设置	电动机额定电流
5	P0307	根据电动机铭牌设置	电动机额定功率
6	P0310	根据电动机铭牌设置	电动机额定频率
7	P0311	根据电动机铭牌设置	电动机额定转速
8	P0010	0	结束快速调试模式

（3）USS通信设置，见表6-6。

表 6-6　USS通信设置

序号	参数	设置值	注　释
1	P0700	5	命令源为远程控制，通过RS-485的USS通信接收命令
2	P1000	5	设定源为RS-485的USS通信，允许通过COM链路的USS通信发送频率设定值
3	P1120	3	设置斜坡上升时间，表示电动机加速到最高频率所需要的时间，单位为秒（s）
4	P1121	3	设置斜坡下降时间，表示电动机减速到完全停止所需要的时间，单位为秒（s）
5	P2000	50	基准频率（1～650Hz）
6	P2009	0	频率设定值为百分比（参数设置1为绝对频率值）

续表

序号	参数	设置值	注　释
7	P2010［0］	6	RS-485 通信串行接口波特率（此波特率需与主 PLC 保持一致，本例设置为 9600bit/s，参数设置 4、5、6、7、8、9、12 分别对应波特率 2400、4800、9600、19 200、38 400、57 600、115 200bit/s）
8	P2011［0］	0	变频器指定的唯一从站地址，本项目从站地址设置为 0
9	P2012［0］	2	USS 通信过程数据区长度为 2 字
10	P2014［0］	0	串行链路超时时间，设置为 0，将断开控制
11	P0971	1	将设置参数保存在 MM420 变频器 EEPROM 中

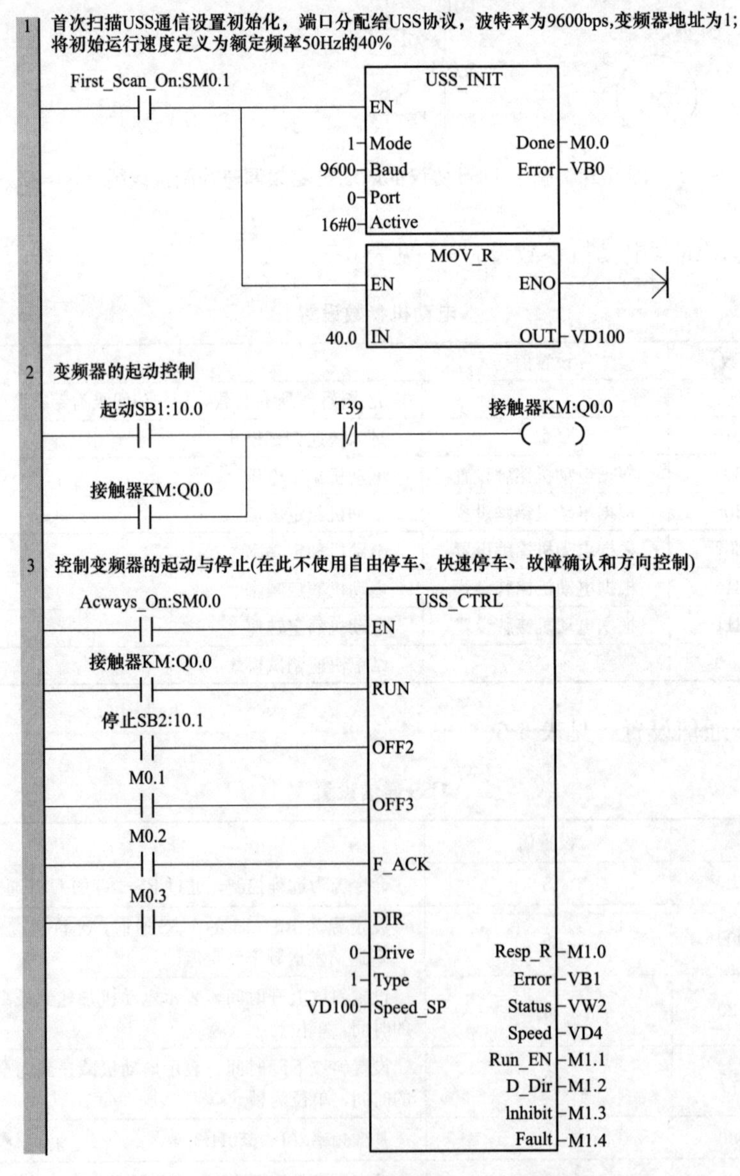

图 6-15　基于 USS 协议的电动机变频调速控制程序

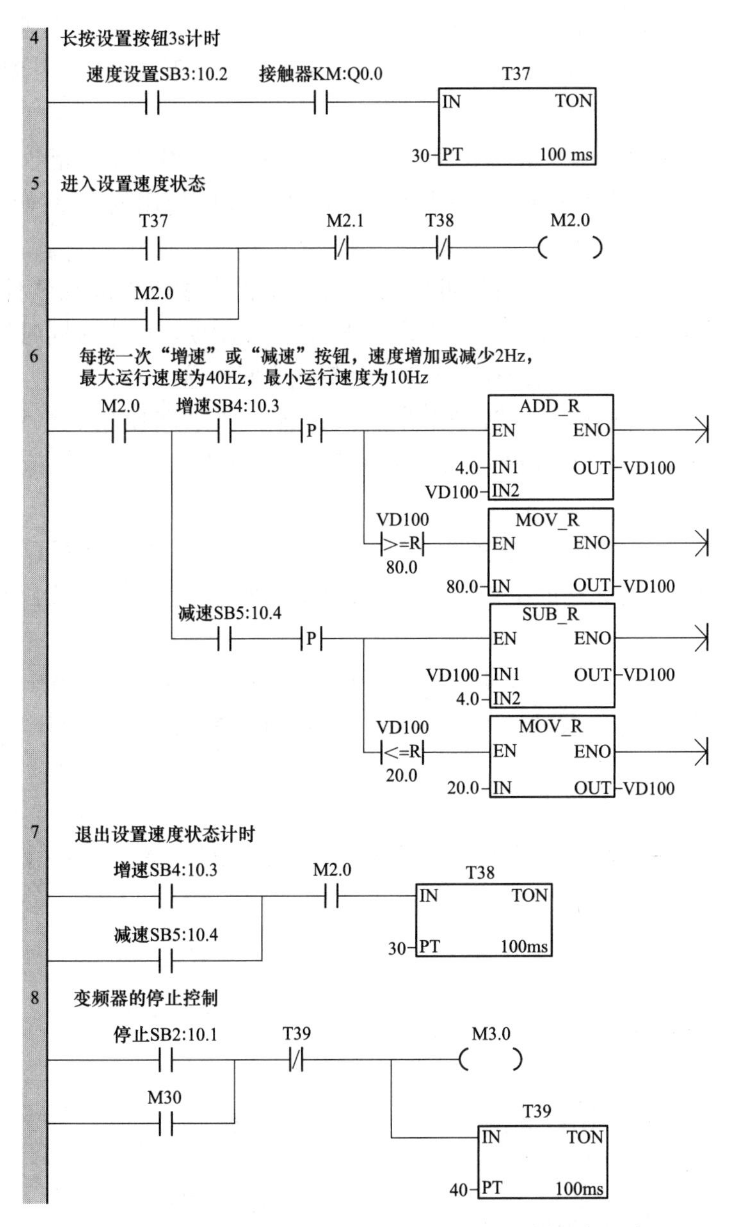

图 6-15　基于USS协议的电动机变频调速控制程序（续）

6.2.4　知识拓展

1. S7-200 SMART PLC的库指令

（1）库的类型。S7-200 SMART PLC可以集成两种类型的指令库，西门子提供的标准指令库和用户自定义的指令库，如图6-16所示。

图 6-16　自定义库和西门子标准库

1）标准指令库—Modbus RTU Library、USS Library。

功能：该标准指令库包括USS通信和Modbus RTU Slave/Master通信协议库。安装STEP 7-Micro/WIN SMART软件时Modbus RTU以及USS指令库已经被自动集成。

2）用户自定义指令库。西门子为S7-200 CPU提供了些常用的指令库，但是目前还未提供S7-200 SMART所使用的指令库。S7-200 CPU使用的指令库可以被转化成S7-200 SMART CPU指令库。

（2）用户定义的库编程。用户可以把自己编制程序集成到编程软件Micro/WIN SMART中。这样可以在编程时调用实现相同功能的库指令，而不必同时打开几个项目文件拷贝。指令库也可以方便地在多个编程计算机之间传递。

必须具有管理员权限才能创建用户定义的库。如果您使用“以管理员身份运行”（Run as administrator）命令启动STEP 7-Micro/WIN SMART，这将提供足够的权限。

1）定义库指令。一个已存在的程序项目只有子程序、中断程序可以被创建为指令库。中断程序只能随定义它的主程序、子程序集成到库中。例如一个项目的程序结构如图6-17所示。

现欲将子程序My _ SUB _ a和My _ SUB _ b创建为指令库，其中在My _ SUB _ b中定义了中断程序My _ INT（将某中断事件号与中断服务程序My _ INT连接起来——使用ATTACH指令）。

操作步骤：

第一步，在文件菜单中，选择建立库命令；或者用鼠标右键单击指令树的指令库分支，选择创建库，如图6-18所示。

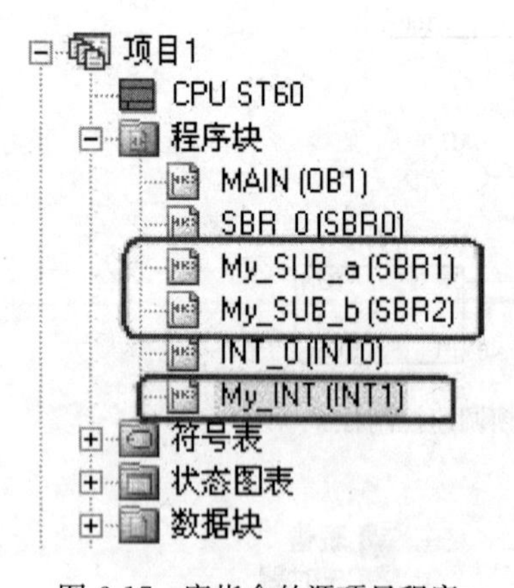

图6-17　库指令的源项目程序

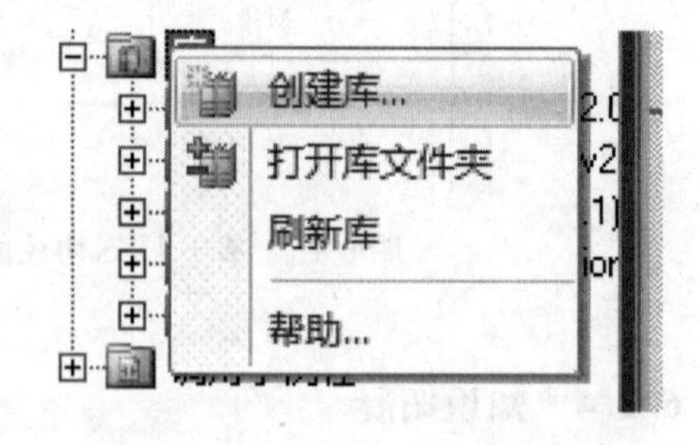

图6-18　在库分支上单击鼠标右键

第二步，通过执行“创建库”（Create Library）对话框的各个步骤（节点），组态库的构成。可单击各对话框的“下一步”（Next）按钮进入下一步。也可单击任何节点以更改该节点的信息：

a.“名称和路径”（Name and Path）节点：

设置指令库名称和文件路径，如图 6-19 所示。

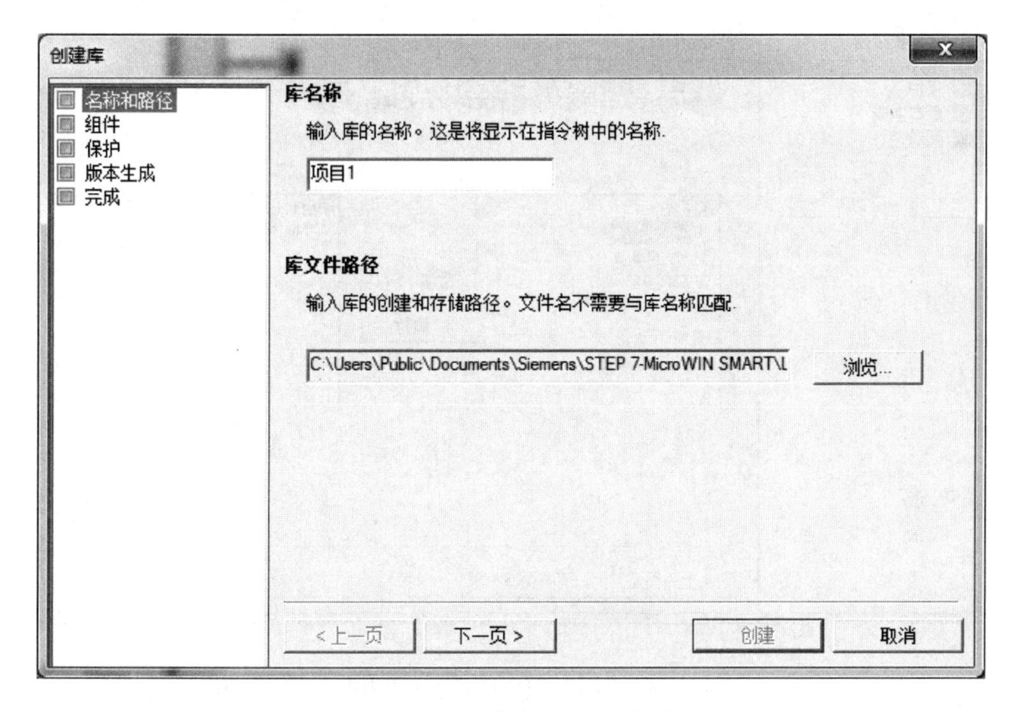

图 6-19　设置指令库名称和文件路径

b. “组件”（Components）节点：选择项目中的哪些子例程要作为指令包括在库中。

要添加子例程，请在左侧列表中选择子例程，然后单击“添加”（Add）按钮。要删除子例程，请选择右侧的子例程，然后单击“删除”（Remove）按钮，如图 6-20 所示。

不能直接添加中断例程；但如果子例程引用了中断例程，STEP 7-Micro/WIN SMART 会自动包含该中断例程。

c. “保护”（Protection）节点：可选择是否要用密码保护库中的代码，以防止查看和编辑。要用密码保护库，请选中“是”（Yes）复选框，然后为库输入密码，并重新输入密码以进行验证，如图 6-21 所示。

d. “版本生成”（Versioning）节点：可设置要创建的库的版本，包括主次版本标识符，如图 6-22 所示。

e. “完成”（Completion）节点：要创建库的组成部分，单击“创建”（Create）按钮，如图 6-23 所示。

确保在“选项”（Options）对话框的“项目”（Project）节点中配置的用户库文件夹与在“名称和路径”（Name and Path）节点中使用的库文件夹为同一文件夹，如图 6-24 所示。

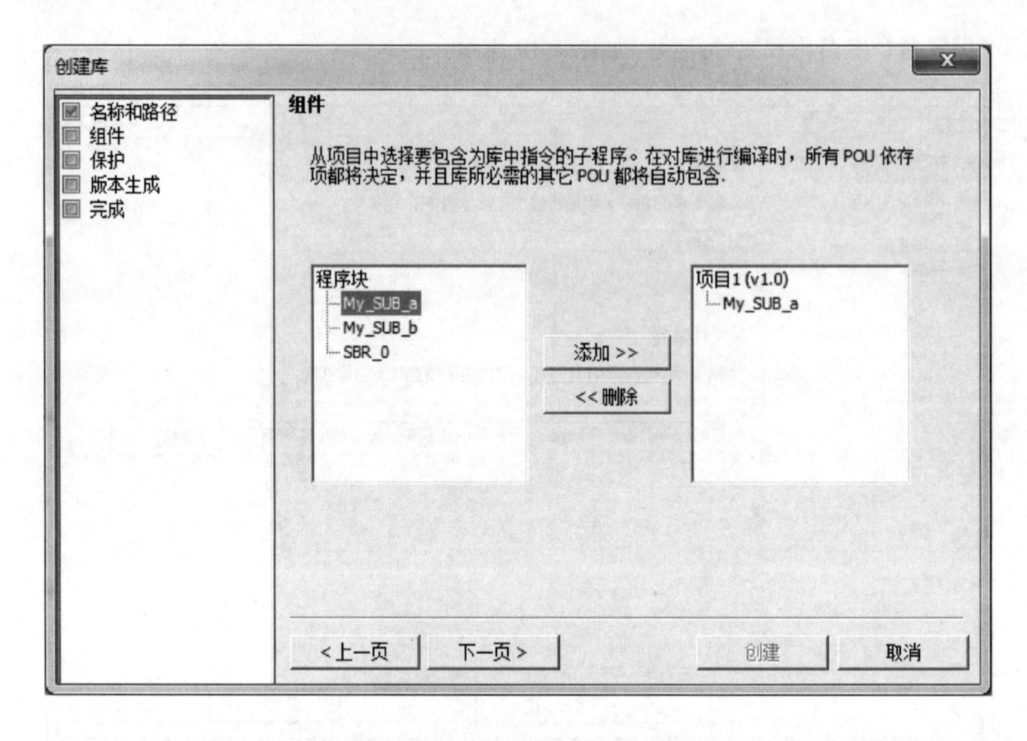

图 6-20　使用添加、删除按钮选择要建立成为库指令的子程序

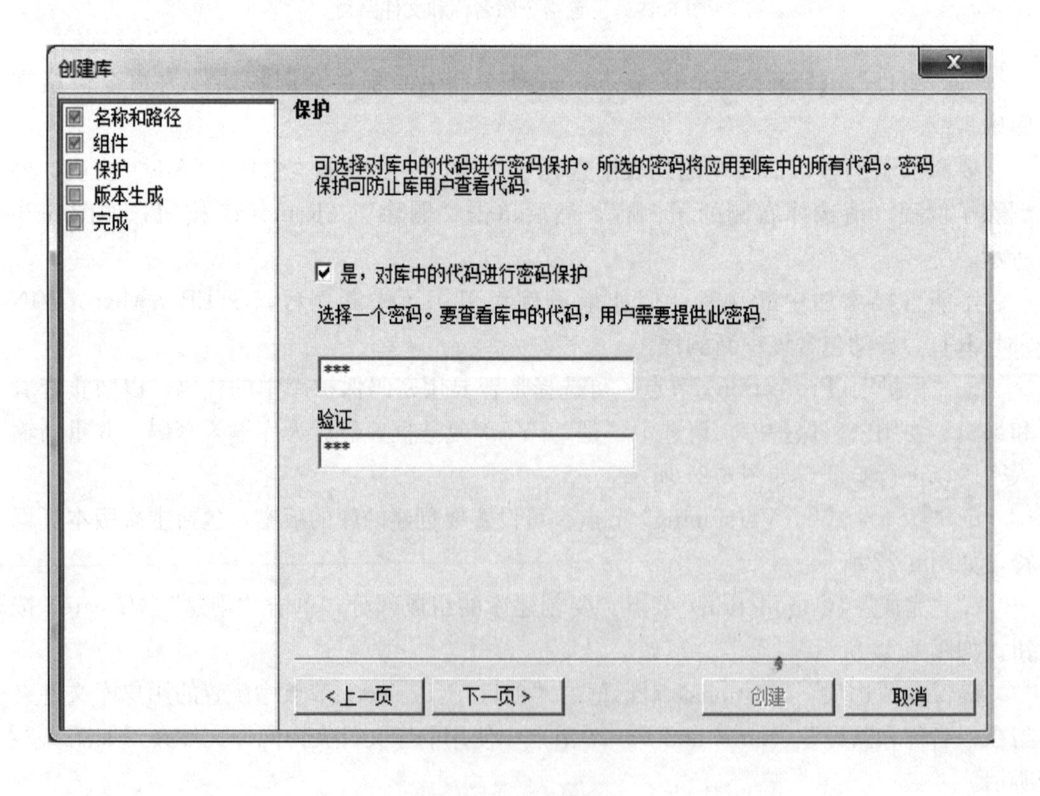

图 6-21　设置密码

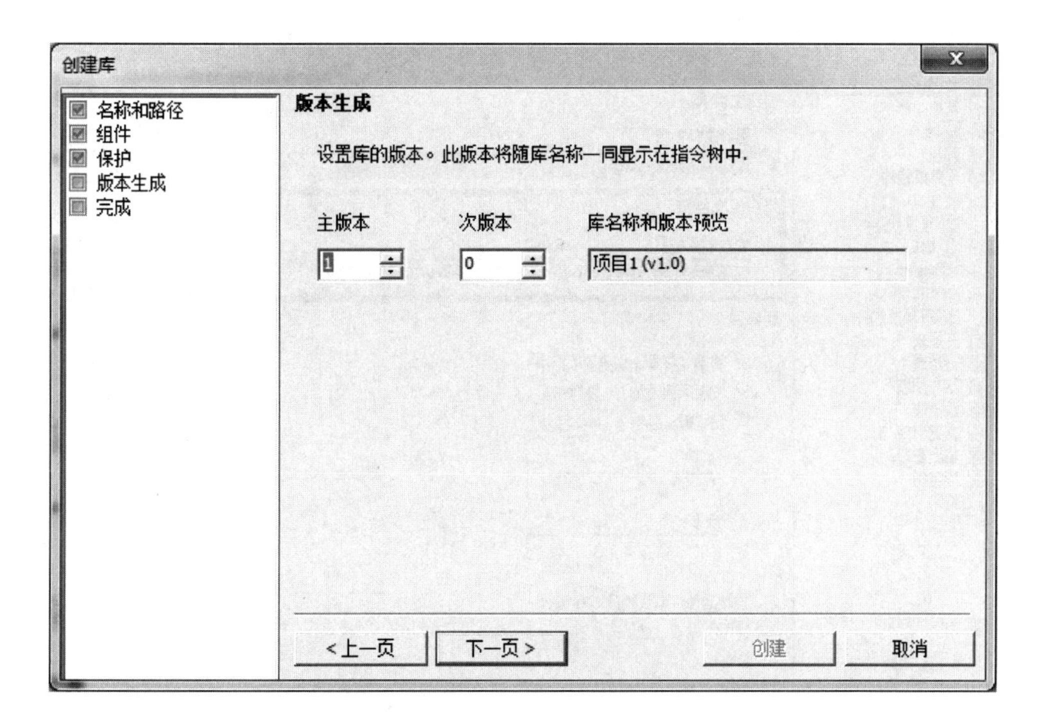

图 6-22　创建库版本

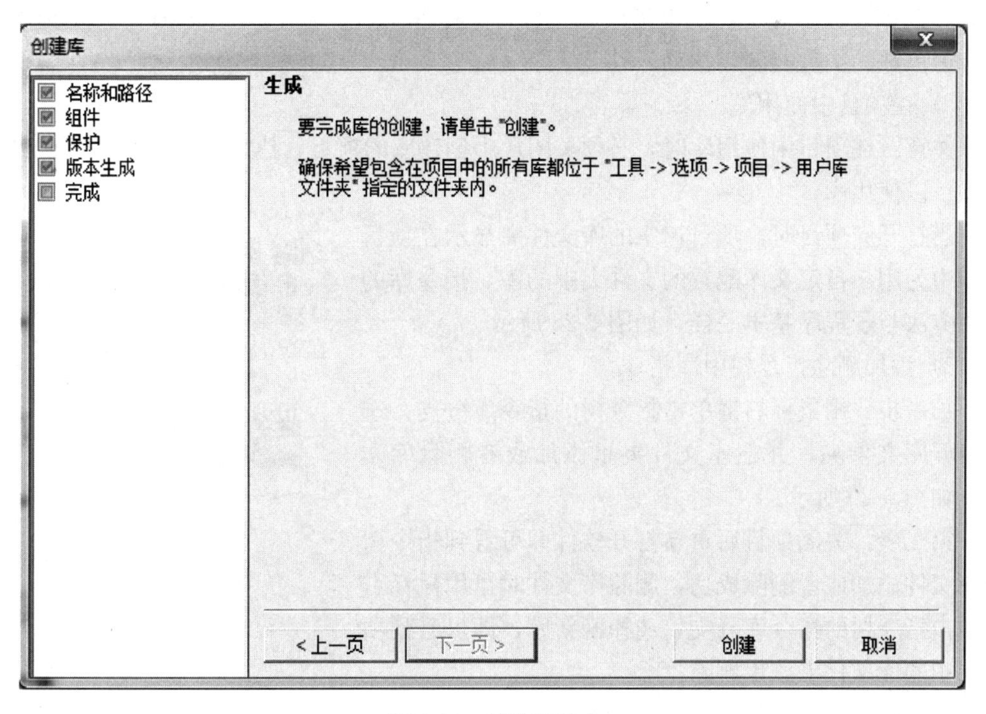

图 6-23　创建库完成

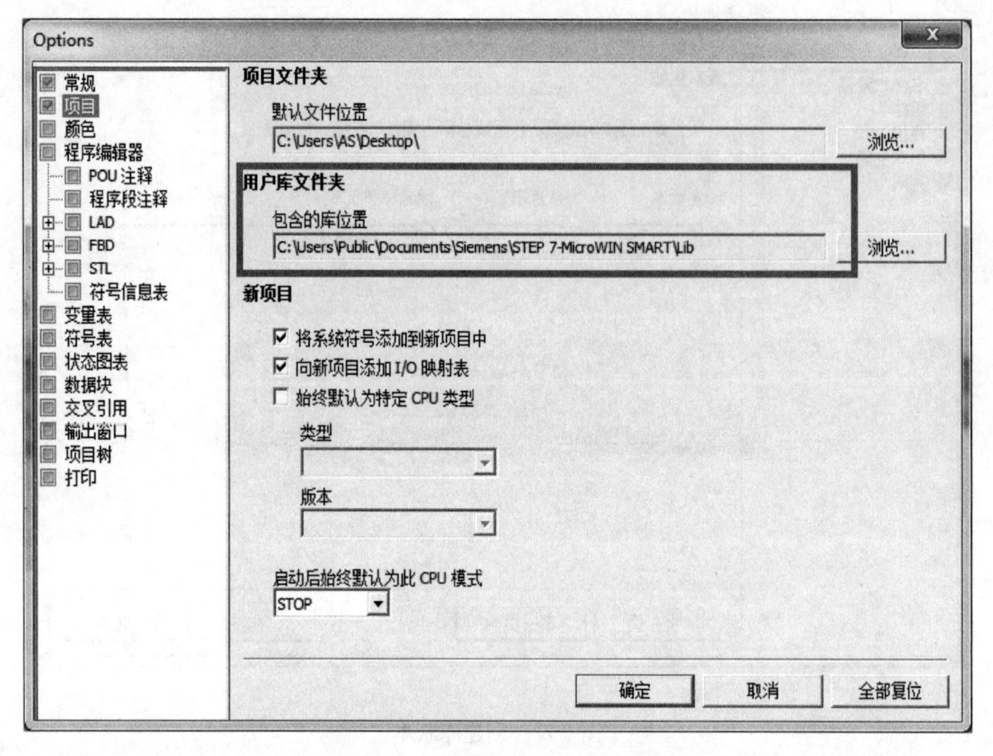

图 6-24　用户库文件夹库位置

f. 按创建按钮确定，输出指令库文件，指令库文件扩展名为 . smartlib。库文件可以作为单独的文件复制、移动。

2）在项目中使用库。

注意：在项目中使用库时，必须关闭从中创建库的项目，然后打开一个新项目或其他项目以使用库。

当打开新项目时，项目树中的库文件夹显示在项目选项中为用户自定义库配置的文件夹中的库，指令库的调用方法与子程序基本一样，如图 6-25 所示。

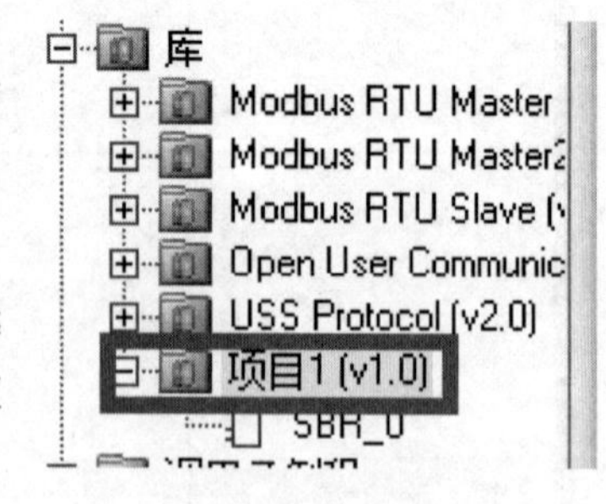

图 6-25　项目树中的库文件显示

3）添加删除指令树中库指令。

第一步：用鼠标右键单击指令树的指令库分支，选择打开库文件夹，并在库文件夹里添加或者删除库文件，如图 6-26 所示。

第二步：关闭项目后重新打开软件即可看到指令树中库文件添加或者删除成功，删除库文件时也用鼠标右键单击指令树的指令库分支，选择刷新库，即可看到项目树中的库文件夹该库删除。

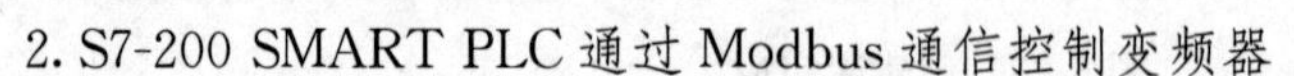
2. S7-200 SMART PLC 通过 Modbus 通信控制变频器

本例以 S7-200 SMART PLC 与西门子 G120 变频器的通信为例，需要配备 G120

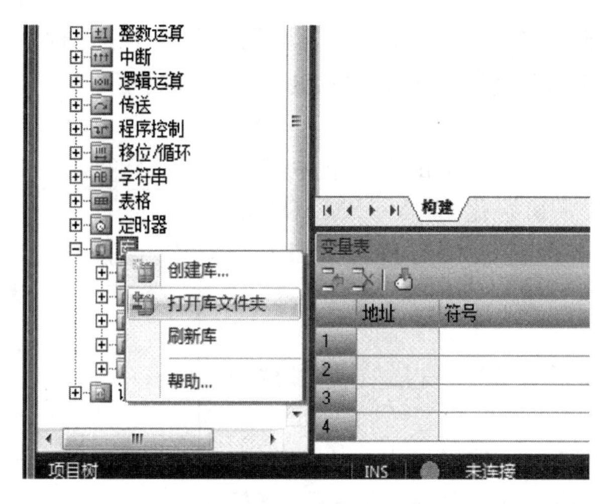

图 6-26　打开库文件夹

CU240E-2控制单元的变频器一台、异步电动机一台、S7-200 SMART PLC 一台、标准 DRIVE-CLIQ 电缆一根、双绞屏蔽电缆一根。

（1）硬件接线。

1）CU240E-2 控制单元接口。RS-485 接口在控制单元的底部，共有 5 个接线端子，其中从左到右，2 号端子为 RS-485P，3 号端子为 RS-485N，这两端子用于通信数据的发送和接收。

2）G120 与 S7-200 SMART 接线。S7-200 SMART 作为 Modbus 通信主站，其通信网络的首、末端需要使用终端电阻。对于 S7-200 SMART，需要在通信端口端子 3 和 8 之间连接一阻值为 120 欧姆的电阻。对于变频器，把通信网络末端的 CU240E-2 终端电阻拨码开关拨到 ON 位置即可；中间位置的 CU240E-2，终端电阻拨码开关必须拨到 OFF 位置。本例中，S7-200 SMART CPU 使用自带通信端口和变频器进行通信。

（2）通信设置。

1）设置通信接口。本例程使用 PLC 以太网接口和 DRIVE-CLIQ 电缆，设置通信接口。

第一步：双击“通信”，弹出“通信”设置窗口；

第二步：选择网络接口卡，设置为“ICP/IP. AUTO. 1”，系统会自动搜索 CPU。

2）建立 PC 和 PLC 之间的连接。选择“网络接口”后自动搜索到 CPU。

第一步：搜索到 CPU 后，选择搜索到的 CPU，点击 CPU 的“IP 地址”。

第二步：点击“ 确定 ”按钮，完成网络连接。

（3）变频器参数设置。

1）变频器地址设置。变频器的 Modbus 通信地址可以通过控制单元上的总线地址拨码开关进行设置。当地址拨码开关的位置都为 OFF 时，也可用过参数 P2021 进行设置。（说明：改变地址后需重新上电后才能生效）

2）变频器参数设置。对变频器一些基本的通信参数进行设置，才可以进行 Modbus 通信。

3）G120 常用寄存器说明。G120 变频器常用寄存器介绍，也是本例所使用的寄存器。要了解更多的 G120 寄存器信息，请参见 G120 操作手册。

（4）PLC 编程。

1）初始化程序。使用 Modbus 协议的初始化模块 MBUS _ CTRL，初始化 S7-200 SMART 的 CPU 端口专用于 Modbus 主站通信，如图 6-27 所示。

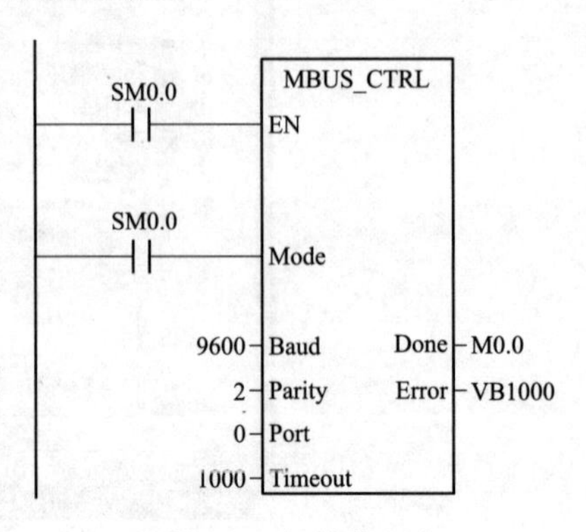

图 6-27　初始化程序

功能块说明：

EN 使能：必须保证每一扫描周期都被使能（使用 SM0.0）。

Mode 模式：为 1 时，使能 Modbus 协议功能；为 0 时恢复为系统 PPI 协议。Baud 波特率：支持的通信波特率为 4800、9600、19 200，此处设置 9600。Parity 校验：校验方式选择（G120 采用偶校验）。

0＝无校验；1＝奇校验 ；2＝偶校验

Port 端口：设置物理通信端口（0＝ CPU 中集成的 RS-485，1＝可选 CM01 信号板上的 RS-485 或 RS-232）。

Timeout 超时：主站等待从站响应的时间，以毫秒为单位，典型的设置值为 1000ms（1s），允许设置的范围为 1～32 767。（注意：这个值必须设置足够大以保证从站有时间响应。）

Done 完成位：初始化完成，此位会自动置 1。

Error：初始化错误代码。

2）主站读写功能块。

a. 写控制字，如图 6-28 所示。

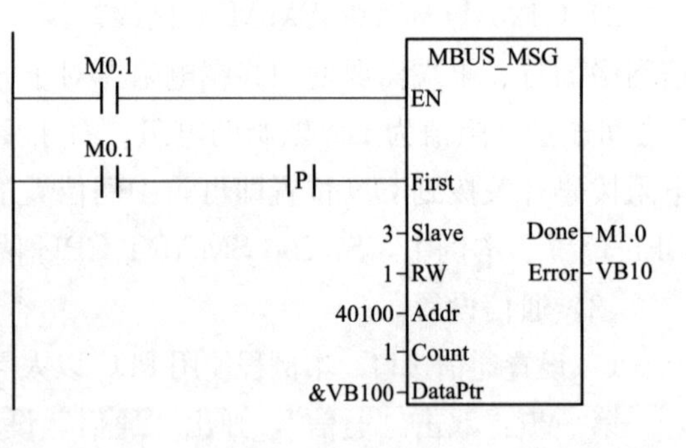

图 6-28　写控制字

EN 使能：同一时刻只能有一个读写功能（即 MBUS _ MSG）使能。

注意：G120 对于写指令同一时刻只运行对一个保持寄存器操作；读指令同一时刻最大允许操作 125 个保持寄存器。

First 读写请求位：每一个新的读写请求必须使用脉冲触发。

Slave 从站地址：可选择的范围 1～247。

RW 请求方式：0＝读，1＝写。

Count 数据个数：通信的数据个数（位或字的个数）。[注意：Modbus 主站可读/写的最大数据量为 120 个字（是指每一个 MBUS _ MSG 指令）。]

DataPtr 数据指针：如果是读指令，读回的数据放到这个数据区中；如果是写指令，写出的数据放到这个数据区中 。

Done 完成位：读写功能完成位。

Error 错误代码：只有在 Done 位为 1 时，错误代码才有效。

常用的控制字：

047E：运行准备；047F：正转启动；0C7F：反转启动；04FE：故障确认。

b. 写速度设定值，如图 6-29 所示。

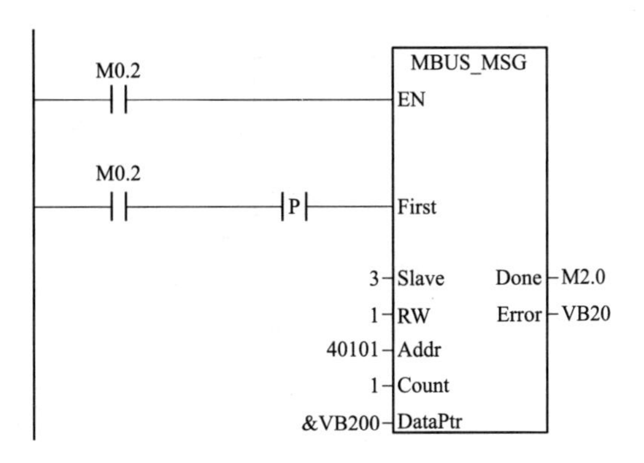

图 6-29　写速度值

c. 读状态字和速度实际值，如图 6-30 所示。

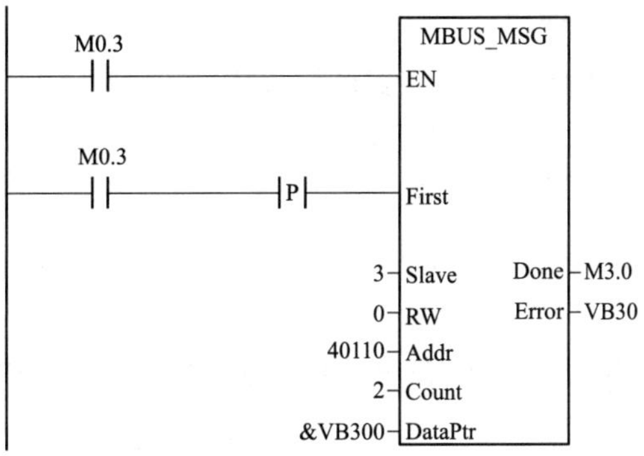

图 6-30　读状态字 1 和速度实际值

d. 读取斜坡时间，如图 6-31 所示。

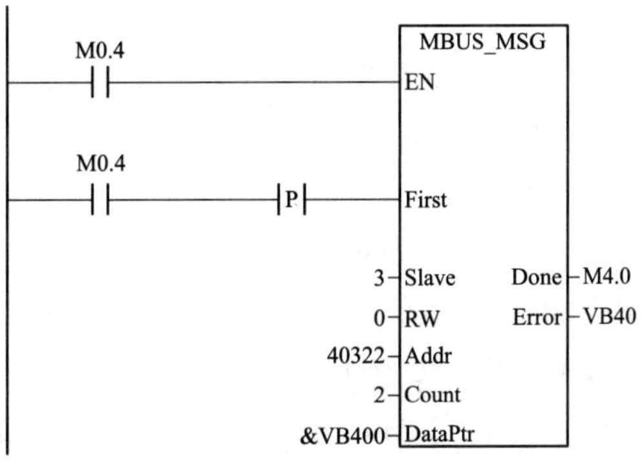

图 6-31　读参数 P1120、P1121

e. 写斜坡下降时间，如图 6-32 所示。

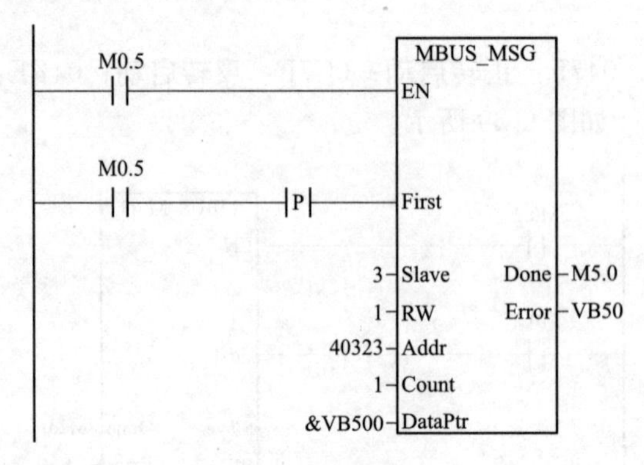

图 6-32　写参数 P1121

（5）分配库存储区。在编译程序之前，首先要为 Modbus 库分配可用的全局 V 存储器地址。

第一步：选择“程序块”→“库”右键，选择“库存储区”；

第二步：点击“建议地址”，选择 V 存储器的地址；

第三步：点击“确定”退出。

（6）调试程序。程序编辑完成后，要调试程序。

第一步：点击“保存”，保存好编辑的程序；

第二步：点击“编译”，编译程序；

第三步：点击“下载”，把程序下载到 PLC 的 CPU 当中；

第四步：点击“运行”，启动程序。

（7）监控状态表。通过监控状态表，可以修改过程数据和监控过程数据的变化状态。

控制字：VW100＝16＃047F 说明启动命令已经给了。

状态字：VW300＝16＃EF37 说明变频器的状态，参见 r0052。

主设定值：VW200＝16＃1000 说明速度设定值已经给了，16＃0-4000 对应转速 0-P2000 的值。

速度实际值：VW302＝16＃1000 说明电动机实际转速已经运行到 375rpm。斜坡上升时间：VW400＝1000，从寄存器列表中可以看到 40322 的寄存器的定标系数是 100，所以参数 P1120＝1000/100＝10。

斜坡下降时间：VW402＝2000，读的下降时间；VW500＝2000，设定的下降时间；VW402＝VW500，说明写指令已经生效。从寄存器列表中可以看到 40323 的寄存器的定标系数是 100，所以参数 P1121＝2000/100＝20。

（8）Modbus 错误代码。Done 完成位：Modbus 功能块的完成位，用于确定功能块的操作是否完成；Error 错误代码：只有在 Done 位为 1 时，错误代码才有效。

习题

一、选择题

1. 在西门子200 SMART中，PLC之间的USS通信采用什么指令（　　）

A. PUT/GET指令　B. USS指令　C. XMT指令　D. RCV指令

2. USS通信初始化变频器指令是（　　）

A. USS_INIT指令　B. USS_CTRL指令　C. USS_RPM指令　D. USS_WPM指令

3. USS通信控制启动变频器指令是（　　）

A. USS_INIT指令　B. USS_CTRL指令　C. USS_RPM指令　D. USS_WPM指令

4. USS通信读取变频器参数指令是（　　）

A. USS_INIT指令　B. USS_CTRL指令　C. USS_RPM指令　D. USS_WPM指令

5. USS通信写入变频器参数指令是（　　）

A. USS_INIT指令　B. USS_CTRL指令　C. USS_RPM指令　D. USS_WPM指令

二、判断题

1. USS通信中，调用初始化子程序，需要一个脉冲信号。（　　）

2. USS通信中，调用USS_CTRL指令，需要一个脉冲信号。（　　）

3. USS通信中，同时只能有一个读或写变频器参数指令启动。（　　）

4. USS通信中，USS_RPM指令传送完成后Done输出为0。（　　）

5. USS通信中，USS_CTRL指令中的DIR位用来控制电动机的方向。（　　）

三、问答题

1. 什么是USS通信？

2. 什么是以太网通信？

3. 西门子的现场总线有哪几种？

4. 串行通信的端口标准有哪几种？

5. Modbus通信的特点是什么？